水电站混凝土预冷预热技术研究与应用

关薇　康智明　编著

中国水利水电出版社
www.waterpub.com.cn
·北京·

内 容 提 要

本书依托典型水电站工程，结合混凝土温控技术要求，采用 CFD 仿真→试验室验证→现场测试→回归分析的技术路线，针对混凝土粗骨料进行了风冷/风热、水冷的传热全过程研究，分析风冷骨料的瞬态传热规律；对制冷/供热原理、混凝土温度控制工艺设计、理论计算、设备选型、系统布置等进行全方位分析介绍，并列举编者参与及调研过的部分典型水电站工程混凝土预冷预热项目设计实例；总结实例设计特点，对比技术参数，分析冷/热耗、能耗指标，从而优化预冷/预热系统能耗技术经济指标，合理进行设备选型配置，节省工程投资。采用骨料非稳态传热的数值计算及仿真成果，编制出了具有工程实用性的计算软件。该研究成果将更准确计算骨料的传热特性，使系统设备配置更为经济合理。

本书可供水电站工程设计的技术人员、科研单位和施工单位及高等院校相关专业人员学习参考。

图书在版编目（CIP）数据

水电站混凝土预冷预热技术研究与应用 / 关薇，康智明编著. -- 北京：中国水利水电出版社，2021.12
ISBN 978-7-5226-0124-3

Ⅰ．①水… Ⅱ．①关… ②康… Ⅲ．①水力发电站－混凝土－预冷②水力发电站－混凝土－预热 Ⅳ．①TV642.4

中国版本图书馆CIP数据核字(2021)第209457号

书　　名	**水电站混凝土预冷预热技术研究与应用** SHUIDIANZHAN HUNNINGTU YULENG YURE JISHU YANJIU YU YINGYONG
作　　者	关　薇　康智明　编著
出版发行	中国水利水电出版社 （北京市海淀区玉渊潭南路 1 号 D 座　　100038） 网址：www. waterpub. com. cn E-mail：sales@waterpub. com. cn 电话：(010) 68367658（营销中心）
经　　售	北京科水图书销售中心（零售） 电话：(010) 88383994、63202643、68545874 全国各地新华书店和相关出版物销售网点
排　　版	中国水利水电出版社微机排版中心
印　　刷	北京印匠彩色印刷有限公司
规　　格	184mm×260mm　16 开本　14.75 印张　359 千字
版　　次	2021 年 12 月第 1 版　2021 年 12 月第 1 次印刷
印　　数	0001—1000 册
定　　价	**88.00 元**

2020 年，我国首次提出中国将提高国家自主贡献力度，采取更加有力的政策和措施，二氧化碳排放力争于 2030 年前达到峰值，努力争取 2060 年前实现碳中和。这是中国向全世界宣告的可再生能源革命宣言，为我国能源低碳转型明确了目标。

水电作为中国蕴藏丰富、技术成熟、运行可靠的清洁可再生能源，历来是国内建设的重点。中国水电技术可开发电量为 5.42 亿 kW，目前装机规模占技术可开发量的 60%。截至 2019 年底，国内已建水电装机容量 3.26 亿 kW，年发电量约 1.3 万亿 kW·h[1]，装机与发电量均居世界首位。在可预见的将来，水电仍将在国内电力供应中占据重要位置。剩余约 2.16 亿 kW 水电资源，主要集中在西部青藏高原边缘的怒江、澜沧江、金沙江、雅砻江、大渡河和黄河上游、长江上游、雅鲁藏布江等流域。

目前尚未开发的水电工程大部分处于高海拔地区，气候条件恶劣，昼夜温差大，地形地质条件复杂。为保证大坝的安全，防止大坝混凝土裂缝，大坝混凝土温度控制显得尤为重要，它是一项复杂的系统工程，涉及坝体结构体型、混凝土材料参数、气候条件、工程热力学以及坝体浇筑方案等因素。优选混凝土原材料、加强混凝土配合比试验优化，是提高大坝混凝土自身抗裂能力及温控防裂的首要措施。而控制混凝土拌和楼出机口温度、浇筑温度，加强一期通水冷却措施是降低坝体混凝土最高温度，减小混凝土施工期温度应力，防止大坝混凝土裂缝最有效的温控措施。混凝土预冷/预热是研究其原材料的传热过程、理论计算，以及实现温控混凝土生产的方式、方法，从而向大坝提供符合工程要求的质量优良的温控混凝土。本书作为《高寒地区高拱坝混凝土温度控制技术研究与应用》的姊妹篇，详述了混凝土从原材料至拌和楼出机口的温控研究。

本书主要是在中国电建集团西北勘测设计研究院有限公司（以下简称"西北院"）与中国科学院工程热物理研究所（以下简称"中科院工热所"）共同完成的"混凝土骨料预冷（预热）设计关键技术及能耗优化研究"的基础上，经过进一步提炼和总结而成。本书内容融入了作者 30 多年从事水电站工程混凝土预冷/预热系统设计经验，收录了在编制《水电工程混凝土预冷和预热系统设计规范》过程中所收集的已建典型大型水电站工程资料，理论实践相结合，工程应用性更强。

本书共分8章，第1章～第3章由关薇、康智明编写；第4章～第8章由关薇编写；雷丽萍提供了第8章部分工程案例，并对第1章、第7章、第8章部分内容进行修改及补充；郭朝红、卢飞参与了第2章、第3章理论研究计算公式及部分图片的处理；李莉、孟可参与了第7章、第8章部分插图的绘制；全书由关薇进行了统稿。西北院的关薇、康智明、黄天润、卢飞、李莉、付廷伍、文宁、孟可，中科院工热所的郭朝红、曾秒、唐大伟参与了"混凝土骨料预冷（预热）设计关键技术及能耗优化研究"项目。

第1章～第6章主要以云南某工程，拉西瓦、溪洛渡、官地、二滩等大型水电站工程为依托，结合混凝土温控技术要求，通过CFD仿真→试验室验证→现场测试→回归分析的技术路线，针对组成混凝土原材料中的粗骨料（常态四级配混凝土粗骨料占混凝土总量65%以上）进行了专项的风冷/风热、水冷的传热全过程理论研究，并开发了仿真计算软件，并对上述依托工程进行计算验证。研究成果更准确反映了骨料的传热特性，传热计算更为准确，更符合工程实际。通过工程验证，将实测数据与仿真计算结果进行分析比较，验证仿真方法的准确性；分析风冷骨料的瞬态传热规律，根据不同工况参数因素变化的敏感性，拟合出骨料的瞬态传热经验计算公式；研究风冷料仓内不同风道形式下，冷风的流场、骨料冷却速率及均匀性，采用骨料非稳态传热的数值计算及仿真成果，编制出了具有工程实用性的计算软件。合理设置料仓风速、提高换热器热交换效率，使系统设备配置更加经济合理，达到节能降耗、降低运行成本的目的。

第7章、第8章综述了制冷供热原理、混凝土预冷预热工艺设计、理论计算、设备选型、系统布置、管路设计、生产安全要求等，以及对施工、安装、调试运行全方位进行分解；并列举作者30多年来参与及调研过的部分典型水电站工程混凝土预冷/预热项目设计实例，分析冷/热耗、能耗指标，总结工程设计的特点、存在的问题及改进措施；可供水电站工程设计者在混凝土预冷/预热设计中参考借鉴，进行设备选型配置，优化制冷/供热系统能耗技术经济指标，节省工程投资。

本书研究内容丰富，逻辑严密，资料翔实，工程实例资料完整，可为从事大型水电站工程混凝土预冷/预热设计、施工及相关专业技术人员提供有力的技术支撑。

本书在编写过程中得到西北院、中国电建集团中南勘测设计研究院有限公司、中水东北勘测设计研究有限责任公司、中国水利水电第一工程局有限公司、中国水利水电第四工程局有限公司、中国水利水电第八工程局有限公司及福建雪人股份有限公司等单位及专家提供的帮助，在此对他们表示衷心的感谢！本书引用了国内部分专家公开发表的有关资料，均在参考文献中列出，在此表示感谢！

　　由于作者水平有限，书中错误和疏漏在所难免，敬请广大读者批评指正。

作者

2021 年 9 月

目录

第1章 绪论

1.1 研究背景和意义

中国江河纵横，水能资源丰富，水力资源理论蕴藏量 6.94 亿 kW，技术可开发装机容量 5.42 亿 kW，均居世界首位[2]。充分发挥水电资源具有巨大的社会经济效益。然而水电水利工程混凝土施工大多面临气候条件恶劣、地质条件复杂等不利条件及水电站工程混凝生产系统强度大、温度控制严等特点，对水电站工程尤其是大坝混凝土温控技术提出了严峻的挑战。

混凝土温控技术主要包括预冷和预热。混凝土预冷是指在高温季节对组成混凝土原材料采取人工预冷措施，以降低混凝土出机口温度，进而降低混凝土入仓浇筑温度，确保混凝土内部最高温度满足设计要求，减小内外温差，防止混凝土表面产生裂缝。混凝土预热是指在低温季节对组成混凝土原材料采取人工预热措施，以提高混凝土出机口温度，以确保低温季节混凝土浇筑温度在 5～8℃ 范围内，防止混凝土早期受冻。组成混凝土的原材料，常态四级配混凝土粗骨料占到 65% 以上（碾压三级配占到 60% 以上）。因此，混凝土预冷/预热技术，关键在于如何有效对混凝土骨料进行预冷/预热。混凝土预冷技术主要包括对粗骨料风冷或水冷、加片冰、加冷水等措施以降低混凝土出机口温度；混凝土预热技术主要包括对粗骨料进行风热或对粗细骨料加暖气排管、加热水等措施提高混凝土出机口温度。目前国内粗骨料预冷最低温度可达 0～−2℃，常态温控混凝土出机口温度最低可控制在 7℃；对于干法生产的混凝土骨料，生产碾压混凝土出机口温度最低可控制在 10℃；一般温控混凝土浇筑温度控制在 11～18℃；骨料加热最高温度可达 40℃，以提高混凝土出机口温度，使其达到 8～15℃。

随着葛洲坝、三峡、向家坝、拉西瓦等大型水电站的建成投产，国内的混凝土温控技术理论和实践全面发展，设计、施工和生产管理水平迅速提高。其中三峡二期工程混凝土预冷系统规模大，温控要求严，低温混凝土产量达 1720m³/h，预冷采用两次风冷骨料及加片冰、冷水拌和，夏季混凝土出机口温度控制在 7℃。葛洲坝工程采用胶带机，廊道内对骨料喷淋冷水，搅拌楼料仓通冷风连续冷却骨料及加片冰拌和，夏季混凝土出机口温度控制在 7℃。拉西瓦工程预热采用搅拌楼粗骨料仓通热风连续加热及加 60℃ 热水拌和，冬季混凝土出机口温度控制在 8～15℃。

尽管混凝土温控技术日趋成熟，但到目前为止，理论计算方法不够完善，设计时采用的经验计算方法有局限性，如：原经验计算方法以单颗骨料为研究对象，再通过经验系数的换算扩展到多颗骨料堆，必然带来换算的误差；且算法未考虑料仓结构、风道布置形

1

式、空隙率、冷却高度等因素对骨料瞬态传热的影响规律，导致预冷温控计算负荷偏大，混凝土系统制冷设备配置不经济，并造成一定程度不必要的能源、人力资源浪费。因此，对骨料预冷/预热过程开展全面深入的理论研究，对水电水利工程的经济效益和社会效益都具有重大而深远的意义。

1.2　研究内容和目标

混凝土骨料冷却/加热是一种复杂的多相间传热过程，骨料间瞬态的传热和流动机理很难准确把握。在实际工程应用中，混凝土预冷措施主要有骨料堆料场初冷、加冷水或加片冰拌和冷却、风冷骨料、水冷骨料等方式，其中：风冷骨料指不同粒径级骨料在料仓内分别通冷风进行冷却；水冷骨料有循环水预冷骨料、浸泡预冷骨料、喷淋冷水预冷骨料三种，本书主要研究带式输送机上骨料喷淋冷水冷却方式；混凝土预热措施主要包括加热水拌和、骨料堆内埋设蒸汽排管解冻并初加热，搅拌楼粗骨料仓热风加热骨料，搅拌楼粗细骨料仓埋设加热排管、设置暖房、骨料预热仓、地面辐射加热等措施。对于预热骨料主题，以热风加热粗骨料为主进行研究。针对风冷/风热骨料、水冷骨料三种方式开展相关研究工作。具体研究内容如下：

（1）实验分析及 CFD 仿真研究。以相似性实验原理为基础，针对风冷骨料开展实验研究，分析风速、骨料粒径等参数对骨料瞬态冷却过程的影响机理。以实验数据为依据，开展模型数值仿真研究，完善仿真数值计算方法，获得风冷料仓内骨料瞬态冷却规律，风压与料仓结构形式、空隙率、骨料级配等因素的关系。在施工现场采集料仓风速、风压、骨料温度等实测数据，将实测数据与仿真结果进行分析比较，验证仿真方法的准确性。同理，针对水冷骨料开展实验研究，分析喷淋水量、骨料粒径等参数对骨料瞬态冷却过程的影响机理。然后以实验数据为依据，开展水冷模型数值仿真研究，完善仿真数值计算方法，提高数值模型仿真计算的准确性，保证模型仿真计算的精度。

（2）非稳态传热理论研究。研究风冷料仓的瞬态传热规律，寻找不同料仓截面面积、不同进回风高差、不同虚拟风速（料仓截面风速）、不同空隙率等工况条件下的瞬态传热规律，并绘制对比过余温度的诺谟图，分析骨料温度随料仓截面面积、进回风高差、虚拟风速、空隙率等因素变化的敏感性，拟合出骨料的瞬态传热经验计算公式。然后通过动量方程推导单位料层风阻的计算关系式，并对多种风冷工况模型仿真的计算结果进行归纳总结，整理出适用于风冷/风热骨料条件的风阻计算关系式。

研究水冷骨料瞬态传热规律，分析被冷水完全淹没及部分被淹没骨料的非稳态传热过程，并绘制淹没区和未淹没区不同骨料级配的对比过余温度诺谟图，对多种水冷工况模型计算结果进行归纳总结，整理出与喷淋流率、骨料直径、骨料物性等参数相关的对比过余温度拟合关系式。

（3）风道优化设计研究。研究风冷料仓内不同风道形式下，冷风的流场、骨料冷却速率及均匀性。通过对不同形式的料仓风道模型瞬态传热仿真分析，寻找骨料冷却最优的风道形式，从而保证料仓内骨料出料温度的均匀性，提高骨料冷却效率，改善骨料在料仓内的流场，从而最大限度地利用风量，减少冷量浪费。

（4）程序编制及软件开发。采用骨料非稳态传热的数值计算及仿真成果，编制出了具有工程实用性的计算软件。软件具有方便的人机对话界面功能，程序界面包括风冷模块、风热模块、风冷复核计算模块、风热复核计算模块、水冷模块、风冷参考图谱、风热参考图谱。计算软件考虑因素全面、覆盖面广、计算速度快、可靠性高，将大大提高工程设计的计算精度；程序方便设计人员操作，节省设计耗时，并利于行业内统一设计标准的推广，在工程应用方面具有非常重要的意义。

（5）能耗优化研究。分析目前混凝土骨料温控计算理论应用现状，并对比新理论计算方法（以下简称"新程序算法"）与传统经验计算方法（以下简称"通用算法"），明确了采取新程序算法的优越性，通过优化风冷/风热料仓设计参数，提高了换热器热交换效率。改善料仓锁气效果，降低料仓漏风率。混凝土骨料温控技术通过理论、工艺等系列措施的研究，在保证工程运行的前提下，既可以合理地实现节能降耗，又降低了工程投资。

1.3 研究成果及创新点

1.3.1 研究成果

（1）揭示骨料在风冷料仓内的瞬态传热特性，得到可靠的仿真计算方法。风冷骨料相似性实验的实测数据的表明：距离进风口较远的后立面先冷却，距离进风口较近的前立面后冷却，温度均匀性较差；料仓内有回风道时，流场更均匀，骨料的温度均匀性更好，冷却速率更快，风压更小；进风道到出料口的区域，有明显的冷量积聚现象，骨料在此区域仍会被持续冷却。风冷骨料施工现场的风速、风温、风压等实测数据，证实仿真计算所预测的漏风、有回风道时风压较小等现象的存在。实际模型的骨料温度、风压的仿真计算结果与现场实测数据吻合很好，验证了仿真计算方法的准确性和可靠性，得到可靠的仿真参数。

（2）揭示骨料水冷过程中的瞬态传热特性，得到可靠的仿真计算方法。水冷骨料相似性实验的实测数据表明：喷淋流量越大，骨料的冷却速率越快；高层未浸泡的骨料，在喷淋的强化对流条件下，冷却速率比浸泡在水中仅靠导热来散热的底层骨料更快。实体模型骨料温度仿真结果与实验数据吻合得很好，对流换热系数的仿真结果与经验值很接近，证明仿真计算方法具有足够的计算精度。

（3）绘制风冷/风热骨料过程的诺谟图，总结计算关系式。用非稳态传热规律对大量的实际风冷工况进行分析总结，发现料仓结构、风速等参数对风冷瞬态过程有明显影响：料仓横截面越大，骨料均温性越差，冷却越慢；风速越大，换热系数越大，冷却越快。将所有工况的瞬态传热过程，绘制为具有普适性的非稳态传热温度诺谟图，便于工程应用。从诺谟图可知，只要无量纲参数 δ/D_e（进回风高差/料仓截面当量直径）变化不大，不论工况如何，其瞬态传热过程就具有近似相同的变化规律。料仓内骨料群的对比过余温度 $\dfrac{T-T_0}{T_a-T_0}$ 与傅里叶数 Fo、毕渥数 Bi 有很强的相关性，并拟合出可以计算任何时刻、料仓任一截面处的平均温度的一组经验关系式。拟合值的误差基本控制在 ±10% 左右，具有较高的计算精度。

3

（4）得到风冷/风热工况料层风阻的计算公式。通过非稳态流动理论研究，认为风阻与空隙处风速、粒径等参数相关：风速增大，风阻呈幂函数形式增大；粒径越小，空隙面积越小，风阻越大。拟合的料层风阻公式具有较高的准确性，符合工程实际。

（5）绘制水冷骨料过程的诺谟图，总结计算关系式。用非稳态传热规律对大量的实际水冷工况进行分析总结，发现骨料粒径越大，骨料均温越高；喷淋流率越大，换热系数越大，骨料冷却速率越快；未淹没区喷淋对流换热系数较大，骨料冷却速率高；淹没区导热效率较差，骨料冷却速率偏低。将所有淹没区和未淹没区的瞬态传热过程，绘制为具有普适性的非稳态传热温度诺谟图。骨料对比过余温度 $\dfrac{T-T_0}{T_a-T_0}$ 与 Bi 紧密相关，随着 Bi 数的增大，对比过余温度增大。依照诺谟图总结出的对比过余温度拟合关系式，相对误差不超过 $\pm10\%$，具有较高的计算精度。

（6）得到风道结构形式的优化设计方案。仿真优化计算结果表明，进风道中沿程均匀设置倾角 $60°$、挡板长度与风道宽度比值为 0.3 的挡板，能够有效提高骨料均温性，减小料仓风压。为了强化换热效果，建议料仓中设置进、回风道；风道尽量布置在料仓的中心剖面上；适当增大进风道与出料口之间的高度差。

（7）成功开发"混凝土骨料温控计算软件"。软件具有方便的人机对话界面功能，软件界面包括风冷模块、风热模块、风冷复核计算模块、风热复核计算模块、水冷模块、风冷参考图谱、风热参考图谱。用户可通过输入计算参数，计算出工程设计需要的预冷、预热系统设计成果。

（8）依照风冷/风热、水冷骨料的实验结果及理论计算成果，提出料仓结构、风道布置形式、胶带机规格、倾斜角度等工艺设计参数的优化方法，通过降低料仓的漏风率、调整料仓内合理的风速、提高冷/热风机热交换效率等，实现节能降耗、降低运行成本。

1.3.2 创新点

（1）提出了运用相似性原理开展混凝土骨料实验研究。混凝土骨料预冷/预热是非稳态、多相间的复杂传热过程，要找出影响骨料传热诸多变量间的函数关系，需要对各种预冷/预热工况进行大量的实验。风冷/风热料仓体积庞大，实验次数巨大，全尺寸模型实验需要投入巨大的成本。本书首次提出以相似性原理为基础，建立风冷/风热料仓温控缩尺寸实验平台，并在相似准则下对混凝土骨料的冷却过程开展系列化的实验，既能保证结果的准确性，又能在较小的投入成本下得到丰富的参考数据。

（2）针对混凝土骨料传热、流动过程开展数值仿真分析。Fluent 作为国际先进的多相流数值分析软件，可以仿真流体、热传递和化学反应等。它具有丰富的物理模型、先进的数值方法和强大的前后处理功能，在航空航天、汽车设计、石油天然气和涡轮机设计等方面都有着广泛的应用，针对混凝土骨料传热、流动计算在行业内还是首次，可以准确地模拟骨料瞬态传热、流动过程，为非稳态理论研究提供技术支持。

（3）将风冷料仓内骨料与空隙的复合结构视为一种多孔介质，并提出其热物性计算方法，大大简化了骨料瞬态传热过程的理论计算过程。利用风冷料仓内骨料数量庞大、离散均匀的特点，将料仓内的骨料与空隙作为一种多孔介质进行简化处理。这种简化方法合理有效，在相似性实验及校核计算中得到了验证。多孔介质热物性的计算中，根据实际情况考虑了空隙中空气的强制对流作用，原创性地提出了等效热物性的计算方法。此方法既保证了计算精度，又简化了繁杂的计算过程，且能够以骨料群作为研究对象，而非单颗骨料，更符合实际情况。

（4）提出了描述风冷/风热骨料工况的非稳态流动、传热数学计算方法。风冷/风热骨料的现有计算方法，是由描述第一类边界条件管内流动瞬态传热过程的诺谟图，经过一系列假设和折算而推导出来的，不能直接描述风冷/风热骨料的过程。此次研究，在大量的理论研究工作的基础上，归纳出真实描述风冷/风热骨料的瞬态传热过程的诺谟图，得到了真实反映风冷/风热骨料瞬态流动传热过程的理论计算关系式。该计算方法考虑了料仓尺寸、空隙率、风速、粒径等因素对骨料瞬态流动传热过程的影响，考虑因素更全面；经过大量相似性实验及大量真实性仿真结果的对比验证，计算结果更可靠；该计算方法直接由描述风冷/风热骨料瞬态传热过程的诺谟图而来，非常符合风冷/风热传热的实际情况。

（5）提出了描述水冷骨料工况的非稳态传热数学计算方法。水冷骨料过程的设计，目前多由经验值确定，尚无明确而统一的计算方法。经过此次研究，以水冷胶带机上的骨料群为研究对象，归纳出真实描述水冷骨料的瞬态传热过程的诺谟图，得到了真实反映水冷骨料瞬态流动传热过程的理论计算关系式。该计算方法考虑了胶带机尺寸、喷淋流率、淹没率、粒径等因素对骨料瞬态流动传热过程的影响，考虑因素很全面；经过大量相似性实验及大量真实性仿真结果的对比验证，计算结果更可靠；该计算方法直接由描述水冷骨料瞬态传热过程的诺谟图而来，非常符合水冷的实际情况。

（6）揭示了风冷工况下，料仓内骨料瞬态三维温度场分布特性；水冷工况下，胶带机内骨料瞬态三维温度场分布特性。通过对风冷骨料、水冷骨料真实工况的仿真计算，首次得到风冷料仓、胶带机内骨料的瞬时温度分布特性。并由此分析出风道布置形式、料仓结构、空隙率等因素对风冷骨料温度均匀性和传热速率的影响；胶带机尺寸、倾斜角度、喷淋流率、淹没率、粒径等因素对水冷骨料温度均匀性和冷却速率的影响。为工程应用中优化设计方案的提出，提供了直观、可靠、全面的理论依据。

（7）开发了"混凝土骨料温控计算软件"。该软件可准确、快速计算工况，并绘制诺谟图。该软件考虑因素全面、覆盖面广、计算速度快、可靠性高，将大大提高工程设计的计算精度，方便设计人员操作，节省设计耗时，并利于行业内统一设计标准的推广，在工程应用方面具有非常重要的意义。

（8）提出骨料温控过程的节能措施，实现节能降耗目的。依据真实工况的仿真结果，对于风冷骨料的瞬态传热过程，提出设置进回风道、进风道内均匀布置导流板、进风道尽量远离出料口及重新定义冷却区高度等优化措施，不仅使风的流场、温度场更均匀，而且能有效减小风压、减小泄漏、增大传热速率；对于水冷骨料的瞬态传热过程，提出适当增大胶带机倾斜角度、减小淹没率等优化措施，发挥喷淋对流换热的优势，避免水中导热速率较慢的劣势。这些优化措施能明显改善骨料的换热效果，提高换热速率；在满足设计要求的前提下，能有效地减小冷/热负荷要求、降低风压，实现节能降耗[3]。

第 2 章　实验研究及 CFD 仿真研究

2.1　概述

混凝土骨料预冷/预热是非稳态、多相间的复杂传热过程，混凝土骨料终温受空隙率、骨料粒径、风速、对流换热系数、料仓截面尺寸等多种因素影响，要找出诸多变量间的函数关系，不仅需要对各种预冷/预热工况进行大量的实验，且需采用数值计算软件对混凝土骨料预冷/预热全过程进行仿真校验。然而，风冷/风热料仓体积庞大，且庞大的实验次数需要投入巨大的成本，以致实际操作中全尺寸实验很难实现。以相似性原理为基础，建立风冷/风热料仓温控缩尺寸实验平台，并在相似准则下对混凝骨料的冷却过程开展系列化的实验，既能保证结果的准确性，又能够在较小的投入成本下得到丰富的参考数据，在实际工作中是普遍采用的一种手段。依据从相似性实验中得到的大量实验数据，以及工地现场实测的真实数据，利用国际通用的 Fluent 数值分析软件，建立实验台缩尺寸平台及实际工况全尺寸的仿真模型，进行多工况模拟分析，分析研究混凝土骨料预冷/预热的传热特性及流动特性，并对仿真模型的准确性、计算数据的可靠性进行验证，对计算模型进行必要的合理的修正，得到完善准确的仿真计算方法，为风冷/风热骨料、水冷骨料的瞬态传热特性的理论分析提供可靠的分析工具。

2.2　相似性实验

2.2.1　实验原理

实验的工况条件根据工程实际、基于相似原理进行选择。只有具有相同形式并具有相同内容的微分方程式所描写的现象才能够谈论相似问题。彼此相似的物理现象，其同名准则必定相等。

对于非可压流体动量方程（纳维-斯托克斯方程），可以表示为

$$\rho\left(\frac{\partial v}{\partial t} + v \cdot \nabla v\right) = -\nabla p + \mu \nabla^2 v + f \qquad (2.2-1)$$

式（2.2-1）中每一项的单位都是加速度乘以密度。无量纲化式（2.2-1），需要把方程变成一个独立于物理单位的方程。把式（2.2-1）各项乘以系数 $\dfrac{D}{\rho v^2}$，则有

$$v' = \frac{v}{V} \qquad p' = p\frac{1}{\rho V^2} \qquad f' = f\frac{D}{\rho V^2} \qquad \frac{\partial}{\partial t'} = \frac{D}{V}\frac{\partial v}{\partial t} \qquad \nabla' = D\nabla$$

则无量纲的纳维-斯托克斯方程可以写为

$$\rho\left(\frac{\partial v'}{\partial t'}+v'\cdot\boldsymbol{\nabla}'v'\right)=-\boldsymbol{\nabla}'p'+\frac{\mu}{\rho DV}\boldsymbol{\nabla}'^2v'+f' \tag{2.2-2}$$

其中：$\dfrac{\mu}{\rho DV}=\dfrac{1}{Re}$。

整理式（2.2-2），可得

$$\frac{\partial v}{\partial t}+v\cdot\boldsymbol{\nabla}v=-\boldsymbol{\nabla}p+\frac{1}{Re}\boldsymbol{\nabla}^2v+f \tag{2.2-3}$$

因此，所有的具有相同雷诺数的流场是相似的。雷诺数 $Re=\dfrac{us}{\nu}$，空气黏度 ν 为物性参数，s 为相邻骨料距离，u 为流速。因此，实验平台风冷/风热料仓内的空气流速必须与实际相符，并依此来选择进风量、风速。

换热现象相似，努谢尔数 Nu 必须相同。以对流换热现象为例，换热微分方程为

$$\alpha=-\frac{\lambda}{\Delta t}\frac{\partial t}{\partial y}$$

设两种对流换热现象为

现象 a $\qquad\qquad\qquad\qquad \alpha'=-\dfrac{\lambda'}{\Delta t'}\dfrac{\partial t'}{\partial y'}$；

现象 b $\qquad\qquad\qquad\qquad \alpha''=-\dfrac{\lambda''}{\Delta t''}\dfrac{\partial t''}{\partial y''}$。

与现象相关的各物理量场应分别相似，即

$$\frac{\alpha'}{\alpha''}=C_\alpha,\ \frac{\lambda'}{\lambda''}=C_\lambda,\ \frac{t'}{t''}=C_t,\ \frac{y'}{y''}=C_l \tag{2.2-4}$$

将式（2.2-4）代入现象 a 的关系式，得到：$\dfrac{C_\alpha C_l}{C_\lambda}\alpha''=-\dfrac{\lambda''}{\Delta t''}\dfrac{\partial t''}{\partial y''}$，因此 $\dfrac{C_\alpha C_l}{C_\lambda}=1$。

结合式（2.2-4），可得：$\dfrac{\alpha'y'}{\lambda'}=\dfrac{\alpha''y''}{\lambda''}$，即 $Nu'=Nu''$。也就是说，换热现象的相似要求努谢尔数相等。

对于骨料的对流换热现象而言，$Nu=\alpha d/\lambda$，骨料的导热系数 λ 是物性参数，d 是骨料粒径，对流换热系数 α 是雷诺数 Re 和普朗特数 Pr 的函数，Pr 为空气的物性参数，因此只要仓体内部冷风的雷诺数 Re 符合工程实际，即可认为本实验的换热情况与实际情况相似。也就是说，实验平台风冷料仓内的空气流速与实际相同，即可认为实验与实际工况的流动现象和换热现象相似。

同理，水冷实验中，只要保证喷淋水速与实际相同，即可认为实验与实际工况的流动现象和换热现象相似。

2.2.2 实验设备

2.2.2.1 风冷骨料相似性实验

1. 某工程实际采用的参数

冷却仓尺寸（长×宽×高）：5m×5m×11.5m；进回风高差：4.6m；进/出风口尺

寸：0.8m×0.8m；刺入式风道百叶窗空隙尺寸（长×高）：4.8m×0.1m；个数：16个；入口风速：25m/s；颗粒堆积密度：特大石（简称 G1）1600 kg/m³（真实密度2500 kg/m³）。

2. 实验平台

风冷实验平台料仓结构是以工程实际尺寸为参照等比例缩小得到的。料仓外形尺寸为1m×1m×2m（长×宽×高），进回风高差为 1m，进/回风道尺寸：0.16m×0.16m（均按5∶1 的比例缩小）。刺入式风道百叶窗空隙尺寸：0.9m×0.01m；个数：16 个；入口风速：21～35m/s；进风温度比骨料温度低约 10℃。

因为骨料粒径大小对预冷/预热效果影响很大[4]，所以实验选取三种骨料级配进行研究：小石、中石、大石（分别简称 G4、G3、G2），空隙率为 0.4～0.5。

根据工程上风冷过程的风量 V 平衡方程为

$$V = A_{HJM} u_{HJM} = A_{JFK} u_{JFK} \qquad (2.2-5)$$

即

$$V = 5 \times 5 \times u_{HJM} = 0.8 \times 0.8 \times 25$$

式中　A_{HJM}——横截面面积；

u_{HJM}——横截面平均风速；

u_{JFK}——进风口风速。

由式（2.2-5）可得料仓横截面上风的平均流速（虚拟速度）：$u_{HJM} = 0.64$m/s；骨料空隙中的流速：$u_{KX} = \dfrac{u_{HJM}}{0.4 \sim 0.5} = 1.6 \sim 1.28$m/s。

实验原则是保持骨料间隙的流速不变，则实验风量为

$$V = A_{HJM} u_{HJM} = 1 \times 1 \times 0.64 = 0.64 \ (m^3/s) \qquad (2.2-6)$$

因此，鼓风机选型参数：风量 $V = 0.64$m³/s 或 2304m³/h。工程上所用风机的压头为1000～2500Pa，冷风约有 5m 的流程；实验中冷风流程约 1m，所以实验所用风机的压头不低于 500Pa 即可。

根据相似性原理，需保证风冷实验平台料仓内的风速与实际工况料仓内风速相同，才能保证实验与实际工况的流动现象和换热现象相似。实际工程中料仓截面风速为 0.5～1.5m/s，折算到实验料仓中，需要风量约为 3000m³/h，风压不小于 500Pa。风冷实验平台选择的风机型号为 Cy-3.2A，额定流量 2996 m³/h，且进风流量可调节，风压 1300Pa，功率 2.2kW。实验平台及风道见图 2.2-1～图 2.2-3。

3. 测量仪器

本次风冷实验主要测量仪器为安捷伦数据采集器、K 型热电偶和压力传感器。

（1）安捷伦数据采集器型号为 34970A，可同时采集 60 个电压信号。实验时设置每10s 采集全部 60 个通道，直到实验结束，保存所有测量的数据。

（2）K 型热电偶为镍铬-镍硅热电偶，测量原理是：由两种不同的导体组成的闭合回路中，如果两个节点处于不同的温度，回路就会出现电动势，即热电势，根据热电势与温度的分度关系，可以得到测点的温度。实验前对 60 个热电偶的测量误差进行了分析，真实温度由标定过的温度计测得，测量温度减去真实温度就是测点的绝对误差，所有热电偶的绝对误差最大不超过 1℃（图 2.2-4）。

图 2.2-1 风冷实验平台

图 2.2-2 风冷料仓内部结构

图 2.2-3 风道侧视图

（3）压力传感器，工作原理是传感器内部的压阻应片在受力发生形变时，其阻值会发生改变，从而使加在电阻上的电压或回路内的电流发生变化，输出的电信号与所受压力之间存在分度关系，因此通过测量输出的电压或电流信号，可以得到测点的压力值。实验中采用两个压力传感器，分别测量进口风压和出口风压。在实验之前，压力传感器都进行了标定，保证测量精度。

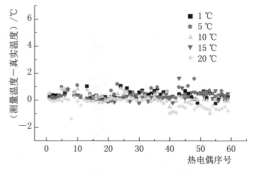

图 2.2-4 热电偶测量绝对误差

4. 实验工况

为了更准确地分析风冷骨料传热过程，本次风冷骨料相似性实验，分别对 12 种工况、3 种粒径骨料进行实验，实验充分考虑到了风温、风量、回风道、骨料粒径等对瞬态传热过程的影响。实验工况如表 2.2-1 所示。

表 2.2 - 1　　　　　　　　　　　风 冷 实 验 工 况

工况编号	骨料尺寸/mm	有/无回风道	风速/(m/s)	重量/kg	体积/m³	堆积密度/(kg/m³)	空隙率	骨料初温/℃	进风口平均温度/℃	出风口平均温度/℃
1	40~80	无	16.90	2476.8	1.57	1578.2	0.418	21.05	7.80	20.50
2	40~80	无	19.76	2415.5	1.57	1569.1	0.421	20.30	14.43	20.42
3	40~80	有	18.97	2464.9	1.627	1518.0	0.440	24.11	8.03	23.15
4	40~80	有	27.55	2272.8	1.477	1542.2	0.431	23.03	13.52	21.50
5	20~40	无	13.86	2347.4	1.53	1534.8	0.434	23.43	12.77	22.80
6	20~40	无	22.48	2347.4	1.53	1534.8	0.434	22.76	8.47	21.07
7	20~40	有	11.32	2421.8	1.60	1510.0	0.443	21.09	13.82	21.07
8	20~40	有	15.35	2352.3	1.58	1485.2	0.452	23.14	14.03	22.82
9	5~20	无	14.44	2292.8	1.57	1460.9	0.461	24.45	9.04	23.12
10	5~20	无	17.94	2292.8	1.57	1460.9	0.461	22.23	14.69	22.07
11	5~20	有	13.78	2249.9	1.52	1476.5	0.455	20.61	10.33	19.38
12	5~20	有	18.23	2271.3	1.55	1461.8	0.461	23.37	15.74	21.83

5. 实验测量点布置

本次风冷实验平台共布置 -1~5 共 7 个测量断面，每个断面布置 12 个测量点。

图 2.2-5 和图 2.2-6 描述了实验中各测量断面的位置及测点布置方式。大部分实验工况都选择了 1~5 断面进行测量，1、7 两个工况选择了 0~4 断面的测量层，只有一个工况 11 选择了 -1~3 断面的测量层。为了便于实验分析，分别定义了中心剖面、前立面、后立面。

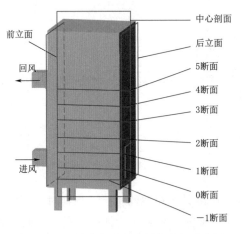

图 2.2-5　风冷实验温度测点布置示意图

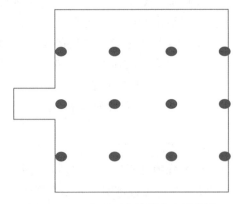

图 2.2-6　各断面上的测点布置位置

6．风冷实验步骤

（1）装料及布置测点，记录骨料重量及体积。

（2）检查料仓密封情况。

（3）采集初始温度并记录。

（4）调节风机阀门，启动风机。

（5）记录风速。

（6）实时记录各测点温度、进出口风压。

（7）至少运行 1h 之后，风机停止，保存测量数据。

（8）从出料口取出若干石头，测量其中心温差。

（9）出料。

7．实验结论

由于实验工况较多，结论仅显示典型工况和断面的温度场、风速数据。分析实验结果得到以下结论：

（1）所有的工况冷却趋势是相同的：距离进风通道较近的断面先冷却，距离进风通道较远的断面后冷却。

（2）对于所有的工况，各断面上的冷却趋势是相同的：靠近后立面的温度降的最快，靠近前立面的骨料温度降的较慢；随着时间的推移，断面上骨料的温度趋于平衡，逐渐接近进风温度，如图 2.2－7 和图 2.2－8 所示。

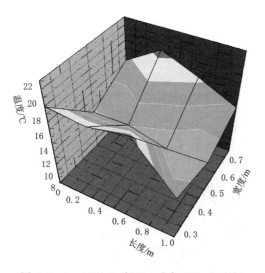
图 2.2－7　工况 11 断面 1 冷却 900s 温度场

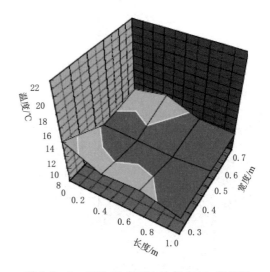
图 2.2－8　工况 11 断面 1 冷却 2100s 温度场

（3）有回风道工况与无回风道工况相比，有回风道工况的温度场均匀性稍好。图 2.2－9～图 2.2－11 为中石在无回风道下的温度场变化，图 2.2－12～图 2.2－14 为中石在有回风道下的温度场变化，从图中可看出，有回风道的工况，靠近前立面的骨料更容易冷却，温度场均匀性稍好。

（4）空隙率越大、骨料平均直径越小，断面上温度分布越均匀。其主要原因是骨料直

11

径较小，料仓内孔隙分布更均匀，分布密度更大，所以，气流更容易均匀地在料仓内分布，温度场的分布就更均匀。

（5）料仓内骨料的冷却规律是：以进风通道为对称中心，上下骨料以相同的趋势冷却。如图 2.2-15～图 2.2-17 所示，以进风通道为中心，上、下两侧温度场基本对称。风冷料仓冷却区高度并非指进风道与回风道的高差，即骨料并不是单纯在进风道到回风道这一区域内冷却，在进风通道下部，骨料也会明显被冷却。风冷料仓设计时可适当增加进风道与出料口间的高差，以充分利用冷量，降低能耗。

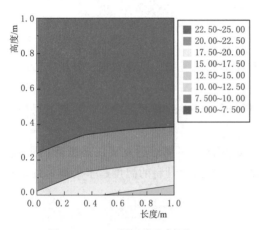

图 2.2-9　工况 5 中心剖面 900s
温度场（单位：℃）

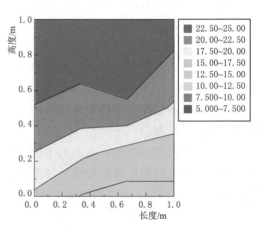

图 2.2-10　工况 5 中心剖面 2100s
温度场（单位：℃）

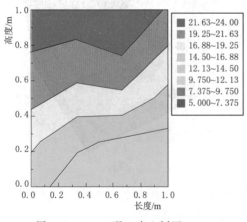

图 2.2-11　工况 5 中心剖面 3300s
温度场（单位：℃）

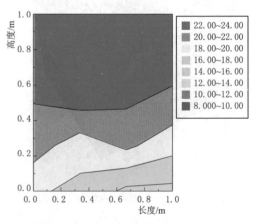

图 2.2-12　工况 8 中心剖面 1040s
温度场（单位：℃）

（6）进风道下部的骨料比上部的骨料冷却速率更快，但随着时间的推移，冷却瞬态曲线逐渐重合，如图 2.2-18 所示。

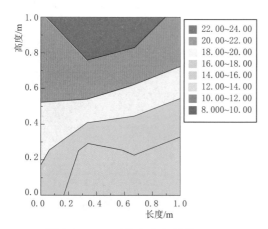

图 2.2-13 工况 8 中心剖面 2240s
温度场（单位:℃）

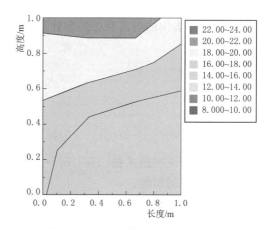

图 2.2-14 工况 8 中心剖面 3440s
温度场（单位:℃）

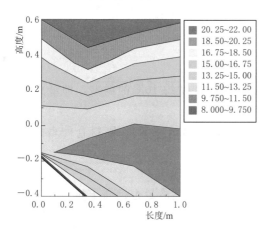

图 2.2-15 工况 11 中心剖面 900s
温度场（单位:℃）

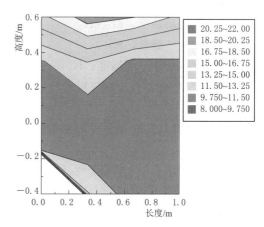

图 2.2-16 工况 11 中心剖面 2100s
温度场（单位:℃）

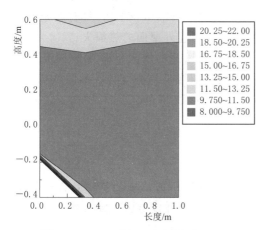

图 2.2-17 工况 11 中心剖面 3300s
温度场（单位:℃）

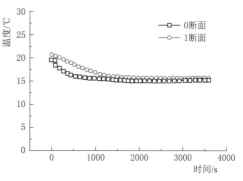

图 2.2-18 进风道断面处平均温度

（7）料仓外表面的热损失可以忽略。料仓外表面的热损失跟骨料初终温、环境温度等有关。料仓外表面的对流换热系数计算如下：

$$其中 \qquad \alpha = \frac{Nu \cdot \lambda}{H} \qquad\qquad (2.2-7)$$

$$Nu = c \ (Gr \cdot Pr)^n \qquad\qquad (2.2-8)$$

$$Gr = \frac{g \Delta T H^3}{T_m \nu^2} \qquad\qquad (2.2-9)$$

$$T_m = \ (T_\infty + T_w) \ /2 \qquad\qquad (2.2-10)$$

式中　α——对流换热系数，$W/(m^2 \cdot K)$；

$\quad Nu$——努谢尔数；

$\quad H$——料仓高，m；

$\quad \lambda$——导热系数，$W/(m \cdot K)$；

$\quad Gr$——格拉晓夫数；

$\quad Pr$——普朗特数；

$\quad \nu$——运动黏度，m^2/s；

$\quad T_\infty$——空气温度，K；

$\quad T_w$——料仓外壁面温度，K。

实验时料仓内骨料初温与料仓外表面空气温度始终保持约 10℃ 的温差，即最大温差 $\Delta T = 10K$。

经计算可知，料仓外表面的对流换热系数约为 $2.4W/(m^2 \cdot K)$，则料仓外表面积的热损失约为

$$Q_{loss} = \alpha F \Delta T = 2.4 \times 8 \times 10 = 192 \ (W) \qquad\qquad (2.2-11)$$

而即使以实验采用的最小进口风速 11.32m/s 来计算，其冷量也远高于料仓外表面的热损失：

$$Q_{air} = Cm \Delta T = 1000 \times 1.2 \times 11.32 \times 0.16^2 \times 10 = 3477.5 \ (W) \qquad (2.2-12)$$

因此，实验中，料仓外壁面的热损失不会超过总冷量的 5%，非常小。另外，料仓外包有橡塑海绵作为保温层，厚度为 15mm，导热系数为 $0.034W/(m^2 \cdot K)$，具有热绝缘作用。因此，在实验以及之后的仿真模拟中，完全可以忽略料仓外壁面的热损失。

（8）无回风道时，风压增大趋势明显，风压随孔隙处风速的增大呈幂函数的形式增长；有回风道的条件下，风压同样随风速的增大而增大，但增长趋势变缓，如图 2.2-19 和图 2.2-20 所示。有回风道的工况，风压明显小于无回风道的工况，如图 2.2-21 所示。

2.2.2.2　水冷骨料相似性实验

1. 实验平台

水冷骨料实验台尺寸是按照工程实际尺寸进行等比例缩小后得到的。实验台水槽宽 0.5m，槽角 35°，槽高为 0.055m，水槽长 1.5m，倾斜角度可任意设置；喷淋管小孔直径 4mm，沿管道长度等距离设置 8 排共 24 个喷淋孔。实验对象是 G4、G3、G2 三种骨料，实验时保证喷淋水温比骨料温度低约 10℃。

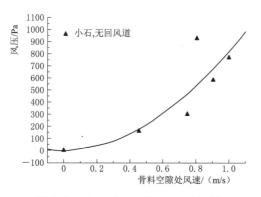

图 2.2-19 无回风道工况下的风压

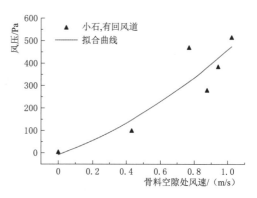

图 2.2-20 有回风道工况的风压

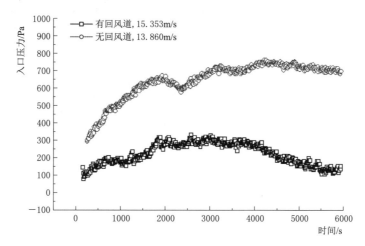

图 2.2-21 有、无回风道工况风压的比较

　　根据相似性原理，需保证水冷骨料实验平台喷淋水速与实际工况胶带机上喷淋水速相同，才能保证实验与实际工况的流动现象和换热现象相同。工程上喷淋流率范围为 $0.25\sim$ $0.625\text{kg}/(\text{m}^2\cdot\text{s})$，折算到水冷骨料实验台上需要的喷淋水流量为 $0.1875\sim0.4688\text{kg/s}$。水冷实验平台选择的水泵型号是 HD122A，流量范围 15L/min（0.25kg/s）；流量计采用量程为 $2\sim18$L/min 的转子流量计。水冷实验平台如图 2.2-22 所示，冷水在泵的作用下经过喷嘴喷淋到水冷平台的骨料上，水冷平台底部放置冷水回收池。

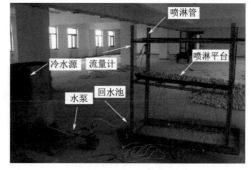

图 2.2-22 水冷实验平台

　　2. 测量仪器

　　水冷骨料实验主要测量仪器为安捷伦数据采集器、K 型热电偶测量。其中温度的瞬态值由安捷伦数据采集器采集保存，瞬态温度同样用标定后的 K 型热电偶测量。安捷伦数据采集器、K 型热电偶工作原理及方法同风冷测量仪器（见 2.2.2.1）。

3. 实验工况

为了更准确地分析水冷骨料传热过程，水冷骨料相似性实验分别对 12 种工况、3 种粒径骨料进行实验，实验充分考虑到了喷淋水温、喷水量、骨料粒径、倾斜角度对瞬态传热过程的影响。水冷实验工况如表 2.2-2 所示。

表 2.2-2　　　　　　　　　　　　　水冷骨料实验工况

工况编号	骨料尺寸/mm	倾斜角度/(°)	流量/(L/min)	重量/kg	体积/m³	堆积密度/(kg/m³)	空隙率	骨料初始温度/℃	平均冷水温度/℃	平均回水温度/℃
1	40~80	0.00	10	58.85	0.0490	1199.94	0.557	22.23	7.57	9.18
2	40~80	0.00	14	61.6	0.0446	1381.56	0.490	21.51	9.04	13.61
3	40~80	2.87	10	66.55	0.0376	1369.03	0.493	22.46	5.27	8.03
4	40~80	2.87	14	57.05	0.0321	1377.25	0.490	21.73	6.14	7.90
5	20~40	0.00	10	55.80	0.0409	1365.19	0.496	22.13	9.48	12.00
6	20~40	0.00	10	55.85	0.0405	1378.94	0.491	21.88	9.97	12.71
7	20~40	2.87	10	54.90	0.0398	1380.81	0.490	21.35	7.28	9.00
8	20~40	2.87	14	54.85	0.0398	1379.55	0.491	22.03	9.86	10.72
9	5~20	0.00	10	52.70	0.0399	1321.03	0.513	21.57	11.07	16.15
10	5~20	0.00	14	52.80	0.0399	1323.53	0.512	21.89	11.39	14.29
11	5~20	2.87	10	54.50	0.0416	1309.58	0.517	22.07	12.75	14.07
12	5~20	2.87	14	55.15	0.0416	1325.20	0.511	21.70	12.97	13.74

4. 实验测量点布置

水冷实验共布置 3 个测量断面，其中层面 1 共布置 12 个测点，每 3 个测点沿水冷槽长度方向均匀布置 4 排；层面 2 共布置 8 个测点，每 2 个测点沿水冷槽长度方向均匀布置 4 排；层面 3 共布置 4 个测点，沿水冷槽长度方向均匀布置，如图 2.2-23 所示。

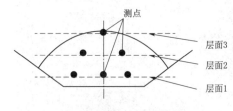

图 2.2-23　水冷槽横截面

5. 水冷实验步骤

（1）喷淋平台布置为水平或倾斜。

（2）装料及布置测点，记录骨料重量及体积。

（3）采集初始温度并记录。

（4）启动水泵，调节水泵阀门，稳定流量并记录。

（5）实时记录各测点温度。

（6）运行约 10min 后，水泵停机，保存测量数据。

6. 实验结论

（1）各层面骨料温度分布均匀性较差，尤其是流量较小的工况。这是因为，喷淋水无法均匀覆盖到所有骨料，被水喷淋到的骨料温度明显降低，而未被充分喷淋的骨料温度难以下降。

（2）随着喷淋时间的增长，各层面温度分布越来越均匀，如图 2.2-24 和图 2.2-25 所示。从图中可看出，随着冷却时间的增长，骨料温度逐渐趋于一致。

（3）喷淋流量越大，骨料的冷却速率越快，堆料各层面的温度均匀性更好，如图 2.2-26 和图 2.2-27 所示。

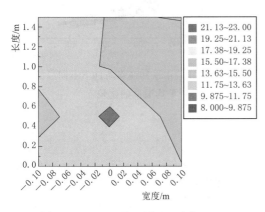

图 2.2-24　工况 2 层面 1 冷却 2min
温度场（单位：℃）

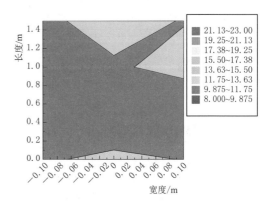

图 2.2-25　工况 2 层面 1 冷却 6min
温度场（单位：℃）

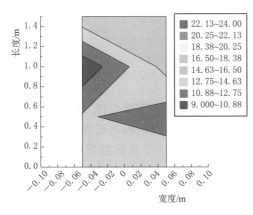

图 2.2-26　工况 5 流量 10L/min 层面 2
温度场（单位：℃）

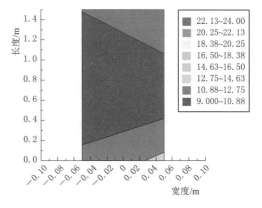

图 2.2-27　工况 6 流量 14L/min 层面 2
温度场（单位：℃）

（4）喷淋过程中，浸泡在水中的底层骨料的冷却速率反而比更高层面的骨料慢，如图 2.2-28 所示。这是因为，浸没在水中的骨料，主要通过换热效率较差的导热方式将热量散到水中；高层的骨料，在喷淋的强化对流条件下，散热效率更高，且高层的骨料总是接触到温度最低的进水，所以冷却得更快。

（5）水冷平台的小角度倾斜对换热过程没有明显影响。图 2.2-29 为水平和倾斜条件下，不同层面平均温度的比较。

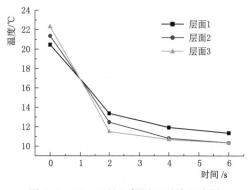

图 2.2-28　工况 2 各层面平均温度随
时间的变化

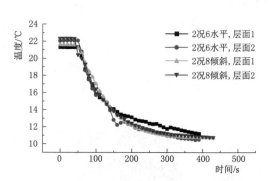

图 2.2-29　水平和倾斜条件下不同层面
平均温度的比较

2.3　CFD 仿真校验

混凝土骨料预冷/预热是一个多相间的复杂传热过程，仅依靠实验室及工地现场测量的数据，无法全面掌握影响骨料风冷/风热各参数间的相关规律。因此，还需要建立预冷/预热的 CFD 仿真模型，进行分析研究，并对仿真模型的准确性、计算数据的可靠性进行验证，必要时对计算模型进行合理修正，再以经过校验的仿真方法对大量的实际工况进行仿真模拟，整理计算数据得到各影响参数的敏感规律，最后归纳总结出能够描述风冷/风热骨料、水冷骨料的瞬态传热特性的拟合关系式。

2.3.1　风冷实验的 CFD 仿真校验

2.3.1.1　风冷骨料的模拟计算方法

因为骨料在料仓内呈自然堆积状态，与空隙形成了相互共存的组合体，所以可以认为料仓内的骨料与空隙形成一种多孔介质。采用多孔介质模型对骨料的风冷过程进行了三维瞬态模拟，计算稳定性好、收敛性好、设置简单、准确度高，便于在后处理中总结经验关联式。

1. 能量方程分析

适用于可压缩黏性流体的标准能量方程为

$$\frac{\partial}{\partial t}(\rho E) + \nabla \cdot \left(\vec{v}(\rho E + p)\right) = \nabla \cdot \left(k_{\text{eff}} \nabla T - \sum h_j \vec{J}_j + (\bar{\bar{\tau}}_{\text{eff}} \cdot \vec{v})\right) + S_h$$

$$(2.3-1)$$

式中　　k_{eff}——有效热导率；

　　　　$\vec{J}_j$——组分 j 的扩散通量；

　　　　S_h——包含化学反应放（吸）热以及任何其他的自定义体积热源。

方程右边的前三项分别表示由于热传导、组分扩散、黏性耗散而引起的能量转移。

多孔介质模型的能量方程为

$$\frac{\partial}{\partial t}\left(\varepsilon\rho_{\mathrm{f}}E_{\mathrm{f}}+(1-\varepsilon)\rho_{\mathrm{s}}E_{\mathrm{s}}\right)+\boldsymbol{\nabla}\boldsymbol{\cdot}\left(\vec{v}\left(\rho_{\mathrm{f}}E_{\mathrm{f}}+p\right)\right)=\boldsymbol{\nabla}\boldsymbol{\cdot}\left(k_{\mathrm{eff}}\boldsymbol{\nabla}T-\sum h_{j}\vec{J}_{j}+\left(\bar{\bar{\tau}}_{\mathrm{eff}}\boldsymbol{\cdot}\vec{v}\right)\right)$$

$$(2.3-2)$$

式中 E_{f}——流体总能量；

E_{s}——固体总能量；

ε——空隙率；

k_{eff}——多孔介质有效热导率，$k_{\mathrm{eff}}=\varepsilon k_{\mathrm{f}}+(1-\varepsilon)\ k_{\mathrm{s}}$。

可见，对于多孔介质流动，仍然解标准能量方程，只是传热过程采用了有效热导率来计算，时间导数项考虑了固体区域的热惯性效应。

固相和气相分布越均匀、相互混合越充分，越适用于多孔介质模型。也就是说，骨料排列越规则、气隙分布越均匀，模拟计算的温度场越接近真实值。因为 G4 尺寸较小，外形相对规则，与气隙的排布均匀度较好，所以温度计算结果更接近真实的测量值；而 G2 因直径较大，在料仓中分布的均匀性稍差，所以误差会相对稍大。

2. 动量方程分析

多孔介质模型的动量方程为

$$\frac{\partial(\varepsilon\rho U_i)}{\partial t}+\frac{\partial(\rho U_j U_i)}{\partial x_j}=\frac{\partial p}{\partial x_i}+\rho g_i+\frac{\partial\tau_{ij}}{\partial x_j}+S_i \qquad (2.3-3)$$

多孔介质模型的动量方程是在标准动量方程中加上额外的动量源项 S_i，因此，其本质上是将流动区域中固体结构的作用看作附加在流体上的分布阻力，而流动阻力是由经验方法确定的。源项由两部分组成，一部分是黏性损失项，另一部分是惯性损失项：

$$S_i=\frac{\mu}{a}v_i+C_2\ \frac{1}{2}\rho\mid v_j\mid v_j \qquad (2.3-4)$$

式中 a——渗透系数；

C_2——惯性阻力系数；

μ——动力黏度。

要保证流动特性模拟结果的准确性，最重要的就是正确设置渗透系数和惯性阻力系数，即 a 和 C_2，并定义它们的方向矢量。

在较宽的 Re 数范围内，阻力系数可以通过 Ergun 方程提取出来，即

$$-\frac{\Delta p}{\delta}=\frac{150\mu\ (1-\varepsilon)^2}{d^2\varepsilon^3}u+\frac{1.75\rho\ (1-\varepsilon)}{d\varepsilon^3}u^2 \qquad (2.3-5)$$

式中 d——平均颗粒直径；

δ——料层厚度；

ε——空隙率。

因此，渗透系数和惯性阻力系数可由下式计算：

$$a=\frac{d^2}{150}\frac{\varepsilon^3}{(1-\varepsilon)^2} \qquad (2.3-6)$$

$$C_2 = \frac{3.5}{d} \frac{(1-\varepsilon)}{\varepsilon^3} \tag{2.3-7}$$

在模拟计算料仓内冷风的流动特性时，采用式（2.3-6）、式（2.3-7）计算渗透系数和惯性阻力系数，且作为已知参数输入到多孔介质模型中，最终根据实验结果来调整这两个参数，完善计算方法。

由以上分析可知，a 和 C_2 对动量方程式（2.3-3）有明显影响，直接决定风压计算结果的准确性。但动量方程中体积力 p 的计算结果，对能量方程式（2.3-2）影响很小。这是因为实验范围内空气速度不大，远小于声速，流动过程中密度没有明显变化，仍可作为不可压缩流体处理。也就是说，系数 a 和 C_2 的取值对温度场的计算结果无明显影响。

2.3.1.2　风冷缩尺寸仿真分析

采用 Fluent 软件的多孔介质模型对风冷骨料的瞬态过程进行模拟计算。根据实验台尺寸建立了有回风道和无回风道两种几何模型，如图 2.3-1 和图 2.3-2 所示。

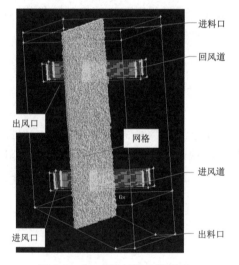

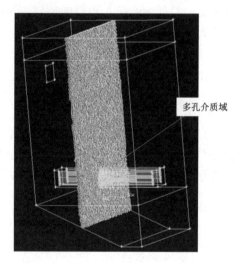

图 2.3-1　有回风道仿真模型　　　　　图 2.3-2　无回风道仿真模型

仿真计算模型根据风冷实验平台料仓尺寸建立，分有回风道和无回风道两种情况。骨料堆积区设置为多孔介质域，进回风道内部设置为空气域。刺入式风道的百叶窗与多孔介质域的连接处形成了多个尺寸比较小的内部面，为保证不同域之间的网格连接和不规则处的网格质量，几何模型采用四面体网格进行划分，共划分约 200 万个网格。

1. 传热特性分析

利用 Fluent 软件的多孔介质模型可以得到多种工况条件下料仓的瞬态温度场。输入的已知参数，如冷风初温、冷风风速、骨料初温、空隙率等为实验实测值。大理岩热物性参数的取值：导热系数为 3.2W/(m·K)；比热为 840J/(kg·K)；密度为 2710kg/m³。

分别模拟计算风冷实验的 12 种工况，并将计算结果与实验测量值对比，如图 2.3-3 ～图 2.3-8 所示。模拟的瞬态温度场与实验测量的温度场的变化趋势基本一致，这说明数值模拟方法具有很高的可靠性，能够真实反映出骨料冷却过程的瞬态传热特性。由图可知，仿真结果与实验数据非常吻合。仿真计算时，由于漏风率是影响骨料瞬态温度变化的主要因素，在模拟计算时依据实验数据对进风量进行了修正。

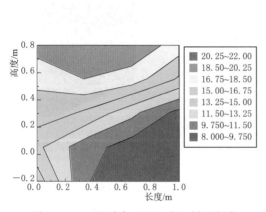

图 2.3 - 3　G2 冷却 2300s 中心剖面实验
温度场（单位：℃）

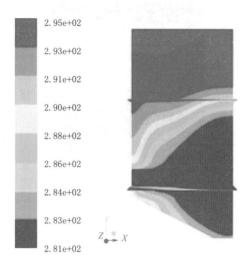

图 2.3 - 4　G2 冷却 2300s 中心剖面仿真
温度场（单位：℃）

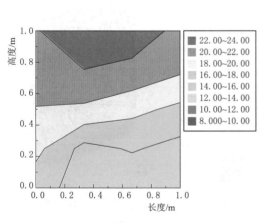

图 2.3 - 5　G3 冷却 2240s 中心剖面实验
温度场（单位：℃）

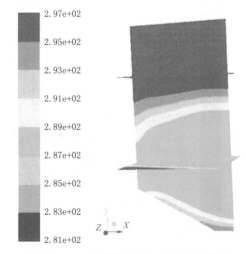

图 2.3 - 6　G3 冷却 2240s 中心剖面仿真
温度场（单位：℃）

2. 流动特性分析

为便于分析骨料流动特性，分别建立有回风道、无回风道两种风冷计算模型。通过计算结果对比分析可知：有回风道的工况流线分布更均匀，气流多从回风道内流出；而无回风道的工况，空气会形成迂回流线，穿过骨料后从回风口流出，风压更大的主要原因。两种模型风场流线如图 2.3 - 9 和图 2.3 - 10 所示。

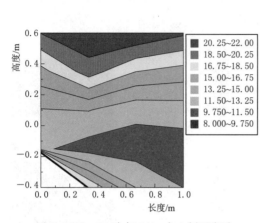

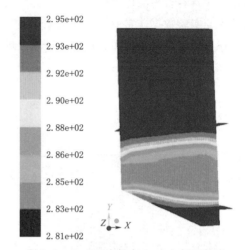

图 2.3 - 7 G4 冷却 900s 中心剖面实验温度（单位：℃）

图 2.3 - 8 G4 冷却 900s 中心剖面仿真温度场（单位：℃）

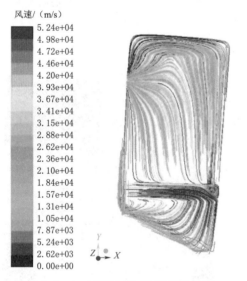

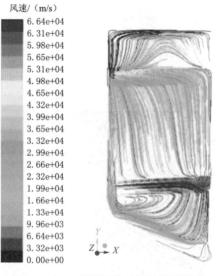

图 2.3 - 9 无回风道工况风场流线图

图 2.3 - 10 有回风道工况风场流线图

（1）无回风道工况。对比无回风道工况下模拟计算的风压数据与实验测得的数据。从表 2.3 - 1 中可看出，模拟出的风压普遍远大于实验数据。

骨料空隙间的气流通常情况下处于湍流状态，因此，在层流条件下不可忽视的黏性损失项此时可以忽略，仅考虑惯性阻力系数 C_2。对所有的实验工况进行计算后发现，黏性损失项大约仅占总风阻的 $0.01\% \sim 5\%$，因此在拟合风压及之后的实际工况计算中均忽略黏性损失项。通过不断调整惯性阻力系数 C_2，使得模拟风压逐渐接近实验数据。表 2.3 - 1 中的修正系数 $f_{C_2} = C'_2 / C_2$。

表 2.3 - 1 无回风道工况风压的实验数据与模拟结果比较

骨料	空隙处风速/(m/s)	空隙率 ε	实测风压/Pa	修正前惯性阻力系数 C_2	修正前模拟风压/Pa	修正后惯性阻力系数 C'_2	修正后模拟风压/Pa	修正系数 f_{C_2}
大石	0.865	0.419	205.07	459.427		75	261.567	0.131
	1.030	0.418	524.12	466.339	3301.65	120	535.237	0.257
	1.166	0.419	609.92	459.427		100	623.758	0.218
	1.204	0.421	796.88	452.636	4550.60	130	765.616	0.287
中石	0.579	0.434	91.82	810.240		100	127.832	0.074
	0.818	0.434	647.62	810.240	3588.97	200	629.467	0.309
	1.115	0.434	431.17	810.240		140	418.165	0.062
	1.327	0.434	750.38	810.240	9653.95	140	749.609	0.0987
小石	0.448	0.461	168.77	1541.597		180	162.236	0.117
	0.747	0.461	303.80	1541.597		100	305.8307	0.065
	0.803	0.461	725.42	1541.597	7032.00	300	977.662	0.259
	0.899	0.461	574.36	1541.597		160	610.906	0.104
	0.998	0.461	765.08	1541.597	10830.0	170	769.281	0.110

分析实验数据后发现，惯性阻力系数的修正系数 f_{C_2} 与料仓内风速不相关，仅随空隙率呈规律性的变化。

从图 2.3 - 11 可看出，修正系数随空隙率的增大而逐渐减小，由此可得到无回风道工况下修正系数 f_{C_2} 的拟合关系式：

$$f_{C_2} = 11.8 - 48.82\varepsilon + 50.89\varepsilon^2 \qquad (2.3 - 8)$$

模型中惯性阻力系数的取值应为

$$C'_2 = f_{C_2} \cdot C_2 \qquad (2.3 - 9)$$

图 2.3 - 12～图 2.3 - 14 为惯性阻力系数修正之后的计算结果与实验数据的比较。从图中可看出，无回风道工况的惯性阻力系数经过修正之后，模拟计算结果与实验数据吻合得很好，说明修正方法在实验范围内是有效的、可靠的。

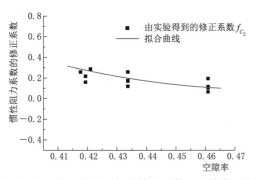

图 2.3 - 11 惯性阻力系数的修正系数随空隙率的变化

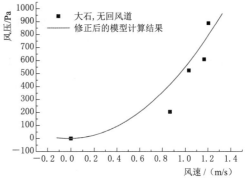

图 2.3 - 12 大石实测与模拟风压对比

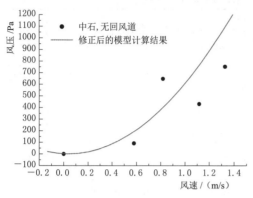

图 2.3 - 13 中石实测与模拟风压对比

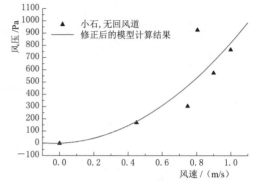

图 2.3 - 14 小石实测与模拟风压对比

（2）有回风道工况。对比有回风道工况下模拟计算的风压数据与实验测得的数据。由表 2.3 - 2、图 2.3 - 15 可看出，模拟计算得到的风压与实验数据很接近，说明模拟方法具有较高的准确性，不需要对惯性阻力系数进行修正。

表 2.3 - 2   有回风道工况风压的实验数据与模拟结果比较

骨料	工况编号	空隙率	实测风压/Pa	模拟风压/Pa	实测风压与模拟风压的比值
大石	3	0.43985	506.764	579.34	0.875
	4	0.43094	664.505	1233.3	0.539
中石	7	0.4428	305.765	234.477	1.304
	8	0.45195	300.29	414.46	0.725
小石	11	0.45515	467.37	455.26	1.027
	12	0.4606	511.184	761.38	0.671

2.3.2 水冷缩尺寸仿真分析

水冷骨料过程中，水流与空气并不是均匀混合在一起，二者有明显的界面和相对运动，采用欧拉模型更适合计算水冷瞬态传热过程。水冷仿真模型说明：骨料假设为球形，直径为级配平均值，按照实验测量的骨料重量、体积确定石头数量，假设骨料在水冷平台中为规则排列，利用欧拉模型可以计算出冷水注入水槽、冷水溢出水槽的冷却瞬态传热过程。

采用欧拉模型进行计算，收敛非常困难，网格要求非常细密，时间步长需调整到 $10^{-7} \sim 10^{-4}$s，甚至更小才能收敛，且需要不断根据收敛情况调整步长或松弛因子，计算成本很高。因此，需要在保证计算精度的前提下，寻找简化的计算方法，才能满足大量的工况计算要求。

实际工程中水冷骨料大约持续 $10\sim15min$，但水槽从无水到注满水不超过 $90s$，这段时间仅占总冷却时间的 $10\%\sim15\%$，对最终的冷却效果影响不大。图 2.3-16 是利用欧拉模型计算出来的骨料平均温度随时间的变化，从图中可看出，在水槽满液之前（$90s$ 之前），骨料的平均温度变化较缓慢，满液之后才会明显降低，所以，骨料的传热过程主要发生在满液之后的阶段。因此，提出一个简化的计算方法：不考虑水槽从无水到注满水的这一过程，而从水槽注满水这一刻开始计算骨料的瞬态冷却过程。这样，就可以用标准的 $k\text{-}\varepsilon$ 动量方程和标准能量方程来计算骨料的瞬态冷却过程，而不需要采用多相流模型。

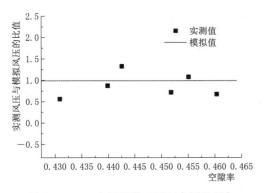

图 2.3-15　有回风道工况下实测风压与
模拟风压比较

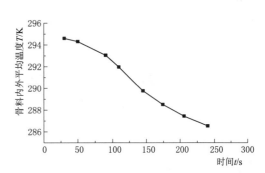

图 2.3-16　欧拉模型计算骨料平均温度
随时间的变化

2.3.2.1　水平冷却仿真分析

水冷槽水平放置时，可认为在槽的轴向方向上骨料的瞬态冷却过程完全相同，所以可以取一个模型单元进行计算。水冷槽水平布置计算单元模型及边界条件如图 2.3-17所示。

图 2.3-17　水冷槽水平布置计算单元模型及边界条件

图 2.3-17 中进口边界条件之下的骨料都浸泡在冷水中，之上的骨料处于降膜冷却过程之中。降膜冷却的换热系数作为已知值输入。目前喷淋降膜蒸发换热系数的经验计算公式很多，但彼此计算结果差别很大，甚至高达一到两个数量级[5]。在试算过程中，先按照

经验公式确定降膜对流换热系数，然后再根据实验数据不断调整，直到计算结果与实验数据吻合，此时认为取值合适。图 2.3 - 18～图 2.3 - 20 为工况 2 采用简化计算方法，降膜对流换热系数取 700W/(m² · K) 时，骨料的瞬时水冷过程。由图 2.3 - 18～图 2.3 - 20 可看出，简化计算模型能够较好地反映出骨料的瞬时水冷过程。图 2.3 - 20 显示，接近水面的骨料冷却得更快，这与实验数据的趋势一致。原因是槽内水的对流不强烈，接近水面的骨料始终接触到温度最低的喷淋冷水，冷却速率很快；而槽底骨料周边的冷水温度逐渐上升，冷却速率会逐渐减慢。

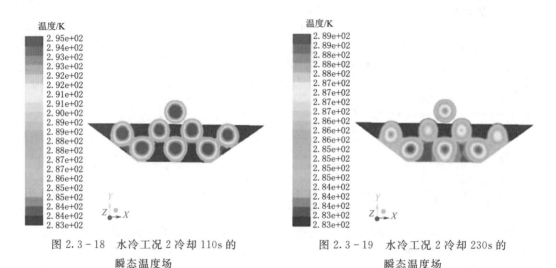

图 2.3 - 18　水冷工况 2 冷却 110s 的
瞬态温度场

图 2.3 - 19　水冷工况 2 冷却 230s 的
瞬态温度场

　　图 2.3 - 21 显示，水冷槽内冷水的流速非常缓慢，仅为 0.0001m/s 的量级，所以槽内水的对流换热作用非常弱，主要是靠导热来冷却骨料。

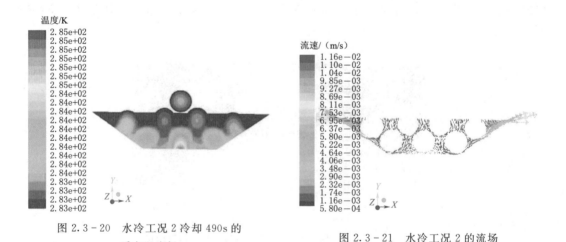

图 2.3 - 20　水冷工况 2 冷却 490s 的
瞬态温度场

图 2.3 - 21　水冷工况 2 的流场

　　为验证简化仿真模型的计算精度，需要将简化模型计算数据与实验数据进行对比。随机选择水冷工况 2 进行计算，计算对比如图 2.3 - 22～图 2.3 - 24 所示。由图可看出，水冷槽内各层骨料平均温度随时间的变化曲线中，仿真计算结果与实验数据吻合得很好，最大绝对误差在±1℃左右，因此，仿真计算方法可靠性很高，计算结果可信。

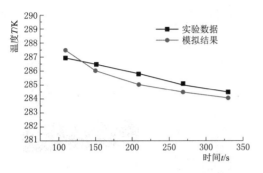

图2.3-22　水冷槽底层骨料平均温度变化

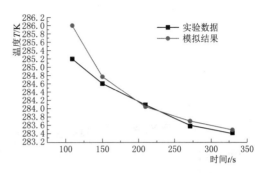

图2.3-23　水冷槽中层骨料平均温度变化

2.3.2.2　倾斜冷却仿真分析

水冷槽倾斜放置时，冷水会产生向下游的流动，所以水槽轴向方向上骨料的瞬态冷却过程并不相同，不能简单地取一个模型单元代替全部长度的水槽。因此，在仿真计算过程中采用了分段计算方法。如图2.3-25所示，沿水槽轴向方向平均取4个计算单元，每个计算单元都进行骨料水冷的瞬态过程计算，计算结束后，综合考虑这四个单元的平均温度，即可得到槽内各层骨料的平均温度随时间的变化。

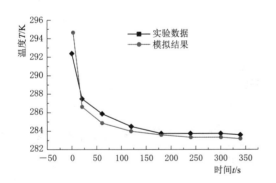

图2.3-24　水冷槽顶层骨料平均温度变化

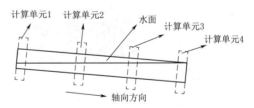

图2.3-25　分段计算方法示意

图2.3-26～图2.3-28分别为水冷工况4的全长计算方法与分段计算方法的瞬态温度场计算结果的比较；图2.3-29～图2.3-31分别为二者瞬态流场计算结果的比较。从图中可看出，分段单元的温度场和流场的计算结果与全长法的计算结果完全一致，不仅冷却趋势、流动趋势相同，而且温度数值、流速数值的差别也非常小，这说明分段法完全可以代替全长法对倾斜平台骨料的瞬态冷却过程进行仿真计算。另外，从流场的模拟结果可以看出，倾斜平台中水流的速度在0.01m/s的量级，比横截面上水流的速度大近两个数量级，但对流换热的效果仍比较差；若倾斜角度增大，水流的速度会增大，对流换热的效果也越来越明显。

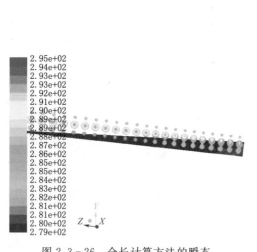

图 2.3-26　全长计算方法的瞬态
温度场（单位：K）

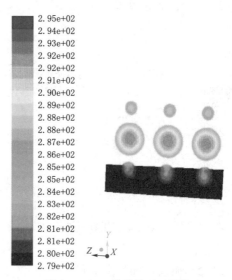

图 2.3-27　分段单元 2 瞬态
温度场（单位：K）

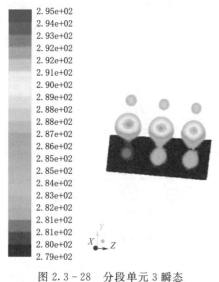

图 2.3-28　分段单元 3 瞬态
温度场（单位：K）

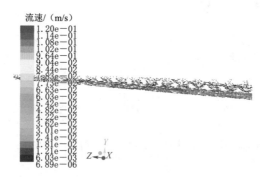

图 2.3-29　全长计算方法的
瞬态流场

图 2.3-32～图 2.3-34 为水冷骨料冷却槽内各层骨料平均温度随时间的变化与实验数据的比较曲线。

从图中可看出，仿真计算的结果与实验数据吻合得很好，最大绝对误差在±1℃左右，因此，仿真计算方法可靠性很高，计算结果可信。

2.3.2.3　降膜对流换热系数

利用简化的计算方法对骨料的瞬态冷却过程进行仿真时，需要明确未浸泡在水中的骨料的降膜对流换热系数。以实验数据为依据，不断试算之后可得到不同喷淋雷诺数所对应的降膜对流换热系数。图 2.3-35 表示了降膜对流换热系数随喷淋雷诺数的变化。从图中可看出，随着喷淋雷诺数的增大，降膜对流换热系数逐渐增大。

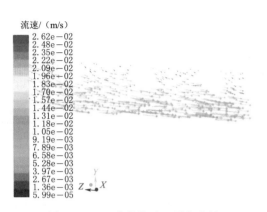

图 2.3-30　分段单元 2 瞬态流场

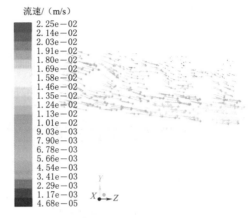

图 2.3-31　分段单元 3 瞬态流场

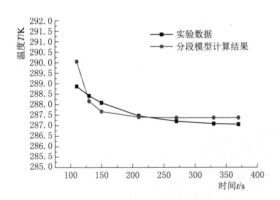

图 2.3-32　水冷槽底层骨料平均温度变化

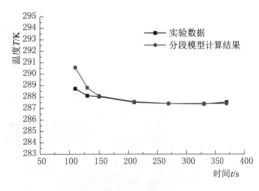

图 2.3-33　水冷槽中层骨料平均温度变化

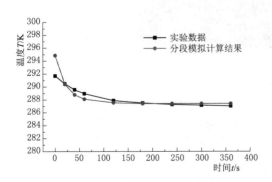

图 2.3-34　水冷槽顶层骨料平均温度变化

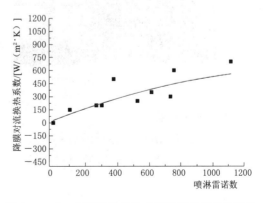

图 2.3-35　未淹没骨料的表面降膜对流换热系数

设喷淋雷诺数的计算式为

$$Re = \frac{4\Gamma \cdot L}{\mu} \qquad (2.3-10)$$

式中　Γ——为喷淋流率，即，单位润湿面积（未淹没骨料表面积）的喷淋流量，kg/
　　　　　$(m^2 \cdot s)$；

　　　L——水槽特征长度，m；

　　　μ——动力黏度，$kg/(m \cdot s)$。

在实验范围内，可拟合出降膜对流换热系数的经验关系式：

$$\alpha_{out} = -0.0002Re^2 + 0.7112Re + 28.43 \qquad (2.3-11)$$

2.4　实地测试及仿真验证

2.4.1　实地测试

为进一步校验风冷实验及仿真效果，在某工程混凝土拌和系统进行了现场测试，得到了可靠的测试数据，为理论计算的准确性提供了实验依据。

测试的风冷料仓为冷却 G3 的料仓，有进风道、无回风道，料仓横截面为 4m×4.5m，进、回风口中心高差为 3.8m，进风口尺寸为 0.8m×1.1m，回风口尺寸为 0.9m×1.1m，风机型号为 4-79-10E。测验时用压力传感器测量了料仓的进、出风压力；用 K 型热电偶测量了进、出风及出料处的温度；用风速仪测量了回风口的风速及料仓截面的虚拟风速，图 2.4-1 和图 2.4-2 为测试现场及相关场景。

图 2.4-1　搅拌楼实物及测试现场

2.4.1.1　风压分析

在出料之前，需要对料仓内的骨料进行初冷，大约需要 1h，此时骨料处于静止状态；之后，有规律地出料。初冷骨料时，回风口被骨料埋没，出料时，回风口露出，二者的风压不同。

混凝土骨料出料时有回风道埋没/露出两种工况，从图 2.4-3 可看出两种工况下风压，当回风口被骨料埋没时风压明显高于回风口露出的工况。回风口被埋没时，平均风压

图 2.4-2　数据采集及红外测温仪

为 935Pa；回风口露出时，平均风压为 570.28Pa，二者相差 364.72Pa。可见，回风口处是否覆盖骨料，对风压的影响很大，这也从侧面反映出，有回风道工况的风压必然小于无回风道工况下的风压。

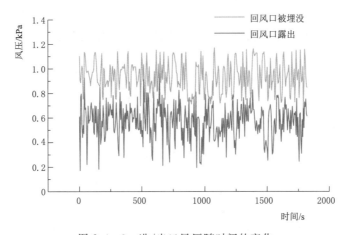

图 2.4-3　进/出口风压随时间的变化

2.4.1.2　温度分析

骨料刚开始冷却时，料仓内骨料与冷风的换热未达到平衡状态，空气冷却器内的翅片盘管也未达到热平衡状态。随着冷却时间的增长，回风温度逐渐下降但下降幅度趋缓；出料口的风温更接近于进风温度，这是因为进风道的结构会驱使冷风向下流动，出料口到进风口的距离与进风口到回风口的距离相比稍短，且出料口处存在很明显的泄漏，所以出料口处的温度更容易降低（图 2.4-4）。

预冷系统运行约 1h 之后，料仓内达到热平衡。从图 2.4-5 中可看出，各点的温度趋于恒定，温度基本不随时间变化。出料口温度始终低于回风口温度，出料口处的骨料温度也始终低于回风口附近的骨料温度，说明冷量基本积聚在进风道下部。

当制冷机组停机时，随着进风温度的逐渐上升，回风温度会大幅度升高，但出料口处的温度却没有明显变化。这一现象说明，进风口到回风口之间的骨料并没有冷透，骨料温度明

31

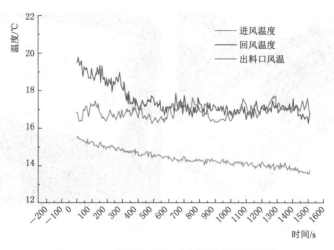

图 2.4 - 4　骨料初冷却时各测点的温度变化

显大于进风温度，进风温度一升高，回风温度会迅速上升，且上升幅度大于进风温度；而出料口到进风口之间的骨料已经基本冷透，温度与进风温度接近，当进风温度升高时，出料口的温度不会有明显上升，甚至低于此时段进风温度升高后的温度。此现象从侧面证实料仓内冷量积聚于进风道到出料口这一区域，制冷机组停机时各测点温度变化如图 2.4 - 6 所示。

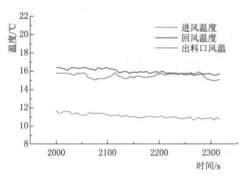

图 2.4 - 5　稳定运行 1h 后各测点的
温度变化（横坐标单位：s）

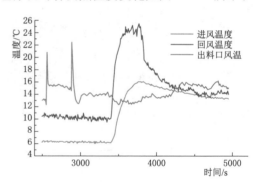

图 2.4 - 6　制冷机组停机时各测点的
温度变化

2.4.1.3　风量泄漏分析

现场测量得到的料仓截面上的平均风速为 0.3～0.4m/s，折算进口风量为 19440～25920 m³/h，而风机 4 - 79 - N010E 的额定风量为 38500～63500 m³/h，所以，若风机在额定范围内工作，则至少 33%～50% 的风量将会漏失。

2.4.2　全尺寸仿真验证

按照工地风冷实际料仓尺寸建立全尺寸仿真模型，仿真模型计算参数按照风机的额定流量确定入口风速为 15m/s，实测风温为 15.45℃，骨料的初始温度为 27℃，空隙率假设为 0.45；骨料与空隙组成的多孔介质的物性参数、模型的阻力系数等参数的设置方法均与缩尺寸仿真模型一致。实际工况中，料流量很慢，远低于设计值，所以仿真计算时假设骨料静止在料仓中冷却。

稳定出料时，料仓外壁面的温度可近似为进、回风的平均温度，由图2.4-5可知，料仓外壁面的温度约为13.5℃；环境温度约为28℃，则料仓外壁面与外界空气的最大温差为$\Delta T=14.5$K。由式（2.2-7）~式（2.2-10）可得到料仓外表面的对流换热系数约为1.9W/(m²·K)。则料仓外表面积的热损失约为

$$Q_{loss}=\alpha F\Delta T=1.9\times（4.5+4）\times2\times3.8\times14.5=1779.73（W）\quad（2.4-1）$$

按照风机的流量范围来计算，则冷风的冷量范围为（进回风温差约为5℃）：

$$Q_{air}=Cm\Delta T_{air}=1000\times1.2\times（38500\sim63500）\div3600\times5=64167\sim105833（W）$$

$$（2.4-2）$$

因此，料仓外表面的热损失仅占总冷量的1.7%~2.8%，非常小。另外料仓外表面的保温层具有热绝缘作用，所以进行仿真计算时，料仓外表面的热损失可以忽略不计。

风压的计算结果如表2.4-1所示。从表中可看出，出料口一般泄漏41%~44%的风量，进、出口风压的计算结果与实验结果很接近。

表2.4-1　　　　　　　　　　　　风压的计算和实验结果比较

工况特征	进口风量/ (m³/h)	出口风量/ (m³/h)	出料口泄漏 风量/(m³/h)	风速/(m/s)		风压/Pa	
				计算值	实验值	计算值	实验值
回风口覆盖	46440	25851.61	20588.39	0.4	0.3~0.4	906	935
回风口露出	46440	27076.15	19363.85	0.418	0.3~0.4	521.5	570.28

图2.4-7为料仓中心剖面瞬时温度场的仿真结果。从图中能够明显看出出料口处冷量的泄漏现象。

图2.4-8~图2.4-11为仿真得到的料仓横断面和纵剖面的流场分布情况。从图中可看出：料仓内部的风速分布不均匀，离风道近的地方风速较高，离风道远的地方风速较低；出料口处有明显的漏风现象。

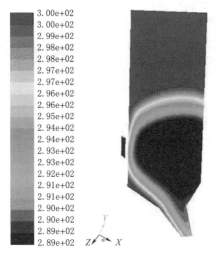

图2.4-7　料仓中心剖面温度云图（单位：K）

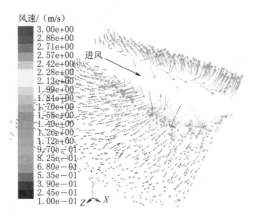

图2.4-8　进风道处料仓横断面流场

图 2.4-12 为仿真得到的回风温度和出料口的温度随时间的变化与实验数据的对比。从图中可看出，当进风道层面的温度达到骨料终温的设计值 18℃（291K）时，回风温度约为 21℃（294K）。不论回风温度还是出料口温度，仿真值与实验数据都吻合得较好。这说明仿真模型具有足够的精度对真实工况进行模拟，理论计算方法可信。

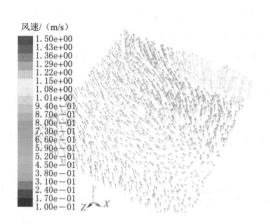
图 2.4-9　冷却高度 1.5m 处料仓横断面流场

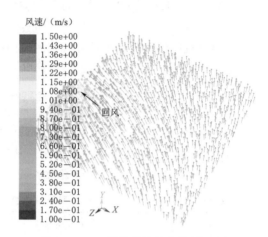
图 2.4-10　回风道处料仓横断面流场

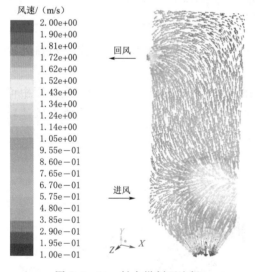
图 2.4-11　料仓纵剖面流场

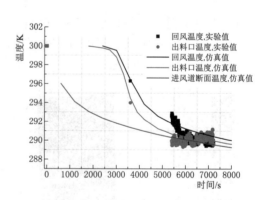
图 2.4-12　瞬态传热计算结果与实验数据比较

2.5　小结

2.5.1　风冷骨料

（1）风冷骨料的实验结果表明：料仓后立面的温度降得较快，靠近前立面的骨料温度降得较慢，骨料温度场不均匀；因为冷风在进风道内的流动阻力较小，会直接向后流动，直到遇到后立面才逐渐向风道两侧流动，因此料仓后立面冷却区域会产生冷量积聚，骨料冷却速度快，其他区域的骨料冷却较慢。随着冷却时间的推移，骨料温度趋于平衡，逐渐接近进风温度。

（2）料仓设置回风道时温度场均匀性好、风压较低；料仓无回风道时，风压增大趋势明显，风压随着空隙处风速的增大呈幂函数的形式增长；无回风道工况的风压明显高于有回风道的工况，且骨料直径越小，风压增长越明显。

（3）骨料粒径越小，料仓内空隙分布密度越大，气流更容易在料仓内均匀分布，温度场分布越均匀；进风道下部的骨料比上部的骨料冷却速率更快，进风道下部有冷量积聚现象。

（4）风冷骨料的过程可以用多孔介质模型进行仿真模拟，且计算结果与实验测量的温度场的变化趋势完全一致，说明模拟方法具有很高的可靠性。漏风对冷却过程影响较大，仿真模拟时需要考虑到漏风现象。无回风道工况下必须对内部阻力系数进行修正后，才可得到准确的风压模拟结果。

（5）料仓漏风率较高，泄漏 $41\%\sim44\%$。出料口距离进风口较近，且进风道为马蹄形，所以在进风道到出料口这一区域出现冷量积聚现象，出料口的温度低于回风口温度。

（6）仿真得到的温度和风压结果与实验数据吻合得很好，仿真方法具有足够的精度对真实工况进行模拟，理论计算方法可靠。

2.5.2　水冷骨料

（1）水冷骨料的实验结果表明：喷淋流量越大，骨料的冷却速率越快，各层面温度均匀性越好；倾斜条件下，冷水向下游流动的趋势很明显，但小倾斜角度，对换热过程没有明显影响。

（2）水冷骨料的过程必须采用实体模型进行仿真。与实验数据的对比结果表明，计算方法具有较高的计算精度。未淹没骨料的降膜对流换热系数由实验数据拟合得到。

第 3 章   非稳态传热过程理论研究

3.1   仿真结果及关键参数敏感分析

3.1.1   风冷骨料

大型水电站工程混凝土拌和系统预冷工况均不相同，料仓内骨料的传热与料仓截面、虚拟风速、空隙率、骨料粒径、密度等多种物性参数相关，因此准确找到风冷料仓内骨料的传热、流动规律，需要进行大量的工况计算，并对工况计算进行归纳总结，进而得到风冷的流动、传热规律。风热与风冷的流动及传热规律相同，不再展开叙述。

表 3.1－1 列出了风冷非稳态传热动态仿真的工况范围，共有 256 种工况组合。

表 3.1－1 全尺寸仿真工况计算范围

料仓长/m	4	5	6	6
料仓宽/m	2.5	3.6	4	5
进回风高差/m	3	3.5	4.5	5
虚拟风速 u/(m/s)	0.2	0.6	1	1.5
空隙率 ε	0.4	0.43	0.46	0.5

非稳态传热仿真模型利用风冷实验、仿真校核、风道优化设计的成果，采用多孔介质模型对风冷工况进行仿真。料仓进/回风道共设计 6 种类型进行仿真，其内容详见第 4 章。本章选用骨料冷却效果最优的风道布置，进行传热过程理论研究。料仓布置进/回风道的结构形式，进风道沿程均匀布置三个倾角为 60°、长度为风道宽度 1/3 的挡板。多孔介质的导热系数、比热等物性参数及流动阻力系数等参数依据风冷实验和仿真成果进行设置。

3.1.1.1   料层风阻的敏感参数分析

为便于分析与料层风阻相关的参数，首先选取常用的风冷料仓截面面积 24m² （6m× 4m），计算该面积下不同料层高度、不同风量、不同骨料级配的 64 个工况的单位料层风压随空隙处风速的变化曲线，详见图 3.1－1～图 3.1－4。计算结果表明，风速增大，单位料层风阻以幂函数的形式迅速增大。调整风冷料仓截面面积，单位料层风阻的变化趋势完全相同，此处不再复述。

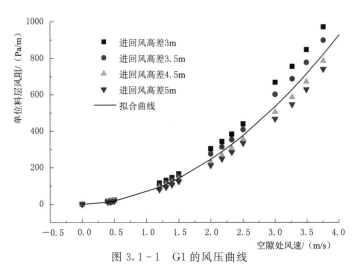

图 3.1-1 G1 的风压曲线

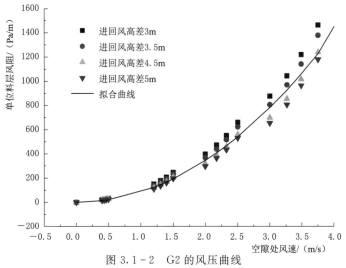

图 3.1-2 G2 的风压曲线

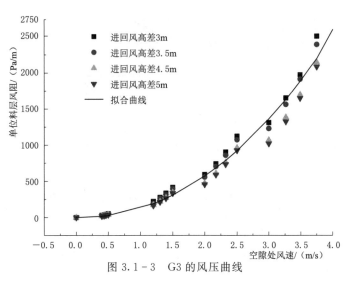

图 3.1-3 G3 的风压曲线

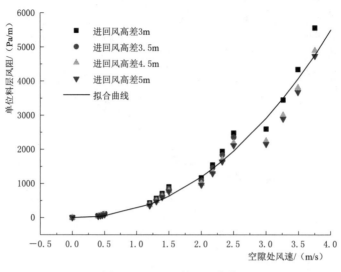

图 3.1－4　G4 的风压曲线

　　图 3.1－5 为料仓截面为 24m² 、料层高度为 5m 时，不同直径骨料的单位料层风阻的比较。从图中可看出，骨料直径越小，风阻越大。

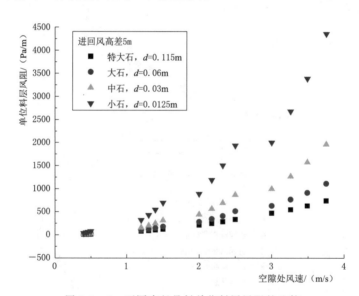

图 3.1－5　不同直径骨料单位料层风阻的比较

　　图 3.1－6 为料仓截面 24m²、料仓风速 1m/s、空隙率 0.5、不同进回风高差的工况下，不同骨料级配的单位料层风阻随料仓进回风高差的变化。从图中可看出，不论直径骨料大小，随着进回风高差的增大，单位料层风阻有线性下降的趋势。

　　图 3.1－7 为进回风高差 5m、料仓风速 1m/s、空隙率 0.5、不同料仓截面的工况下，不同骨料级配的单位料层风阻随料仓截面的变化。从图中可看出，料仓截面面积对单位料层风阻的影响并不明显，二者相关性不大。

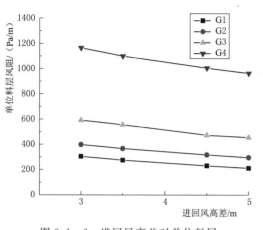

图 3.1-6 进回风高差对单位料层
风阻的影响

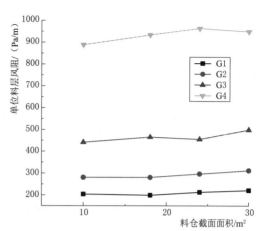

图 3.1-7 料仓截面面积对单位料层
风阻的影响

由以上分析可知,料仓风阻与骨料直径、空隙处风速等参数有紧密联系,与料仓截面面积无明显相关性。

3.1.1.2 瞬态传热过程的敏感参数分析

对表 3.1-1 排列出的 256 个真实工况进行瞬态仿真计算,可得到料仓内骨料的瞬态传热特性。图 3.1-8 为料仓的纵剖面,冷却区的温度变化是研究的重点。为方便分析仿真数据,将进风道上表面到回风道下表面的这段冷却区域划分为三等份,从下到上分别定义为 $z/\delta=0$、$z/\delta=1/3$、$z/\delta=2/3$、$z/\delta=1$ 横断面,δ 为减去风道高度的进回风高差。

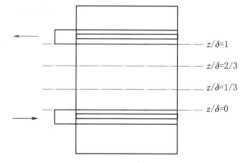

图 3.1-8 料仓纵剖面图

分析大量的仿真数据后发现,料仓内骨料的瞬态冷却过程有如下几个特点:

(1) 不论进回风高差如何变化,同一相对高度处骨料的平均温度变化特性完全一致。图 3.1-9 为料仓横截面面积 $24m^2$、空隙率 0.4、料仓截面风速 $1.5m/s$ 条件下计算料仓不同冷却高度处的料仓截面瞬态温度变化规律。从图中可看出,不论进回风高差如何变化,同一高度处料仓截面骨料均温的变化完全重合。调整料仓截面面积、空隙率及料仓截面风速,进回风高差对料仓截面瞬态温度变化基本无影响。这说明,在进回风道之间的冷却区内,同一高度处骨料的瞬态冷却特性与进回风高差关系不大。

(2) 随着料仓截面的增大,骨料的冷却速率减小。图 3.1-10 为进回风高差 5m、料仓截面风速 $1m/s$、空隙率 0.4、不同料仓截面面积的工况,$z/\delta=0$、$z/\delta=2/3$ 两个断面处骨料均温的瞬态变化。从图中可看出,其他工况条件一致的前提下,料仓截面面积越大,骨料均温越高,即冷却速率越慢。这是因为,料仓截面越大,骨料的换热均匀性越差,距离风道较远的骨料越难被冷却,骨料均温就越高。

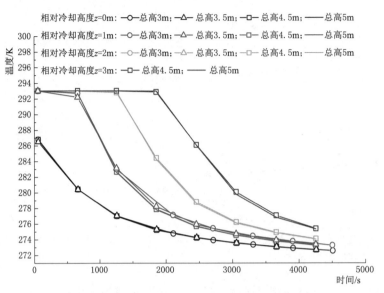

图 3.1-9　同一冷却高度处的温度瞬态变化

（料仓横截面面积 24m²，空隙率 0.4，料仓截面风速 1.5m/s）

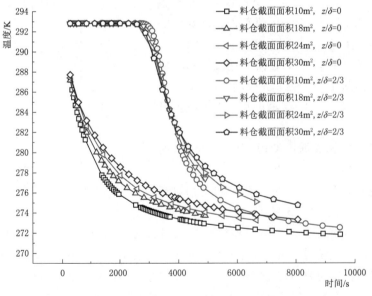

图 3.1-10　料仓截面大小对骨料冷却速率的影响

（进回风高差 5m，料仓截面风速 1m/s，空隙率 0.4）

（3）空隙率增大，骨料的冷却速率有增快的趋势，但增幅不明显。图 3.1-11 为料仓横截面面积 24m²、进回风高差 5m、料仓截面风速 0.6m/s，不同空隙率的工况，$z/\delta = 0$ 断面处骨料均温的瞬态变化。从图中可看出，其他工况条件一致的前提下，空隙率较大时，骨料冷却的稍快。这是因为，空隙率越大，骨料能够和空气更充分的接触，换热效果会更好。但在 0.4～0.5 的空隙率范围内，骨料冷却速率的变化不明显，可以认为空隙率对骨料瞬态冷却过程的影响不大。

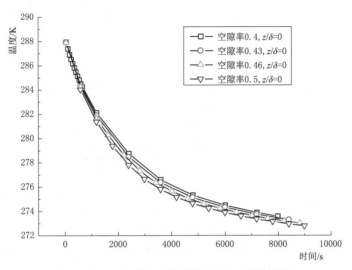

图 3.1-11　空隙率对骨料瞬态冷却过程的影响
（料仓横截面面积 24m²，进回风高差 5m，料仓截面风速 0.6m/s）

（4）料仓风速越大，骨料冷却速率越快。图 3.1-12 为料仓横截面面积 18m²、进回风高差 3.5m、空隙率 0.4、不同料仓截面风速的工况，$z/\delta=0$、$z/\delta=2/3$ 两个断面处骨料均温的瞬态变化。从图中可看出，其他工况条件一致的前提下，随着风速的增大，骨料冷却速率增大。

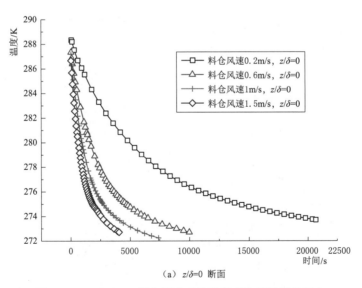

（a）$z/\delta=0$ 断面

图 3.1-12（一）　料仓风速对骨料瞬态冷却过程的影响
（料仓横截面面积 18m²，进回风高差 3.5m，空隙率 0.4）

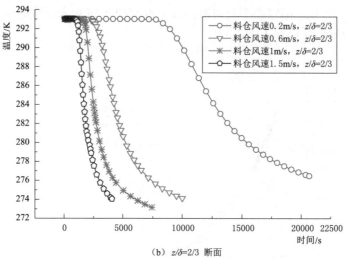

（b）$z/\delta=2/3$ 断面

图 3.1 - 12（二）　料仓风速对骨料瞬态冷却过程的影响

（料仓横截面面积 18m²，进回风高差 3.5m，空隙率 0.4）

　　（5）料仓内骨料的非稳态传热过程，具备非稳态导热的特性，可近似为非稳态导热过程。非稳态导热过程中存在物体内部不参与换热和参与换热两个阶段，在物体内部不参与换热阶段，温度分布呈现出部分为非稳态导热规律控制区和部分为初始温度区的混合分布；在物体内部参与换热阶段，温度分布呈现为非稳态导热规律控制区。

　　图 3.1 - 13 为冷却时间对骨料瞬态传热的影响。当冷却时间为 1200s 时，料仓内部呈现非稳态传热区和初始温度区的混合分布；2400s 后料仓内的骨料全部开始冷却，呈现非稳态导热规律。因此，骨料在料仓内的风冷/风热瞬态传热过程，完全可以以非稳态导热规律进行分析总结。

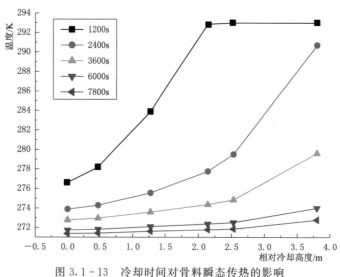

图 3.1 - 13　冷却时间对骨料瞬态传热的影响

（料仓横截面面积 24m²，进回风高差 5m，料仓截面风速 1.5m/s，空隙率 0.4）

　　由上述分析可知，横结构、风速、空隙率等参数对骨料的风冷瞬态过程都有明显影响，且骨料在料仓内的风冷/风热瞬态传热过程，可以用非稳态导热规律进行分析总结。因此，可以采用非稳态导热分析中常用的绘制诺谟图的方法来总结骨料的瞬态换热规律，一方面可以便于工程查图使用，另一方面，无量纲参数的引入增大了应用该换热规律的普适性。

3.1.1.3 单颗骨料体平均温度的分析

根据第 2 章内容可知，采用多孔介质模型仿真出来的料仓温度场更接近于骨料壁面温度，而骨料直径对骨料的体平均温度影响很大，所以必须考虑球体直径对球体平均温度的影响。

骨料从料仓入料口到出料口的缓慢下降过程中，与逆流风进行着热交换。骨料在移动过程中，周边风温是逐渐变化的，所以必须考虑风温变化对骨料体平均温度的影响。

在冷却区中取一换热单元，假设风与骨料之间的换热面积为 dF，对流换热系数为 α，风与骨料的换热量为 dQ，二者之间的温差为 $\Delta T = T_g - T_a$，T_g 为骨料温度，T_a 为风温，则有

$$dQ = \alpha \cdot \Delta T \cdot dF \qquad (3.1-1)$$

由逆流换热平衡原理可知，风与骨料之间的温压沿冷却区高度呈指数曲线变化：

$$\Delta T = \Delta T_{\max} \cdot e^{-\mu a F} \qquad (3.1-2)$$

$$\mu = \frac{1}{c_g m_g} - \frac{1}{c_a m_a} \qquad (3.1-3)$$

式中　c_g、c_a——比热，下标 a 表示风，g 表示骨料；

　　　m_g、m_a——质量流量，下标 a 表示风，g 表示骨料。

所以风与骨料之间的单位换热量沿冷却高度呈指数变化。

换热单元中，风的换热量为

$$dQ = c_a \cdot m_a \cdot dT_a \qquad (3.1-4)$$

式（3.1-1）与式（3.1-4）中的 dQ 相等，所以可认为，风温沿冷却高度同样呈指数曲线变化。因为实际工程中，和都非常大，所以式（3.1-2）中 μ 的量级非常小，约为 10^{-6}，可认为，风温沿冷却高度呈线性变化。

仿真计算时，设单颗骨料外环境温度在一个小时内由骨料的初始温度线性降低到进口风温，模拟骨料从入料口到出料口的流动过程。经计算得知，在仿真实际工况范围内，骨料球体外壁面的对流换热系数变化范围为 $4 \sim 25 \mathrm{W/(m^2 \cdot K)}$。因此，假设单个骨料为规则球体，对四种级配的骨料在环境温度线性变化、对流换热系数为 $4 \sim 25 \ \mathrm{W/(m^2 \cdot K)}$ 的条件下进行瞬态传热仿真计算，可得到不同直径的球体平均温度与壁面温度随时间的变化。

图 3.1-14 为 G1、G2、G3、G4 四种直径的骨料在相同的对流换热条件下的剖面温度场。从图中可看出，在相同的对流换热条件下，直径越大的骨料，球体内外温度场越不均匀；直径越小的骨料，体平均温度越接近壁面温度。

图 3.1-15 为不同的对流换热条件下，不同级配骨料的体平均温度与壁面温度的差值随壁面温度的变化。从图中可看出，不论球体外的对流换热条件如何，G1 骨料因为直径最大，所以温差最大；而 G4 骨料因为直径最小，温差始终很小，在 0.1℃ 以下，可视为等温体。

图 3.1-16 表示了不同的对流换热条件对骨料的体平均温度与壁面温度差值的影响。从图中可看出，不论骨料级配如何，骨料外壁面的对流换热系数越大，骨料壁面温度下降得越快，体平均温度与壁面温度的差值越大。对于特大石 G1，高换热系数时温差很大，必须考虑球体直径对平均温度的影响；对于大石、中石和小石，最大的温差不超过

0.3℃，所以可以认为是等温体，体平均温度约等于壁面温度。

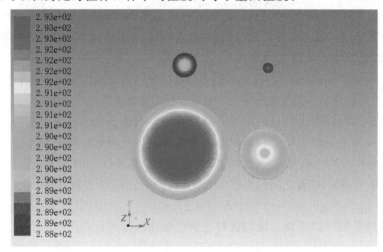

图 3.1-14　四种直径的球形骨料剖面温度场（单位：K）

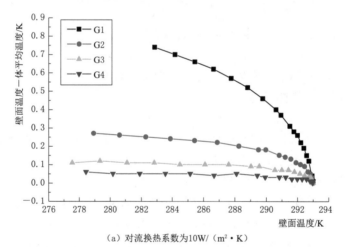

（a）对流换热系数为10W/（m²·K）

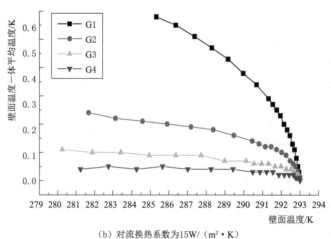

（b）对流换热系数为15W/（m²·K）

图 3.1-15（一）　不同对流换热条件下不同骨料的体平均温度与壁面温度的温差变化

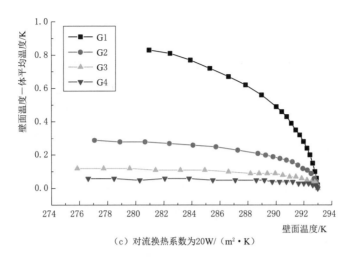

（c）对流换热系数为20W/（m²·K）

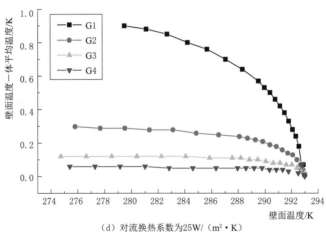

（d）对流换热系数为25W/（m²·K）

图 3.1-15（二）　不同对流换热条件下不同骨料的体平均温度与壁面温度的温差变化

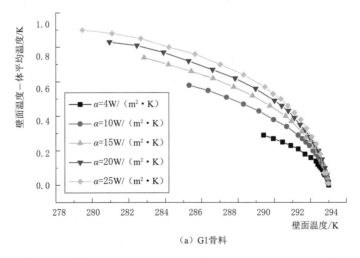

（a）G1骨料

图 3.1-16（一）　不同对流换热条件对体平均温度与壁面温度差值的影响

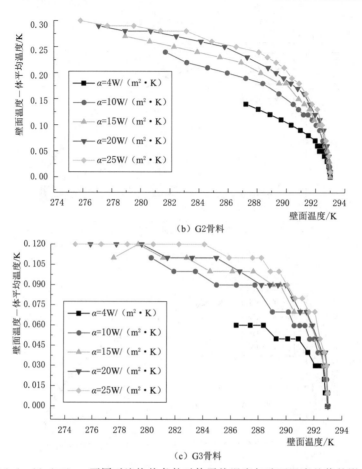

（b）G2 骨料

（c）G3 骨料

图 3.1-16（二）　不同对流换热条件对体平均温度与壁面温度差值的影响

图 3.1-17 表示了相同的对流换热条件下，骨料壁温随时间的变化。从图中可看出，不论对流换热系数大小如何，G2～G4 骨料在冷却过程中彼此壁温很接近，但 G1 骨料因为直径大了很多，热容量相对较大，壁温明显高于 G2～G4 骨料。在设计计算时，G1 骨料的换热过程要留出 4～5℃的余量。

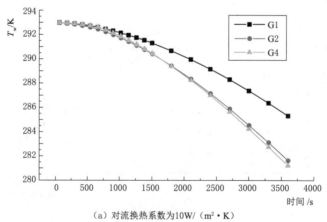

（a）对流换热系数为 10W/（m²·K）

图 3.1-17（一）　相同换热条件下骨料壁温随时间的变化

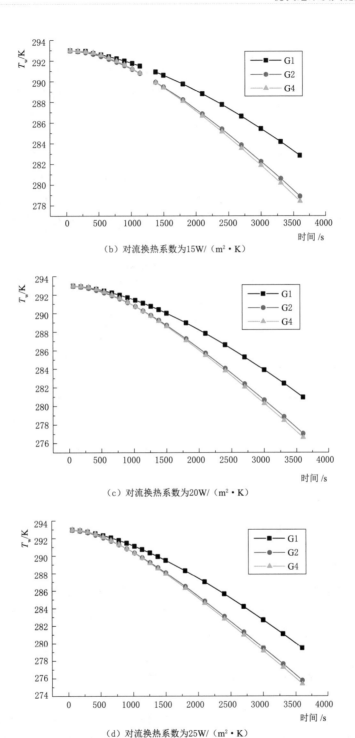

（b）对流换热系数为15W/（m² · K）

（c）对流换热系数为20W/（m² · K）

（d）对流换热系数为25W/（m² · K）

图 3.1-17（二） 相同换热条件下骨料壁温随时间的变化

　　总之，料仓结构、风速、空隙率等参数对骨料的风冷瞬态传热过程都有明显影响，且骨料在料仓内的风冷/风热瞬态传热过程，可以用非稳态导热规律进行分析总结。

3.1.2　水冷骨料

仿真模拟的对象是 G1、G2、G3、G4 四种骨料，G4 骨料的直径较小，在水槽中与空隙中的水可视为均匀分布的复合体，类似于多孔介质；但 G1 骨料的直径较大，若采用多孔介质模型计算误差会很大，因此仿真中建立的模型是实体模型，可以模拟出真实的球体表面及中心温度。

表 3.1-2 为仿真的工况范围，覆盖了目前工程上所有的水冷骨料的工况条件。因为工程上皮带槽的斜度很小，与水平面的夹角仅为 1°左右，根据之前相似性实验的结果可知，倾斜角度在 3°以下的水冷槽中骨料的冷却瞬态过程与水平槽的结果很接近，所以为减轻模拟负担，仿真中建立的模型是水平槽模型，只需计算水冷槽一个单元长度上的三维模型。

表 3.1-2　　　　　　　　　　　　　仿真计算的工况范围

骨料级配	G1 ($d=0.115$m)	G2 ($d=0.06$m)	G3 ($d=0.03$m)	G4 ($d=0.0125$m)
水槽宽度/m	1.2	1.4	1.6	2
单位水槽截面面积喷淋流量 G/[kg/(m² · s)]	0.25	0.5	0.75	1
淹没率 ϕ（骨料淹没体积/骨料全部体积）	0	0.3	0.75	1
空隙率 ε	0.4	0.43	0.46	0.5

根据相似性实验的结果总结出来的、未浸泡在水中的骨料的降膜对流换热系数为

$$\alpha_{out} = -0.0002 \cdot Re^2 + 0.7112 \cdot Re + 28.43 \tag{3.1-5}$$

喷淋雷诺数的计算式为

$$Re = \frac{4\Gamma \cdot L}{\mu} \tag{3.1-6}$$

式中　Γ——喷淋流率，即单位润湿面积（骨料表面积）的喷淋流量，kg/(m² · s)；

　　　L——水槽特征长度，m；

　　　μ——动力黏度，kg/(m · s)。

仿真计算中，水槽的液面为进口条件，浸没在水中的骨料在水的导热、对流作用下温度发生变化；未浸入水中的骨料施加对流换热条件，在降膜对流换热的作用下逐渐冷却。喷淋水温度为 276K，骨料的初始温度为 293K。

图 3.1-18、图 3.1-19 分别为 G1、G4 骨料在水槽中冷却 600s 后冷却剖面的温度云图。从图中可以明显看出，G4 骨料因为直径较小，在水槽中与水可视为一种均匀分布的复合体，所以其冷却过程与多孔介质非常接近；但 G1 骨料直径较大，在水槽中分布均匀性较差，不能简化为多孔介质。另外还可看出，特大石球体内外温差较大，而小石的均温性很好；在喷淋作用下，未浸没的骨料冷却得很快，而浸没在水中的骨料温度降得较慢，这是因为水槽中的冷水无法发挥对流换热的优势，而只能以导热的方式将骨料冷却，所以会出现热量聚积在水槽底部的现象，因此，淹没率越大，骨料不一定冷却得越快。

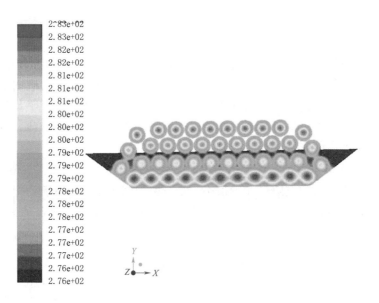

图 3.1-18 G1 骨料在水冷槽中冷却 600s 后的温度场（单位：K）
[$d=0.115$mm，水槽宽 2m，$G=0.25$kg/（m² · s），空隙率 0.45，淹没率 60%]

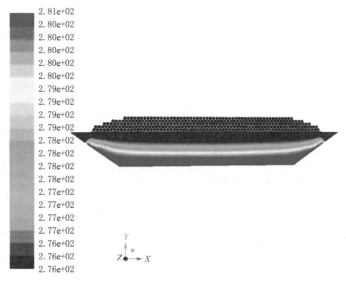

图 3.1-19 G4 骨料在水冷槽中冷却 600s 后的温度场（单位：K）
[$d=0.0125$mm，水槽宽 1.2m，$G=0.25$kg/（m² · s），空隙率 0.5，淹没率 75%]

对表 3.1-2 所列的所有水冷工况进行仿真计算后发现：

（1）不论骨料级配、水槽宽度、喷淋流量等条件如何变化，水槽内骨料的平均温度都等于按淹没比例计算的淹没在水中的骨料与未淹没骨料的温度平均值。即

$$T_{ave}=T_{in} \cdot \varphi+T_{out} \cdot （1-\varphi）\tag{3.1-7}$$

式中　T_{ave}——所有骨料的平均温度；

T_{in}——淹没在水中的骨料的平均温度；

T_{out}——未淹没的骨料的平均温度；

ψ——淹没率。

图 3.1 - 20 为四种骨料在不同工况条件下所有骨料的平均温度的仿真值与按照式（3.1-7）计算的平均值的比较。从图中可看出，不论骨料粒径大小、水槽宽度、淹没率等条件如何变化，仿真得到的骨料均温真值与按照淹没率计算出来的温度平均值都完全重合，因此，可以分别总结淹没区骨料和未淹没区骨料的平均温度的变化规律，之后再按照式（3.1-7）得到水冷槽内所有骨料的均温。

从图 3.1 - 20（d）中可以看出，淹没率增大时，骨料冷却效果反而变差。这是因为，骨料颗粒直径很小时，骨料间的空隙尺寸会很小，水在空隙间很难产生对流，主要靠导热将冷水冷量传输进堆积骨料之中，因此淹没区的骨料温度很难降下来，淹没的骨料越多，水冷效果越差。

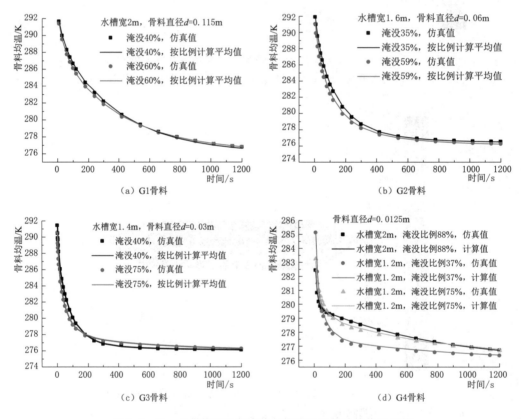

图 3.1 - 20　骨料均温的仿真值与按淹没比例计算值的比较

（2）空隙率对水槽内骨料温度的变化有一定影响。空隙率越小，骨料均温越高，但影响程度很小，可忽略其影响。如图 3.1 - 21 所示，对于所有的仿真工况而言，空隙率减小而导致的骨料均温的升高不会超过 1℃。另外，在仿真建模时发现，极大限度地减小骨料之间的间隙，也不能很明显地减小空隙率，不论骨料级配如何，空隙率在大部分工况下只能在 0.45～0.5 之间微调。这说明，水槽内的骨料只能保持较松散的结构，空隙率较大。相似性实验中不论骨料级配如何，空隙率始终在 0.5 左右，也验证了这一结论。基于上述两点原因，水冷骨料实验过程中忽略了空隙率的影响。

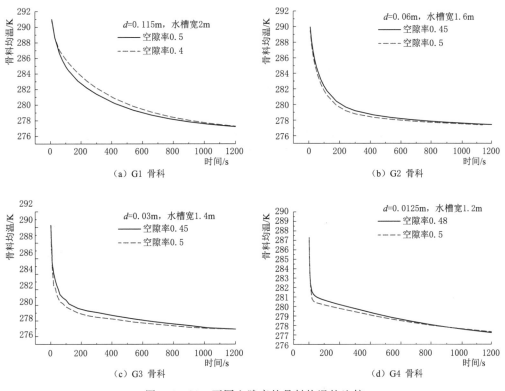

图 3.1-21　不同空隙率的骨料均温的比较

（3）水槽宽度对骨料均温的变化有一定影响，但对骨料均温的影响不超过 0.5℃，因此可以忽略水槽宽度对骨料水冷过程的影响。如图 3.1-22 所示，不论骨料直径如何，水槽宽度变化对骨料均温的影响不超过 0.5℃。因此，在仿真的工况范围内，可认为水槽宽度对骨料冷却的瞬态传热过程影响不大。

（4）喷淋流量对骨料温度的瞬态变化有明显影响。喷淋流量越大，骨料的冷却速率越快。图 3.1-23、图 3.1-24 为不同喷淋流量条件下，四种级配的骨料在被淹没时和未被淹没时其平均温度随时间的变化。从图中可看出，不论是否被淹没，喷淋流量越大，骨料冷却越迅速。因此骨料的瞬态冷却过程与喷淋流量有紧密的关系。

基于上述结论，可认为，骨料的瞬态水冷过程与空隙率、水槽宽度等因素关系不大，而与喷淋流量关系密切；水槽内所有骨料的平均温度可以按淹没比例计算淹没骨料温度与未淹没骨料温度的算术平均值。因此，只需分别总结喷淋流量对淹没骨料、未淹没骨料的瞬态冷却过程的影响规律即可。

（5）随着喷淋流量的增大，回水温度逐渐减小，如图 3.1-25 所示。从图中可看出，骨料直径越大，回水温度越低。这是因为骨料直径越大，冷量越难进入球体中心，换热越不充分，冷水与骨料的温差就越大。

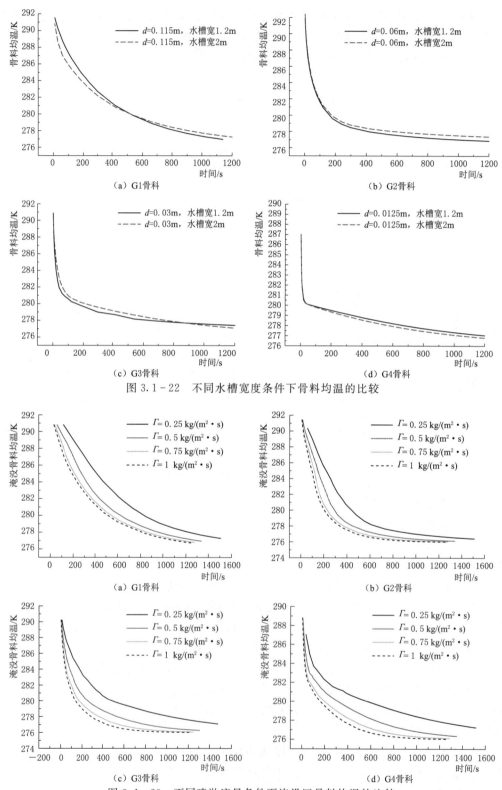

图 3.1-22　不同水槽宽度条件下骨料均温的比较

图 3.1-23　不同喷淋流量条件下淹没区骨料均温的比较

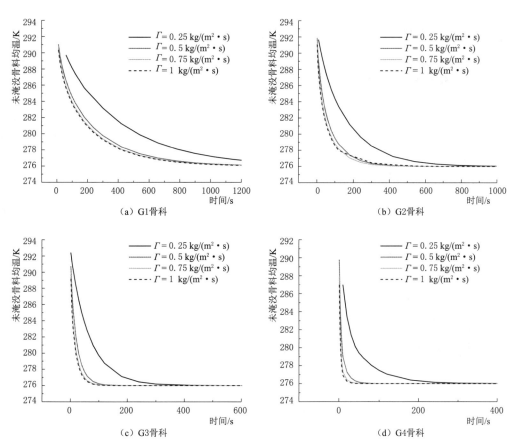

图 3.1-24 不同喷淋流量条件下未淹没区骨料均温的比较

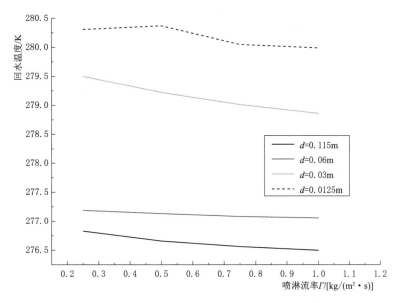

图 3.1-25 不同喷淋流量条件下回水温度的比较

3.2 风冷/风热骨料流动传热过程的理论研究

3.2.1 非稳态流动过程的理论研究

风冷骨科的机理研究中多采用孔隙流假设来分析气流的流动特性。孔隙流假设的基本点是：冷风是在贯通的孔隙内单向流动，这些孔隙构成了许多弯弯曲曲大小不等但大体上平行的管道，冷却方式是以这些管道为中心的空心圆柱体的冷却。根据孔隙（管道）流假设，管道的流体阻力可由能量方程解得

$$\frac{\Delta p}{\delta} = \frac{2f p u_{kx}^2}{d_{kx}} \tag{3.2-1}$$

式中 δ——料仓冷却高度，m；

      f——摩擦阻力系数；

      p——流体密度，kg/m^3；

      u_{kx}——空隙处的风速，m/s；

      d_{kx}——空隙的当量直径，m。

若空隙内流动为层流（$Re < 2000$），有

$$f = 16/Re \tag{3.2-2}$$

若空隙内流动为湍流（$Re \geq 2000$），采用布拉休斯（Blasius）方程：

$$f = 0.079Re^{-0.25} \tag{3.2-3}$$

空隙内气流的雷诺数为

$$Re = \frac{\rho u_{kx} d_{kx}}{\mu} \tag{3.2-4}$$

因为骨料间的空隙无序排列且互相贯通，所以很难确定空隙的当量流通直径 d_{kx}。因此引入空隙的比表面积（单位体积骨料中石头的表面积，m^2/m^3）对压力的计算公式进行修正：

$$\frac{\Delta p}{\delta} = 2f \ (K \cdot a_b) \ \rho u_{kx}^2 \tag{3.2-5}$$

$$a_b = \frac{n \cdot \pi d^2}{\varepsilon} = \frac{\frac{1-\varepsilon}{\pi d^3/6} \cdot \pi d^2}{\varepsilon} = \frac{6 \ (1-\varepsilon)}{d \cdot \varepsilon} \tag{3.2-6}$$

式中 d——骨料平均直径；

      ε——空隙率；

      a_b——空隙的比表面积；

      K——比表面积代替当量直径而引入的经验系数；

      n——单位体积骨料中石头的数量。

整理后，得

$$\frac{\Delta p}{\delta} = \frac{2f\rho u_{kx}^2}{d_{kx}} = 1.484 \cdot \frac{K^{1.25} \mu^{0.25} \ (1-\varepsilon)}{d^{1.25} \varepsilon^{1.25}} \rho^{0.75} u_{kx}^{1.75} \approx \frac{K \ (1-\varepsilon)^{1.25}}{d^{1.25} \cdot \varepsilon^{1.25}} \rho^{0.75} u_{kx}^{1.75} \tag{3.2-7}$$

式中　K——综合阻力系数。因为空气的动力黏度 μ 在较宽的温度范围内变化不大，所以综合在系数 K 中。

在 Fluent 软件的多孔介质模型中，采用了 Ergun 方程对风压进行计算：

内部阻力系数

$$C_2 = \frac{3.5}{d} \frac{(1-\varepsilon)}{\varepsilon^3} \tag{3.2-8}$$

单位料层厚度的流阻

$$\frac{\Delta p}{\delta} = \frac{1.75 \ (1-\varepsilon)}{d \cdot \varepsilon} \ \rho u_{kx}^2 \tag{3.2-9}$$

比较式（3.2-7）和式（3.2-9）可看出，二者表达形式相同，只是经验系数和指数有区别。很多研究资料总结出来的料仓风阻的计算公式都与式（3.2-7）、式（3.2-9）相似，仅经验系数及指数有少量变化。综合式（3.2-7）和式（3.2-9），可得到单位料层风压（$\frac{\Delta p}{\delta}$，又称为"压降"）的经验计算公式：

$$\frac{\Delta p}{\delta} = K \cdot \frac{(1-\varepsilon)^m}{\varepsilon^m \cdot d^n} \cdot \rho^c u_{kx}^{1+c} \approx K \cdot \frac{1-\varepsilon}{\varepsilon \cdot d^n} \cdot \rho^c u_{kx}^{1+c} \tag{3.2-10}$$

式中　m、n、c——经验系数。

因为实际工况中空隙率的变化范围为 0.4～0.5，所以 $\frac{(1-\varepsilon)^m}{\varepsilon^m \cdot d^n} \approx \frac{1-\varepsilon}{\varepsilon \cdot d^n}$。

根据仿真模拟可以得到不同料仓截面、不同料层高度、不同风量、不同骨料级配等工况下的风压数据，然后依照式（3.2-10）的形式对风压计算公式进行拟合。

敏感分析中列出了动态仿真的实际工况范围，及所有仿真工况的风压计算结果。分析所有的风压数据后发现，单位料层厚度的风压与空隙处风速呈幂函数关系。对四种级配骨料的风压进行拟合后发现，不论料仓截面如何变化，空隙风速的幂指数的变化范围都在1.9～2.2 之间。因此，式（3.2-10）中空隙处风速的幂指数可选择 2，即

$$\frac{\Delta p}{\delta} = K \cdot \frac{1-\varepsilon}{\varepsilon \cdot d^n} \cdot \rho u_{kx}^2 \tag{3.2-11}$$

图 3.2-1 为仿真风压数据依照经验关系式（3.2-11）计算出的 K/d^n 与骨料直径的曲线关系。可以看出，骨料直径对风压的影响是比较明显的，随着骨料直径的增大，风压逐渐减小。以幂函数的形式对图 3.2-1 的数据进行拟合，得到以下经验关系式：

$$\frac{K}{d^n} = \frac{1.276}{d^{1.1}} \tag{3.2-12}$$

$$\frac{\Delta p}{\delta} = \frac{1.276 \times (1-\varepsilon)}{\varepsilon \cdot d^{1.1}} \cdot \rho_a u_{kx}^2 \tag{3.2-13}$$

图 3.2-2 为拟合关系式（3.2-13）的计算结果与仿真数据（模拟压降）的比较。可见拟合关系式的计算误差绝大部分在 ±10% 之内，说明经验公式的拟合具有较高的准确性。

3.2.2　非稳态传热过程的计算

骨料在料仓内的风冷/风热瞬态传热过程以非稳态导热规律进行分析总结。用非稳态导热分析中常用的绘制诺谟图的方法来总结骨料的瞬态换热规律，一方面便于工程查图使用，另一方面，无量纲参数的引入增大了该换热规律的普适性。

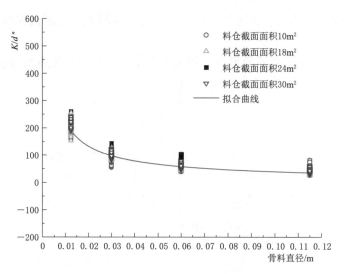

图 3.2-1 K/d^n 与骨料直径的关系

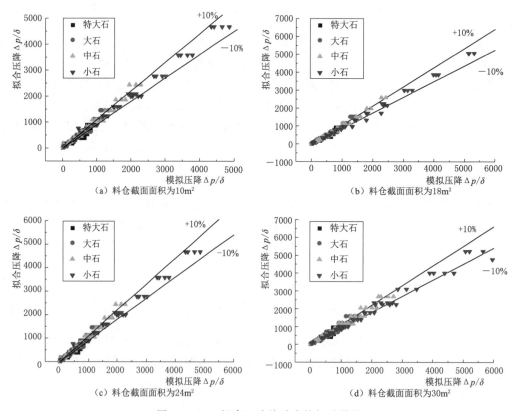

图 3.2-2 拟合经验关系式的相对误差

3.2.2.1 非稳态传热诺谟图

以非稳态导热规律来分析骨料的瞬态传热过程，就必须将料仓内的骨料与气隙作为一个整体进行研究。紧密接触的骨料与空气可视为一种复合结构，其有效热物性受空隙率、内部结构及外部环境等多种因素的影响。目前所有的复合材料的有效热导率计算方法都仅考虑了固体和气体的导热系数，并没有考虑气体的对流作用[6，7]，而骨料与空隙形成的复合体内部，空气的对流是至关重要的传热方式，不能忽略，因此，必须对此复合体的有效热导率进行推导。

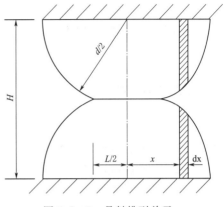

图 3.2-3 骨料排列单元

假设骨料以图 3.2-3 的规律排列，球形骨料的直径为 d，骨料接触面的直径为 L，传热单元的高度为 H，空隙处的对流换热系数为 α_{kx}，骨料的热导率为 λ_s。

假设骨料与空隙组成的复合体底部受到对流换热系数为 α_{kx}、温度为 T_a 的流体的对流换热，则复合体在有效热导率的作用下向上传递热量。

以图 3.2-3 所示的传热单元为研究对象，认为传热量包括两部分：一部分为骨料球体间空隙的传热量；一部分为固体骨料接触处的传热量。骨料球体间空隙的传热量可表示为

$$Q_1 = \int_{L/2}^{d/2} \frac{\Delta T \cdot 2\pi x \mathrm{d}x}{\dfrac{2\sqrt{(d/2)^2 - x^2}}{\lambda_s} + \dfrac{2}{\alpha_{kx}}}$$

$$= \frac{\pi d\lambda_s \cdot \Delta T}{2}\sqrt{1 - (L/d)^2} + \frac{\pi \lambda_s^2 \cdot \Delta T}{\alpha_{kx}}\left[\ln\left(\frac{d}{2}\sqrt{1 - \left(\frac{L}{d}\right)^2} + \frac{\lambda_s}{\alpha_{kx}}\right) - \ln\frac{\lambda_s}{\alpha_{kx}}\right] \quad (3.2-14)$$

式中 λ_s——骨料热导率；

ΔT——传热单元上下面温差。

骨料相互接触产生的热量为

$$Q_2 = \frac{\dfrac{\pi}{4}L^2 \cdot \Delta T}{H/\lambda_s} = \frac{\pi L^2 \lambda_s \cdot \Delta T}{4H} \quad (3.2-15)$$

复合体中一个传热单元的有效热导率为

$$\lambda_e = \frac{Q_1 + Q_2}{d^2 \Delta T/H} = \frac{\pi H\lambda_s}{2d}\sqrt{1 - (L/d)^2} + \frac{\pi H\lambda_s^2}{\alpha_{kx}d^2}\left[\ln\left(\frac{d}{2}\sqrt{1 - \left(\frac{L}{d}\right)^2} + \frac{\lambda_s}{\alpha_{kx}}\right) - \ln\frac{\lambda_s}{\alpha_{kx}}\right] + \frac{\pi L^2 \lambda_s}{4d^2}$$

$$(3.2-16)$$

当空隙率变化时，骨料-空隙复合体的有效热导率会发生变化。但经计算发现，空隙率在 $0.4 \sim 0.5$ 范围内变化时，骨料接触面直径 L 的变化很微弱，都接近于 0，所以可将式（3.2-16）简化为

$$\lambda_e = \frac{\pi \lambda_s}{2} + \frac{\pi \lambda_s^2}{\alpha_{kx}d}\left[\ln\left(\frac{d}{2} + \frac{\lambda_s}{\alpha_{kx}}\right) - \ln\frac{\lambda_s}{\alpha_{kx}}\right] \quad (3.2-17)$$

假设料仓内冷风是在贯通的空隙内单向流动，形成弯曲的流动通道，则流动通道的当量直径可近似计算为

$$d_{kx} = \frac{4(d^2 - \pi d^2/4)}{\pi d} = \left(\frac{4}{\pi} - 1\right) \cdot d \quad (3.2-18)$$

空隙中空气的对流换热系数为

$$\alpha_{kx} = 0.023 \cdot \frac{\lambda_a}{d_{kx}} \cdot Re_{kx}^{0.8} Pr_a^{0.4} \qquad (3.2-19)$$

空隙处空气的雷诺数为

$$Re_{kx} = \frac{\rho_a u_{kx} d_{kx}}{\mu_a} \qquad (3.2-20)$$

空隙处的风速为

$$u_{kx} = \frac{u}{\varepsilon} \qquad (3.2-21)$$

式中　u——料仓截面的平均风速，m/s；

　　　ε——空隙率；

　　　μ_a——动力黏度，kg/(m·s)。

在仿真的工况范围内，空隙处空气的对流换热系数变化范围如表 3.2-1 所列。

表 3.2-1　　骨料空隙处空气的对流换热系数

空隙处风速 u_{kx}/(m/s)	0.5	1.5	2.5	3.75
对流换热系数 α_{kx}/[W/(m²·K)]	5.09	12.26	18.45	25.52

根据式 (3.2-17)～式 (3.2-21) 可计算出复合体的有效热导率。

骨料与空隙组成的复合体的有效密度为

$$\rho_e = \varepsilon \cdot \rho_a + (1-\varepsilon) \cdot \rho_s \qquad (3.2-22)$$

有效比热为

$$c_e = \frac{\varepsilon \rho_a}{\rho_e} \cdot c_a + \frac{(1-\varepsilon)\rho_s}{\rho_e} \cdot c_s \qquad (3.2-23)$$

以上式中下标 a 表示空气，s 表示石头。

已知复合体的有效热物性，依据三维非稳态导热问题的通用处理方法，即可得到三维复合体的瞬态温度值。

料仓四周绝热，骨料只受到冷/热风在进风通道处的对流换热影响。因此，料仓这个三维柱体的瞬态温度解，可简化为一维无限大平板的瞬态传热问题。无限大平板的导热微分方程的解经严格数学推导后可表示为

$$\frac{\theta(z,\tau)}{\theta_0} = \frac{T(z,\tau)-T_a}{T_0-T_a} = f\left(Fo, Bi, \frac{z}{\delta}\right) \qquad (3.2-24)$$

傅里叶数：
$$Fo = \frac{a\tau}{\delta^2} \qquad (3.2-25)$$

毕渥数：
$$Bi = \frac{\alpha\delta}{\lambda} \qquad (3.2-26)$$

导温系数：
$$a = \frac{\lambda}{\rho c} \qquad (3.2-27)$$

该书中风冷料仓的瞬态传热规律将依据式 (3.2-24) 进行整理，寻找不同料仓截面面积、不同进回风高差、不同虚拟风速（料仓截面风速）、不同空隙率等工况条件下的瞬

态传热规律，绘制对比过余温度 $\dfrac{T-T_0}{T_a-T_0}$ 的诺谟图，分析骨料温度随料仓截面面积、进回风高差、虚拟风速、空隙率等因素变化的敏感性，归纳出骨料的瞬态传热经验计算公式。分析的数据来源于 256 个仿真工况的瞬态传热仿真计算结果。

因为料仓的风冷过程并不完全等效于立方体外部受对流换热影响的瞬态导热过程，如料仓冷却区底部是受到风道内冷风的对流换热影响，而不是整个截面均有对流换热存在；当热量传递到冷却区顶部时，顶部截面就不再等效为立方体的中心绝热面。所以，依据式（3.2-24）对骨料-空隙复合体的瞬态传热过程进行分析时，必须结合实际情况对毕渥数和傅里叶数进行重新定义，即

有效傅里叶数：
$$Fo=\frac{a_e\tau}{\delta^2} \tag{3.2-28}$$

有效毕渥数：
$$Bi=\frac{\alpha_v\delta}{\lambda_e} \tag{3.2-29}$$

式中　δ——等效为料仓的进回风高差；

τ——时间。

有效毕渥数的定义，原则上是将立方体外部的对流换热条件转化为料仓内截面上的平均对流换热条件。有效毕渥数 Bi 是与外部换热条件相关的无量纲参数；傅里叶数 Fo 是与换热时间相关的无量纲参数。

其他相关参数的计算公式如下：

有效导温系数：
$$a_e=\frac{\lambda_e}{\rho_e c_e} \tag{3.2-30}$$

虚拟对流换热系数：
$$\alpha_v=0.023\cdot\frac{\lambda_a}{D_e}\cdot Re_v^{0.8}\,Pr_a^{0.4} \tag{3.2-31}$$

料仓的当量直径：
$$D_e=\frac{4A}{U} \tag{3.2-32}$$

虚拟雷诺数：
$$Re_v=\frac{\rho_a u D_e}{\mu_a} \tag{3.2-33}$$

上列式中　A——料仓截面面积；

U——料仓截面周长；

u——料仓截面平均风速。

理论上，所有工况的瞬态传热过程都能在一组诺谟图中表示出来，但因为风冷料仓的过程不能完全等效于理想状态下的立方体的瞬态导热过程，所以所有工况表示在一组诺谟图中时，过余温度曲线的变化规律会变得很混乱，而料仓截面面积及进回风高差，对诺谟图的统一性有很大影响。

对仿真计算数据进行整理之后发现，随着无量纲参数 δ/D_e（进回风高差/料仓截面当量直径）的增大，对比过余温度的诺谟图曲线会变得更陡；但不论料仓截面面积、进回风高差如何变化，只要无量纲参数 δ/D_e 变化不大，其温度诺谟图就具有近似相同的变化规律。

为了寻找温度诺谟图随 δ/D_e 的变化规律，根据 δ/D_e 的大小将仿真工况进行了分组

排序（表 3.2-2），共分成 7 组，分别对每组的温度诺谟图进行分析总结，最终汇总各组的分析结果推断出 δ/D_e 对料仓内骨料温度变化的影响。

表 3.2-2　　　　　　　　　　按照 δ/D_e 的大小对计算工况分组

序号	$\bar{\delta}/D_e$	δ/D_e	料仓截面面积/m²	进回风高差/m
1	0.634	0.625	24	3.0
		0.642	30	3.5
2	0.724	0.717	18	3.0
		0.730	24	3.5
3	0.831	0.826	30	4.5
		0.836	18	3.5
4	0.943	0.917	30	5.0
		0.938	24	4.5
		0.975	10	3.0
5	1.058	1.040	24	5.0
		1.075	18	4.5
6	1.166	1.137	10	3.5
		1.194	18	5.0
7	1.543	1.460	10	4.5
		1.625	10	5.0

　　图 3.2-4 为 $\bar{\delta}/D_e$ 取不同值时，根据相关工况的仿真计算结果整理出来的 $z/\delta=0$ 断面处的对比过余温度 $(T-T_0)/(T_a-T_0)$ 诺谟图，同理可整理出其他三个断面的温度诺谟图，不再详述。

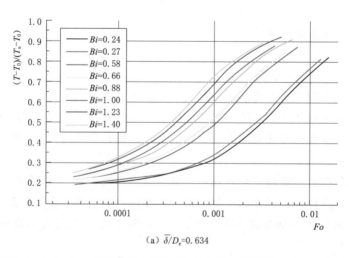

(a) $\bar{\delta}/D_e=0.634$

图 3.2-4（一）　不同 $\bar{\delta}/D_e$ 值的对比过余温度诺谟图（$z/\delta=0$ 断面）

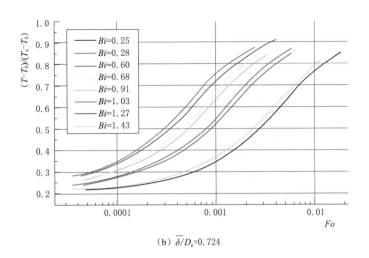

（b）$\overline{\delta}/D_{\mathrm{e}}$=0.724

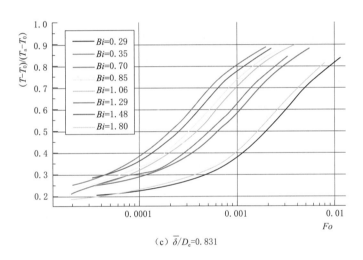

（c）$\overline{\delta}/D_{\mathrm{e}}$=0.831

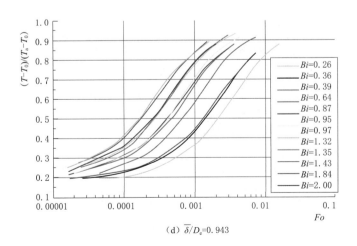

（d）$\overline{\delta}/D_{\mathrm{e}}$=0.943

图 3.2-4（二） 不同 $\overline{\delta}/D_{\mathrm{e}}$ 值的对比过余温度诺谟图（$z/\delta=0$ 断面）

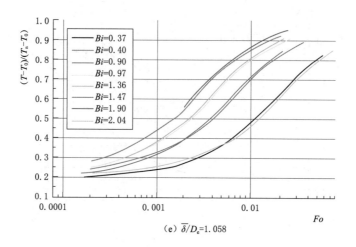

(e) $\overline{\delta}/D_e$=1.058

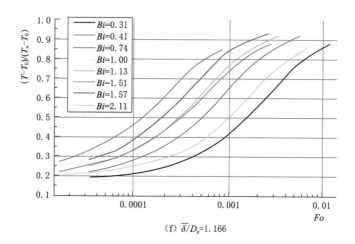

(f) $\overline{\delta}/D_e$=1.166

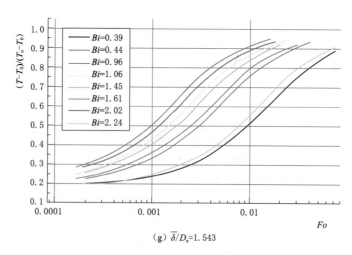

(g) $\overline{\delta}/D_e$=1.543

图 3.2-4（三） 不同 $\overline{\delta}/D_e$ 值的对比过余温度诺漠图（$z/\delta=0$ 断面）

3.2.2.2　非稳态传热公式拟合

从温度诺谟图中可看出，对比过余温度与傅里叶数 Fo 及毕渥数 Bi 紧密相关。根据各断面温度诺谟图，可以整理出对比过余温度与傅里叶数 Fo 的计算关系式，关系式中的经验系数是毕渥数 Bi 的函数：

$$\frac{T-T_0}{T_a-T_0}=A-B\cdot\exp[-1C(Fo-Fo^*)] \tag{3.2-34}$$

式中，经验系数 A、B、C 的取值与 Bi 紧密相关。Fo^* 表征了 $z/\delta=0$、$z/\delta=1/3$、$z/\delta=2/3$、$z/\delta=1$ 四个断面温度变化的延迟特性。$z/\delta=0$ 的断面，因为骨料温度会立即在进风温度的影响下发生变化，所以 $Fo^*=0$。

分析仿真数据后发现，不论 $\overline{\delta}/D_e$ 取何值，四个断面的温度计算关系式中经验系数 A、B、C 都与 Bi 呈线性关系。图 3.2-5 为 $\overline{\delta}/D_e=0.943$ 时，$z/\delta=0$ 断面的温度拟合式中经验系数随 Bi 的变化。可以看出，经验系数 A、B、C 与 Bi 呈线性关系。不仅 $z/\delta=0$ 断面是如此，其他三个断面的经验系数 A、B、C 都与 Bi 呈线性关系，同理调整 $\overline{\delta}/D_e$ 值及 z/δ 断面时，均可验证经验系数 A、B、C 都与 Bi 呈线性关系，在此不再复述。

因此，对任一断面，根据温度拟合式中经验系数随 Bi 的变化，可以假设经验系数 A、B、C 的拟合关系式为

$$\left.\begin{array}{l}A=A'\cdot Bi+A''=f\ (\delta/D_e,\ Bi)\\B=B'\cdot Bi+B''=f\ (\delta/D_e,\ Bi)\\C=C'\cdot Bi+C''=f\ (\delta/D_e,\ Bi)\end{array}\right\} \tag{3.2-35}$$

式中系数 A'、A''、B'、B''、C'、C'' 是 δ/D_e 的函数。对这些经验系数进行分析后发现，它们与 δ/D_e 基本呈线性函数关系。

Fo^* 表征了不同断面温度变化的延迟特性，$z/\delta=0$ 的断面，$Fo^*=0$，而其他断面的 Fo^* 随 Bi 呈指数函数变化，如图 3.2-6 所示，因为在仿真计算的工况范围内，Fo^* 与 $\overline{\delta}/D_e$ 的相关性不明显，所以认为 Fo^* 只与 Bi 有关。

综上所述，可以整理出各断面对比过余温度的经验计算关系式：

$$\frac{T-T_0}{T_a-T_0}=A-B\cdot\exp[-1C(Fo-Fo^*)] \tag{3.2-36}$$

$$A=A'\cdot Bi+A''=f\ (\delta/D_e,\ Bi)$$
$$B=B'\cdot Bi+B''=f\ (\delta/D_e,\ Bi)$$
$$C=C'\cdot Bi+C''=f\ (\delta/D_e,\ Bi)$$
$$Fo*=f\ (Bi) \tag{3.2-37}$$

（1）$z/\delta=0$ 断面：

$$A'=-0.0225\cdot\delta/D_e+0.0453,\ A''=0.0451\cdot\delta/D_e+0.8156$$
$$B'=-0.0254\cdot\delta/D_e+0.0192,\ B''=0.0919\cdot\delta/D_e+0.5492$$
$$C'=1332.8\cdot\delta/D_e+154.81,\ C''=-275.36\cdot\delta/D_e+114.87$$
$$Fo^*=0 \tag{3.2-38}$$

（2）$z/\delta=1/3$ 断面：

$$A'=-0.0123\cdot\delta/D_e+0.0219,\ A''=0.0535\cdot\delta/D_e+0.807$$

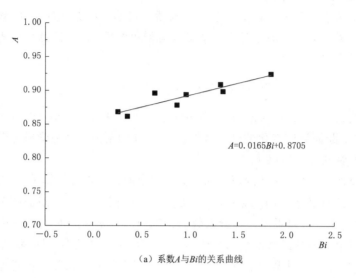

（a）系数A与Bi的关系曲线

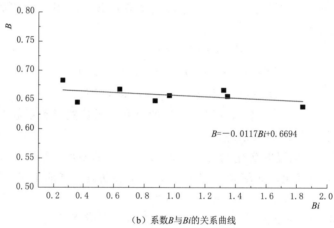

（b）系数B与Bi的关系曲线

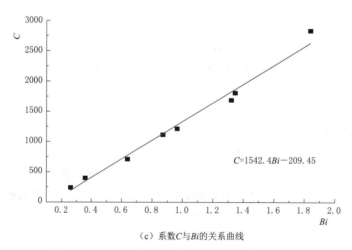

（c）系数C与Bi的关系曲线

图 3.2 - 5　系数 A、B、C 与 Bi 的关系曲线

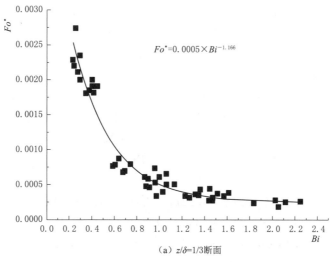

（a）$z/\delta=1/3$断面

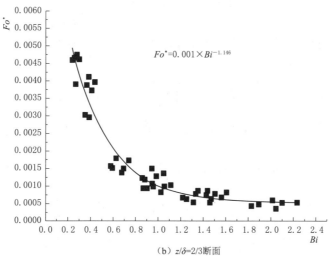

（b）$z/\delta=2/3$断面

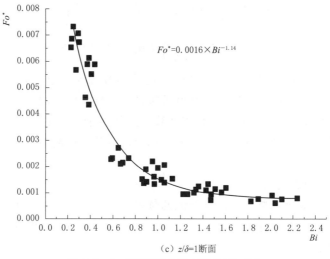

（c）$z/\delta=1$断面

图 3.2-6 不同断面 Fo^* 随 Bi 的变化

$$B'=0.0037 \cdot \delta/D_e - 0.0351, \quad B''=0.5833 \cdot \delta/D_e + 0.4248$$

$$C'=1366.4 \cdot \delta/D_e + 554.02, \quad C''=-530.2 \cdot \delta/D_e + 215.72$$

$$Fo^* = 0.0005 \cdot Bi^{-1.166} \tag{3.2-39}$$

（3）$z/\delta = 2/3$ 断面：

$$A'=-0.0838 \cdot \delta/D_e + 0.0246, \quad A''=0.2522 \cdot \delta/D_e + 0.7434$$

$$B'=0.0374 \cdot \delta/D_e - 0.1893, \quad B''=1.0151 \cdot \delta/D_e + 0.2248$$

$$C'=1126.9 \cdot \delta/D_e + 489.25, \quad C''=-621.13 \cdot \delta/D_e + 253.8$$

$$Fo^* = 0.001 \cdot Bi^{-1.146} \tag{3.2-40}$$

（4）$z/\delta = 1$ 断面：

$$A'=-0.1114 \cdot \delta/D_e + 0.0211, \quad A''=0.2477 \cdot \delta/D_e + 0.8312$$

$$B'=0.1107 \cdot \delta/D_e - 0.3305, \quad B''=0.8184 \cdot \delta/D_e + 0.4605$$

$$C'=813.46 \cdot \delta/D_e + 293.03, \quad C''=-384.64 \cdot \delta/D_e + 118.93$$

$$Fo^* = 0.0016 \cdot Bi^{-1.14} \tag{3.2-41}$$

式（3.2-38）～式（3.2-41）中所有的经验常数随着 z/δ 的增大呈现规律性的变化，即这些经验常数是 z/δ 的函数，对其进行拟合后，可以整合出适用于所有断面的对比过余温度的经验计算关系式：

$$A'=\left[-0.0813 \cdot \left(\frac{z}{\delta}\right)^2 - 0.0202 \cdot \frac{z}{\delta} - 0.016\right] \cdot \frac{\delta}{D_e} + \left[0.0448 \cdot \left(\frac{z}{\delta}\right)^2 - 0.0658 \cdot \frac{z}{\delta} + 0.0437\right]$$

$$A''=\left[-0.0383 \cdot \left(\frac{z}{\delta}\right)^2 + 0.2801 \cdot \frac{z}{\delta} + 0.0251\right] \cdot \frac{\delta}{D_e} + \left[0.2185 \cdot \left(\frac{z}{\delta}\right)^2 - 0.2232 \cdot \frac{z}{\delta} + 0.826\right]$$

$$B'=\left[0.0966 \cdot \left(\frac{z}{\delta}\right)^2 + 0.0363 \cdot \frac{z}{\delta} - 0.0237\right] \cdot \frac{\delta}{D_e} + \left[-0.1858 \cdot \left(\frac{z}{\delta}\right)^2 - 0.1757 \cdot \frac{z}{\delta} + 0.0252\right]$$

$$B''=\left[-1.5677 \cdot \left(\frac{z}{\delta}\right)^2 + 2.3498 \cdot \frac{z}{\delta} + 0.0635\right] \cdot \frac{\delta}{D_e} + \left[0.8165 \cdot \left(\frac{z}{\delta}\right)^2 - 0.9552 \cdot \frac{z}{\delta} + 0.5748\right]$$

$$C'=\left[-764.74 \cdot \left(\frac{z}{\delta}\right)^2 + 224.38 \cdot \frac{z}{\delta} + 1343.5\right] \cdot \frac{\delta}{D_e} + \left[-1335.4 \cdot \left(\frac{z}{\delta}\right)^2 + 1439.5 \cdot \frac{z}{\delta} + 172.28\right]$$

$$C''=\left[1107.2 \cdot \left(\frac{z}{\delta}\right)^2 - 1231.7 \cdot \frac{z}{\delta} - 267.57\right] \cdot \frac{\delta}{D_e} + \left[-530.49 \cdot \left(\frac{z}{\delta}\right)^2 + 544.96 \cdot \frac{z}{\delta} + 109.55\right]$$

$$Fo^* = 0.0016 \cdot \left(\frac{z}{\delta}\right) \cdot Bi^{(0.0387 \cdot z/\delta - 1.1763)} \tag{3.2-42}$$

因此，只要料仓的结构参数、骨料物性、进风参数等条件已知，就可根据式（3.2-36）、式（3.2-37）、式（3.2-42）计算出任何时刻、料仓任何截面处的平均温度。

图 3.2-7 为依据上述拟合经验关系式计算出来的四个断面的对比过余温度的误差曲线。从图中可看出，四个断面的对比过余温度拟合误差基本控制在 ±10% 以内，说明归纳的经验关系式具有较高的计算精度。

3.2.2.3　骨料直径的影响

假设单个骨料为规则球体，对四种级配的骨料在风温线性变化、对流换热系数为 4～25W/(m²·K) 的条件下进行瞬态传热仿真计算，可得到不同直径的球体平均温度与壁面温度随时间的变化。

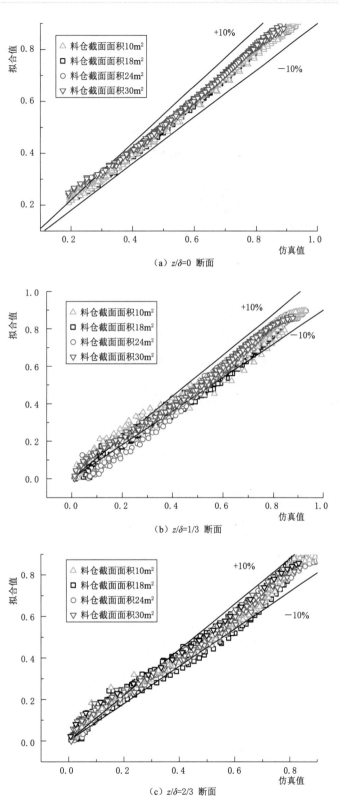

（a）$z/\delta=0$ 断面

（b）$z/\delta=1/3$ 断面

（c）$z/\delta=2/3$ 断面

图 3.2-7（一） 不同断面的对比过余温度拟合值误差曲线

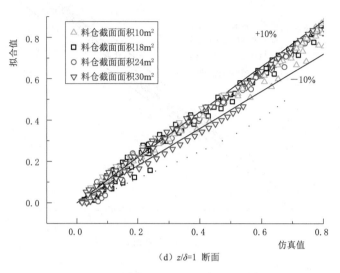

（d）$z/\delta=1$ 断面

图 3.2－7（二）　不同断面的对比过余温度拟合值误差曲线

为了保证经验计算公式的普适性，与之前归纳总结的方式相似，采用对比过余温度的形式对球体平均温度的变化规律进行总结。设球体壁面的对比过余温度为 $\dfrac{T_w-T_0}{t_a-T_0}$，T_w 为球体壁面温度；球体平均温度的对比过余温度为 $\dfrac{T_j-T_0}{t_a-T_0}$，T_j 为体平均温度。图 3.2－8 表示了不同对流换热条件下二者的关系。

从图 3.2－8 可看出，不论换热条件如何变化，壁面对比过余温度 $\dfrac{T_w-T_0}{t_a-T_0}$ 与球体平均对比过余温度 $\dfrac{T_j-T_0}{t_a-T_0}$ 始终呈线性关系。因此，可假设：

$$\frac{T_0-T_j}{T_0-T_a}=A_j \cdot \frac{T_0-T_w}{T_0-T_a}+B_j \tag{3.2－43}$$

表 3.2－3　　　　　　　　经验系数 A_j、B_j 的拟合取值

换热系数/ W/(m² · K)	G1		G2		G3		G4	
	A_j	B_j	A_j	B_j	A_j	B_j	A_j	B_j
4	0.9215	−0.0021	0.9778	−0.0013	0.9915	−0.0007	0.9956	−0.0003
10	0.9283	−0.0048	0.9819	−0.0028	0.9929	−0.0015	0.9967	−0.0007
15	0.9298	−0.0061	0.9836	−0.0036	0.9939	−0.0019	0.9967	−0.0007
20	0.9358	−0.0086	0.9851	−0.0046	0.9947	−0.0022	0.9973	−0.0011
25	0.938	−0.0099	0.9863	−0.0052	0.9954	−0.0027	0.998	−0.0014

对图 3.2－8 中的球体平均对比过余温度进行线性拟合后，可得到不同级配、不同对流换热系数条件下，经验系数 A_j、B_j 的取值如表 3.2－3 所列。

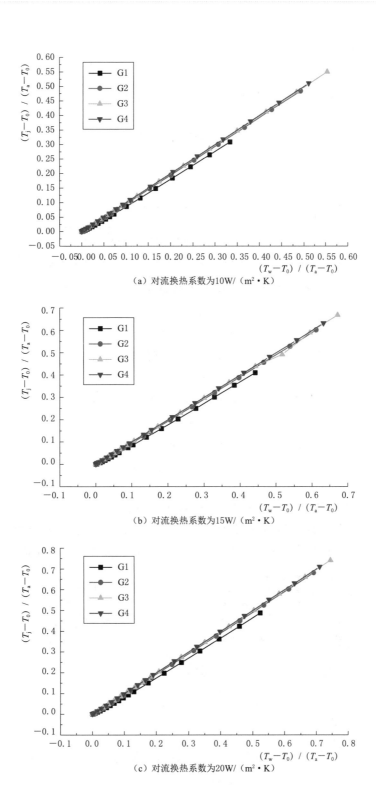

（a）对流换热系数为10W/（m²·K）

（b）对流换热系数为15W/（m²·K）

（c）对流换热系数为20W/（m²·K）

图 3.2-8（一） 球体平均对比过余温度与壁面对比过余温度的关系

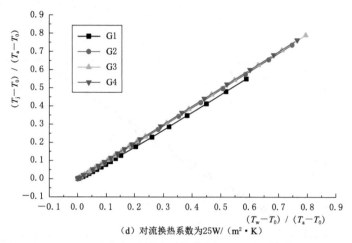

（d）对流换热系数为25W/（m²·K）

图 3.2-8（二） 球体平均对比过余温度与壁面对比过余温度的关系

由表 3.2-3 可知，经验系数 A_j、B_j 与对流换热系数 α 呈线性关系，假设：

$$\left. \begin{array}{l} A_j = A'_j \alpha + A''_j \\ B_j = B'_j \alpha + B''_j \end{array} \right\} \tag{3.2-44}$$

式中 A'_j、A''_j、B'_j、B''_j 与骨料直径呈函数关系，经拟合后有

$$\left. \begin{array}{l} A'_j = 0.0069d + 6 \times 10^{-7} \\ A''_j = -6.4606d^2 + 0.0846d + 0.9949 \\ B'_j = -0.0036d + 4 \times 10^{-6} \\ B''_j = 0.149d^2 - 0.0256d + 0.0002 \end{array} \right\} \tag{3.2-45}$$

因此，由式（3.2-43）～式（3.2-45）即可计算出不同级配骨料在不同换热条件下的体平均温度。

图 3.2-9 为根据拟合公式计算出来的骨料体平均温度与仿真值进行对比的误差曲线。由图可以看出，拟合值的计算误差很小，在 ±0.05% 之间，绝大部分数据的误差都在 ±0.01% 左右，可见拟合式（3.2-43）～式（3.2-45）具有很高的计算精度。

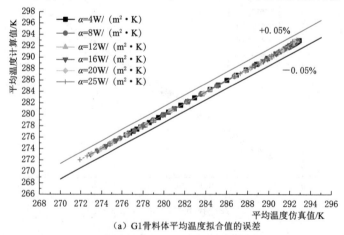

（a）G1骨料体平均温度拟合值的误差

图 3.2-9（一） 骨料体平均温度拟合值的误差

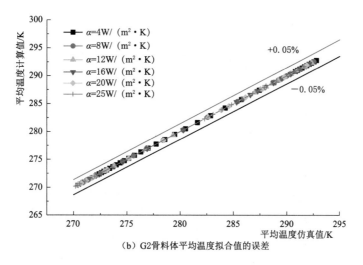

（b）G2骨料体平均温度拟合值的误差

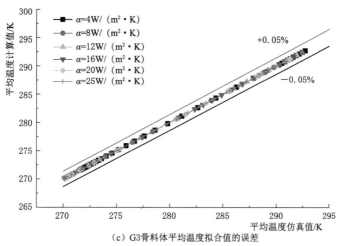

（c）G3骨料体平均温度拟合值的误差

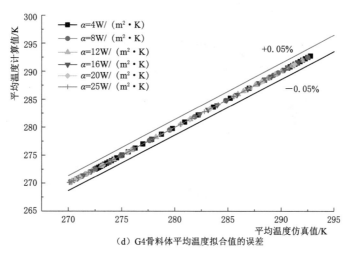

（d）G4骨料体平均温度拟合值的误差

图 3.2-9（二）　骨料体平均温度拟合值的误差

3.2.3 稳态传热过程的分析

风冷的瞬态传热理论研究得到的是骨料在料仓内静止时各断面的温度随时间的瞬态变化规律，但工作状态下，料仓内的骨料是匀速运动的，与风场形成一个稳态的传热过程，即骨料与风在料仓内的温度分布不再随时间变化。那么，骨料静止状态下的瞬态传热规律如何应用在稳态传热过程之中，需要进一步分析。

如图 3.2-10 所示，假设骨料在料仓 A—B 中静止冷却，A 为进风处的断面，B 为回

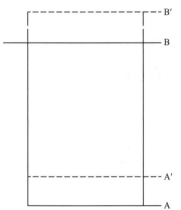

图 3.2-10 料仓风冷过程示意图

风处的断面。当 A 断面处的骨料接近风温，即 $\dfrac{T-T_0}{T_a-T_0}\approx 1$ 时，骨料与风之间的换热量可忽略，经过 $\Delta\tau$ 时间后，A′ 断面处的骨料也接近风温，对于料仓 A′—B′ 而言，此时 B 断面处的骨料的换热状态，可视为 B′ 断面处的骨料经过 $\Delta\tau$ 时间下降到 B 断面处的状态。也就是说，骨料在料仓内静止换热时，当断面 A 的对比过余温度接近于 1 时，断面 B 的瞬态冷却过程可视为骨料在料仓内匀速向下运动过程中所经历的瞬态传热过程。

图 3.2-11 为骨料在料仓内静止冷却过程中断面 1（$z/\delta=0$）与断面 4（$z/\delta=1$）的对比过余温度随时间的变化。从图 3.2-11 可以看出，不论料仓截面面积大小如何，不论料仓风速如何，当断面 4 处的温度开始由初始温度发生变化时，断面 1 的对比过余温度都达到了 0.8 以上，所以，可近似认为，断面 4 处的瞬态冷却过程等同于骨料从进料口到出料口运动过程中所经历的冷却过程。在设计计算中，应采用断面 4（$z/\delta=1$）的拟合关系式。

断面 4 在冷却过程中，风温是在逐渐变化的，等效于骨料匀速下降周边风温变化的过程。因此，断面 4 的拟合公式考虑了风温变化的结果。

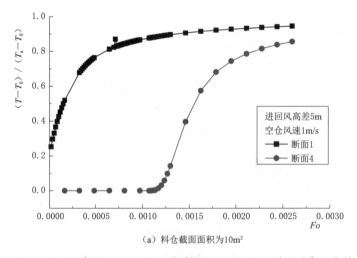

（a）料仓截面面积为 10m²

图 3.2-11（一） 断面 1（$z/\delta=0$）与断面 4（$z/\delta=1$）对比过余温度的比较

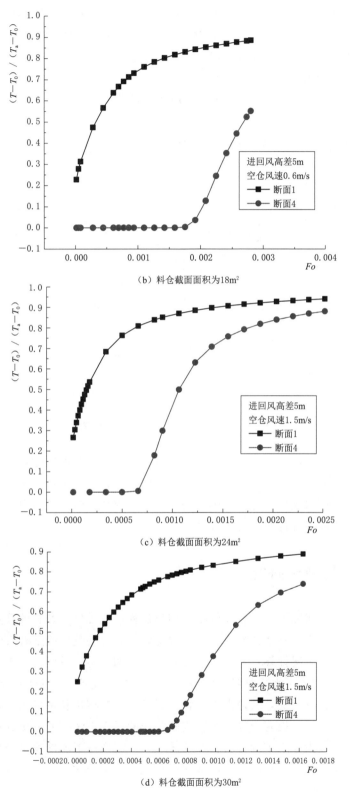

（b）料仓截面面积为18m²

（c）料仓截面面积为24m²

（d）料仓截面面积为30m²

图 3.2-11（二） 断面 1（$z/\delta=0$）与断面 4（$z/\delta=1$）对比过余温度的比较

前述的温度瞬态变化规律是基于料仓内的实际风速得到的，但实验发现料仓有漏风现象。漏风量与料仓结构、风速、骨料粒径、空隙率有关，很难非常准确地掌握其变化规律。在设计计算中，可采用由实际工程反推出来的漏风率变化规律进行计算，如图 3.2 - 12 和式 (3.2 - 46) 所示。

$$1-\eta = 0.6095 \cdot u^{-0.529} \tag{3.2-46}$$

式中　η——漏风率；

　　　u——空仓风速（料仓截面的平均风速），m/s。

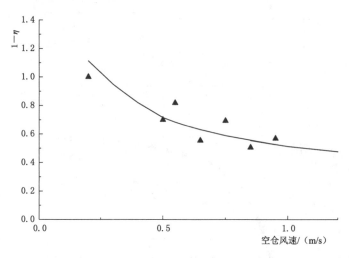

图 3.2 - 12　（1 - η）随空仓风速的变化

可见，随着风速的增大，1 - η 减小，符合风量大、漏风率大的规律。梧州施工现场的实际工况仿真结果也证实，1 - η 约为 0.56，在图 3.2 - 11 所示的变化范围之内。但因为实测数据较少，所以此规律还不完善。因此，需要综合大量实验数据，总结出漏风率的变化规律，然后再在设计计算中考虑进去。

3.3　水冷骨料理论研究

水冷非稳态传热研究涉及多相间的复杂传热过程，胶带机上骨料的传热与带速、喷冷水温、空隙率、密度等多种物性参数相关，因此，准确找到胶带机上骨料的非稳态传热规律，需要进行大量的工况计算，并对工况计算进行归纳总结，进而得到水冷骨料非稳态传热规律。表 3.1 - 2 列出了水冷骨料非稳态传热仿真的工况范围。非稳态传热仿真采用实体模型对水冷工况进行仿真，共仿真 192 种工况组合。模型按胶带机水平输送建立，流动模型、边界条件等条件的设置与经过水冷实验验证的仿真方法相同。仿真计算中，水槽的液面为进口条件，浸没在水中的骨料在水的导热、对流作用下温度发生变化；未浸入水中的骨料施加对流换热条件，在降膜对流换热的作用下逐渐冷却。喷淋水温度为 276K，骨料的初始温度为 293K。

3.3.1 诺谟图整理

同风冷骨料过程相似，水冷过程也采用诺谟图总结瞬态换热规律，一方面，可以便于工程查图使用，另一方面，无量纲参数的引入增大了该换热规律的普适性。

式（3.3-1）为引入骨料水冷过程的瞬态导热微分方程：

$$\frac{T-T_0}{T_a-T_0}=f(Fo, Bi) \tag{3.3-1}$$

傅里叶数：

$$Fo=\frac{a\tau}{(d/2)^2} \tag{3.3-2}$$

毕渥数：

$$Bi=\frac{\alpha d/2}{\lambda} \tag{3.3-3}$$

导温系数：

$$a=\frac{\lambda}{\rho c} \tag{3.3-4}$$

上列式中　　τ——冷却时间，s；

d——骨料平均直径，m；

λ——骨料导热系数，W/(m·K)；

ρ——骨料密度，kg/m³；

c——骨料比热，J/(kg·K)；

α——对流换热系数，W/(m²·K)。

因为淹没区与未淹没区的对流换热系数变化规律不同，所以需分别进行计算。对于未淹没区，骨料对流换热系数 α_{out} 可采用由相似性实验总结并经过校核计算验证的经验公式进行计算：

$$\alpha_{out}=-0.0002 \cdot Re^2+0.7112 \cdot Re+28.43 \tag{3.3-5}$$

$$Re=\frac{4\Gamma \cdot L}{\mu} \tag{3.3-6}$$

未淹没区的毕渥数：

$$Bi_{out}=\frac{\alpha_{out}d/2}{\lambda} \tag{3.3-7}$$

式中　　Γ——喷淋流率，即单位润湿面积（未淹没区骨料表面积）的喷淋流量，kg/(m²·s)；

L——水槽特征长度，m；

μ——动力黏度，kg/(m·s)。

按照水冷骨料的结构特征，建立球形骨料真实模型，采用经过相似性实验验证的仿真计算方法，可得到淹没区的对流换热系数 α_{in}（表3.3-1），即

表3.3-1　　　　　　　　　　　淹没区骨料的对流换热系数（仿真值）

单位水槽截面面积喷淋流率 Γ / [kg/(m²·s)]	淹没区对流换热系数 α_{in}/ [W/(m²·K)]			
	G1	G2	G3	G4
0.25	142.9451	101.4606	17.39054	15.39383
0.5	174.2485	130.5436	33.11806	30.31073

续表

单位水槽截面面积喷淋流率 Γ / [kg/(m² · s)]	淹没区对流换热系数 α_{in}/ [W/(m² · K)]			
	G1	G2	G3	G4
0.75	195.723	156.539	48.41748	44.96075
1	212.1508	179.5042	63.84542	59.35519

$$G1: \alpha_{in} = 91.637\,\Gamma + 123.99 \qquad (3.3-8)$$
$$G2: \alpha_{in} = 104.05\,\Gamma + 76.98 \qquad (3.3-9)$$
$$G3: \alpha_{in} = 61.866\,\Gamma + 2.0269 \qquad (3.3-10)$$
$$G4: \alpha_{in} = 58.614\,\Gamma + 0.8716 \qquad (3.3-11)$$

式中　α_{in}——淹没区骨料的对流换热系数，W/(m² · K)；

　　　Γ——单位水槽截面面积喷淋流量，kg/(m² · s)。

需要明确的是，对流换热系数应只与流动有关，而与粒径无关。但表 3.3-1 列出的对流换热系数与骨料粒径有关：粒径越小，换热系数越小。这是因为，骨料在水冷过程中，周边水温在上升，小石水温上升幅度较大，但在总结表 3.3-1 所列的对流换热系数时，仍然将水温视为喷淋水温，即，骨料与水温的温差人为增大了，导致对流换热系数减小，这就相当于将喷淋水温代替骨料周边水温所造成的取值误差转换到了对流换热系数的计算之中。工程应用中，喷淋水温很容易得到，所以为了实际应用方便，推荐使用具有足够精度的式（3.3-8）～式（3.3-11）来计算淹没区的对流换热系数。

淹没区的毕渥数：

$$Bi_{in} = \frac{\alpha_{in}d/2}{\lambda} \qquad (3.3-12)$$

图 3.3-1、图 3.3-2 分别为淹没区和未淹没区骨料对比过余温度的诺谟图。其中骨料的温度 T 为堆积骨料内外温度的体积平均值。从图中可看出，随着 Bi 数的增大，对比过余温度增大，即换热强度越大，骨料偏离初始温度的程度越大。

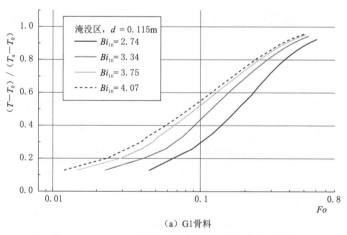

（a）G1骨料

图 3.3-1 (一)　淹没区各级配骨料的温度诺谟图

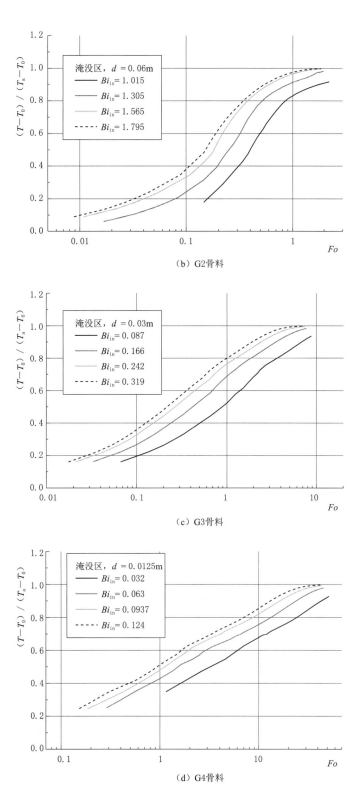

（b）G2骨料

（c）G3骨料

（d）G4骨料

图 3.3-1（二） 淹没区各级配骨料的温度诺谟图

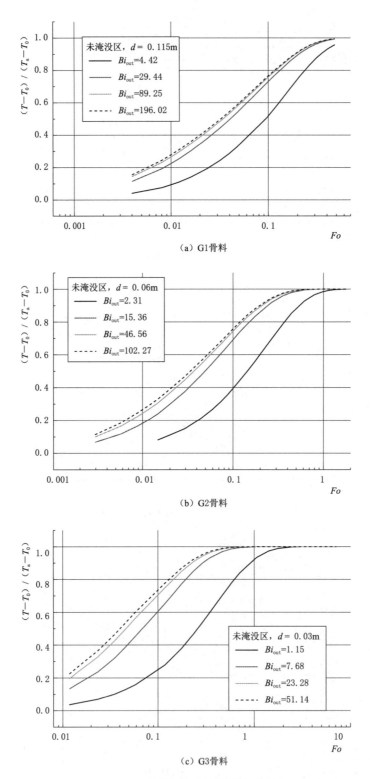

（a）G1骨料

（b）G2骨料

（c）G3骨料

图 3.3-2（一）　未淹没区各级配骨料的温度诺谟图

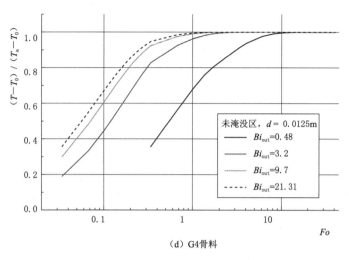

（d）G4骨料

图 3.3-2（二）　未淹没区各级配骨料的温度诺谟图

3.3.2　拟合公式的归纳

对图 3.3-1、图 3.3-2 中四种骨料的温度诺谟图进行拟合，发现对比过余温度是傅里叶数 Fo 的指数函数：

$$\frac{T-T_0}{T_a-T_0}=A-B \cdot \exp[-1 \cdot C \cdot Fo] \qquad (3.3-13)$$

式中拟合系数 A、B、C 的取值与 Bi 紧密相关。

表 3.3-2 列出了淹没区和未淹没区各拟合系数在不同喷淋流率条件下的取值。

表 3.3-2　　　　　　　　　　拟合系数 A、B、C 的取值

区域	骨料级配	Bi	A	B	C
淹没区	G1 （d=0.115m）	2.74	1.016	1.100	4.301
		3.34	0.983	1.011	6.104
		3.751	0.966	0.932	7.258
		4.066	0.965	0.900	7.638
	G2 （d=0.06m）	1.015	0.918	1.084	2.455
		1.305	0.976	0.977	2.99
		1.565	0.994	0.943	3.891
		1.795	0.992	0.929	4.443
	G3 （d=0.03m）	0.087	0.904	0.727	0.601
		0.166	0.943	0.749	1.050
		0.242	0.958	0.756	1.483
		0.319	0.967	0.766	1.799

续表

区域	骨料级配	Bi	A	B	C
淹没区	G4 ($d=0.0125m$)	0.0321	0.864	0.696	0.133
		0.0631	0.912	0.664	0.200
		0.0937	0.930	0.696	0.301
		0.1237	0.943	0.704	0.344
未淹没区	G1 ($d=0.115m$)	4.42	0.976	0.941	7.314
		29.44	0.976	0.853	13.345
		89.25	0.977	0.819	14.365
		196.02	0.977	0.807	14.612
	G2 ($d=0.06m$)	2.31	0.995	0.958	4.471
		15.36	0.990	0.909	11.371
		46.56	0.990	0.864	13.219
		102.27	0.990	0.846	13.733
	G3 ($d=0.03m$)	1.15	0.999	0.985	2.590
		7.68	0.997	0.917	8.189
		23.28	0.995	0.866	10.951
		51.14	0.995	0.843	12.025
	G4 ($d=0.0125m$)	0.48	0.986	0.925	1.0176
		3.2	0.994	0.944	5.225
		9.7	0.997	0.894	7.890
		21.31	0.998	0.854	9.134

由表 3.3-2 中所列数据可知，不论骨料级配如何，也不论是否淹没，对比过余温度拟合关系式中的系数 A、B、C 都是 Bi 的函数。对表 3.3-2 中数据进行拟合后得到拟合系数的计算关系式列于表 3.3-3 中。

表 3.3-3　　　　　　　　　　系数 A、B、C 拟合关系式

区域	系数	拟合关系式
淹没区	A	$A=(-7.1677d+0.6788)\cdot Bi_{in}+(2.577d+0.7833)$
	B	$B=(-3.64d+0.1958)\cdot Bi_{in}+(8.8879d+0.5615)$
	C	$C=(1.7663d+2.433)\cdot Bi_{in}+(-28.213d+0.8471)$
未淹没区	A	$A=(-5.3073d^2+0.5204d+0.9854)\cdot Bi_{out}^{(1.2497d^2-0.1781d+0.0045)}$
	B	$B=(-12.144d^2+1.99d+0.9237)\cdot Bi_{out}^{(1.492d^2-0.3057d-0.0258)}$
	C	$C=(-56.412d^2+47.272d+1.3429)\cdot Bi_{out}^{(42.614d^2-9.1956d+0.6837)}$

根据表 3.3-3 中所列的经验系数拟合关系式及对比过余温度表达式（3.3-13），即

可算出淹没区或未淹没区中具有任意直径的骨料的温度瞬态变化，更方便工程实际应用。由总结的经验关系式可知，骨料的水冷瞬态过程与 Bi（对流换热系数、骨料物性的函数）、Fo（骨料物性、冷却时间的函数）、骨料直径有直接联系，与其他因素关系不大。

图 3.3-3、图 3.3-4 分别为淹没区和未淹没区各级骨料的对比过余温度的仿真值与拟合值的误差比较。从图中可看出，不论骨料是何级配，不论喷淋流量如何变化，按照表 3.3-3 和式（3.3-13）所列的经验公式计算的骨料对比过余温度值，误差不超过 $\pm 10\%$，说明总结的计算关系式具有较高的精度。

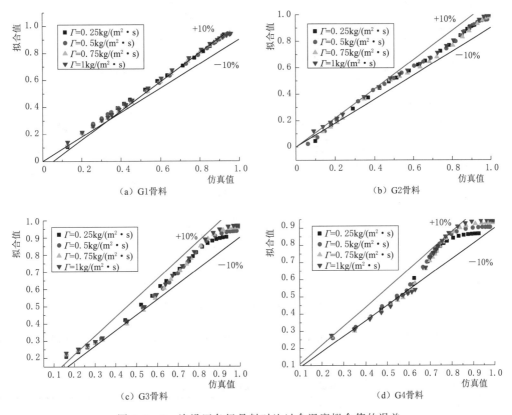

图 3.3-3　淹没区各级骨料对比过余温度拟合值的误差

总结回水温度的瞬态变化规律时，为了统一计算方法，增大计算方法的普适性，同样对无量纲参数 $\dfrac{T_h - T_0}{T_a - T_0}$（式中 T_h 为回水温度，T_0 为骨料的初始温度，T_a 为喷淋水温）的变化规律进行归纳总结。图 3.3-5 为不同级配骨料的回水对比过余温度 $\dfrac{T_h - T_0}{T_a - T_0}$ 随傅里叶数 Fo 的变化曲线。可以看出，回水对比过余温度是 Fo 的指数函数。

对图 3.3-5 中四种骨料的温度诺谟图进行拟合，发现回水对比过余温度是傅里叶数 Fo 的指数函数：

$$\frac{T_h - T_0}{T_a - T_0} = A_h - B_h \cdot \exp[-1 \cdot C_h \cdot Fo] \tag{3.3-14}$$

81

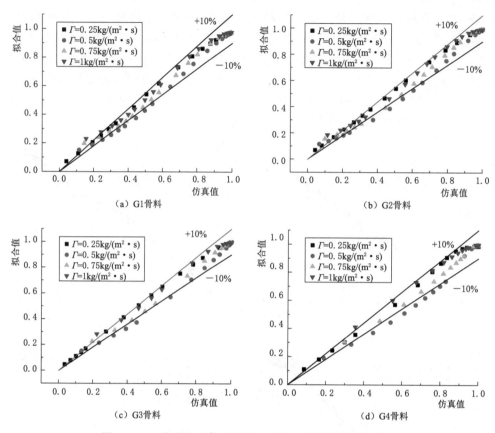

图 3.3-4　未淹没区各级骨料对比过余温度拟合值的误差

式中拟合系数 A_h、B_h、C_h 的取值与 Bi 紧密相关。对数据进行拟合后得到经验计算关系式（表 3.3-4）。

表 3.3-4　　　　　　　　　　系数 A_h、B_h、C_h 的拟合关系式

骨料级配	系数	拟合关系式
G1 ($d = 0.115$m)	A_h	$A_h = 1.0838 Bi_{out}^{-0.017}$
	B_h	$B_h = 0.2038 Bi_{out}^{-0.253}$
	C_h	$C_h = 0.4483 Bi_{out}^{0.4318}$
G2 ($d = 0.06$m)	A_h	$A_h = 1.064 Bi_{out}^{-0.015}$
	B_h	$B_h = 0.1958 Bi_{out}^{-0.136}$
	C_h	$C_h = 0.2815 Bi_{out}^{0.4237}$
G3 ($d = 0.03$m)	A_h	$A_h = 1.0884 Bi_{out}^{-0.025}$
	B_h	$B_h = 0.3869 Bi_{out}^{-0.127}$
	C_h	$C_h = 0.1032 Bi_{out}^{0.4419}$

骨料级配	系数	拟合关系式
G4 ($d=0.0125$m)	A_h	$A_h = 1.0484Bi_{out}^{-0.016}$
	B_h	$B_h = 0.4001Bi_{out}^{-0.062}$
	C_h	$C_h = 1.0294Bi_{out}^{0.3883}$

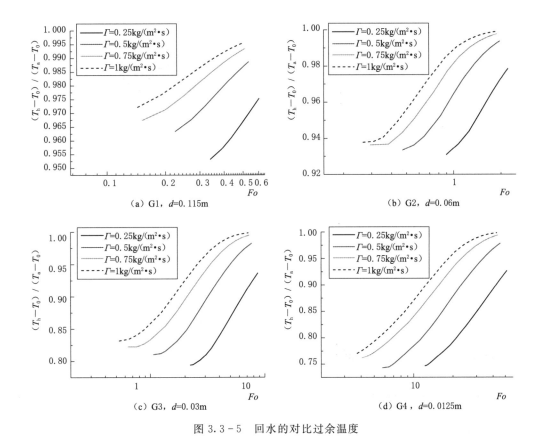

图 3.3-5　回水的对比过余温度

因此，对比过余回水温度拟合关系式中的系数 A_h、B_h、C_h 都是 Bi 的幂指数函数。假设：

$$\left.\begin{aligned}
A_h &= A_h' \cdot Bi_{out}^{A_h''} \\
B_h &= B_h' \cdot Bi_{out}^{B_h''} \\
C_h &= C_h' \cdot Bi_{out}^{C_h''}
\end{aligned}\right\} \quad (3.3-15)$$

则由表 3.3-4 中数据可知，系数 A_h'、A_h''、B_h'、B_h''、C_h'、C_h'' 与骨料级配有紧密联系，是骨料平均直径的函数。对这些系数进行拟合后可以进一步简化回水对比过余温度的算法，如式（3.3-16）～式（3.3-18）所示：

$$A_h = (0.3457d + 1.0438) \cdot Bi_{out}^{(-0.0105d - 0.0153)} \quad (3.3-16)$$

$$B_h = (-2.1022d + 0.411) \cdot Bi_{out}^{(-1.7195d - 0.051)} \quad (3.3-17)$$

$$C_h = (4.1315d - 0.0091) \cdot Bi_{out}^{(0.3174d + 0.3914)} \qquad (3.3-18)$$

由式（3.3-14）及式（3.3-16）~式（3.3-18），即可得到任意直径的骨料的回水温度随喷淋时间的变化。

图 3.3-6 为回水对比过余温度的仿真值与拟合值的误差比较。从图中可看出，不论骨料是何级配，不论喷淋流率如何变化，按照式（3.3-14）及式（3.3-16）~式（3.3-18)所列的经验公式计算的骨料回水对比过余温度值，最大误差在±5％左右，说明总结的计算关系式具有较高的精度。

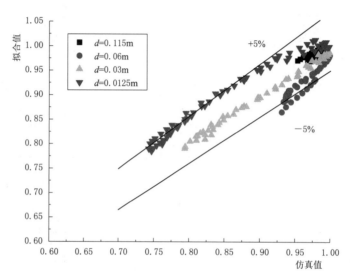

图 3.3-6　回水对比过余温度的拟合值的误差

3.4　风冷计算工况及风阻

风冷计算工况及风阻数据见表 3.4-1。

表 3.4-1　　风冷计算工况及风阻数据

序号	料仓截面面积/m²	进回风高差/m	虚拟风速/(m/s)	进风口尺寸/(m×m)	进风道风速/(m/s)	空隙率	特大石(G1)风压/Pa	大石(G2)风压/Pa	中石(G3)风压/Pa	小石(G4)风压/Pa
1	24（4×6）	4.5	0.2	1×1.2	4	0.40	83.58	122.13	173.48	418.17
2						0.43	73.24	103.39	137.88	330.46
3						0.46	65.43	89.38	124.48	265.96
4						0.50	57.60	75.66	87.94	204.32
5	24（4×6）	4.5	0.6	1×1.2	12	0.40	605.33	934.24	1549.35	3576.28
6						0.43	520.48	772.37	1227.49	2788.51
7						0.46	457.59	653.55	991.95	2210.26
8						0.50	396.70	539.7	768.15	1659.29

序号	料仓截面面积/m²	进回风高差/m	虚拟风速/(m/s)	进风口尺寸/(m×m)	进风道风速/(m/s)	空隙率	特大石(G1)风压/Pa	大石(G2)风压/Pa	中石(G3)风压/Pa	小石(G4)风压/Pa
9	24 (4×6)	4.5	1	1×1.2	20	0.40	1609.09	2515.97	4339.66	9843.42
10						0.43	1377.00	2069.03	3436.13	7656.05
11						0.46	1205.89	1741.45	2749.31	6051.36
12						0.50	1041.15	1429.34	2129.50	4522.65
13	24 (4×6)	4.5	1.5	1×1.2	30	0.40	3544.59	5581.24	9661.87	22047.54
14						0.43	3025.45	4576.34	7649.50	17136.86
15						0.46	2644.12	3841.05	6232.33	13528.15
16						0.50	2278.21	3142.08	4822.16	10091.40
17	24 (4×6)	3	0.2	1×1.2	4	0.40	69.97	98.40	155.95	321.83
18						0.43	62.31	84.61	129.00	256.69
19						0.46	56.46	74.28	109.09	208.77
20						0.50	50.59	64.10	89.89	162.94
21	24 (4×6)	3	0.6	1×1.2	12	0.40	497.03	735.56	1239.85	2711.81
22						0.43	435.69	618.07	1001.72	2127.12
23						0.46	390.28	531.94	827.63	1698.03
24						0.50	346.20	449.59	662.39	1289.46
25	24 (4×6)	3	1	1×1.2	20	0.40	1322.95	1978.33	3372.03	7442.97
26						0.43	1155.63	1654.67	2712.85	5819.93
27						0.46	1032.46	1418.13	2231.73	4629.38
28						0.50	913.20	1193.05	1776.12	3496.74
29	24 (4×6)	3	1.5	1×1.2	30	0.40	2918.44	4388.52	7521.03	16665.76
30						0.43	2544.76	3661.68	5923.47	13015.63
31						0.46	2269.63	3131.48	4957.76	10338.00
32						0.50	2005.35	2627.86	3933.87	7791.25
33	24 (4×6)	3.5	0.2	1×1.2	4	0.40	76.23	108.41	173.47	353.64
34						0.43	67.55	92.80	143.01	281.04
35						0.46	60.92	81.11	120.51	227.64
36						0.50	54.25	69.60	98.78	176.61
37	24 (4×6)	3.5	0.6	1×1.2	12	0.40	541.29	812.72	1384.33	2997.01
38						0.43	471.22	679.17	1114.75	2345.28
39						0.46	419.21	581.09	917.42	1867.03
40						0.50	368.71	487.11	674.34	1411.54

续表

序号	料仓截面面积/m²	进回风高差/m	虚拟风速/(m/s)	进风口尺寸/(m×m)	进风道风速/(m/s)	空隙率	特大石(G1)风压/Pa	大石(G2)风压/Pa	中石(G3)风压/Pa	小石(G4)风压/Pa
41	24 (4×6)	3.5	1	1×1.2	20	0.40	1432.38	2179.61	3760.47	8235.23
42						0.43	1241.29	1811.36	3013.83	6426.33
43						0.46	1100.36	1541.45	2467.56	5098.91
44						0.50	964.53	1284.41	1949.62	3835.61
45	24 (4×6)	3.5	1.5	1×1.2	30	0.40	3148.24	4825.26	8379.15	8235.23
46						0.43	2721.69	3996.69	6700.96	6426.33
47						0.46	2408.73	3391.72	5472.99	5098.91
48						0.50	2107.87	2817.36	4307.83	3835.61
49	24 (4×6)	5	0.2	1×1.2	4	0.40	84.86	126.10	187.39	445.47
50						0.43	73.92	105.99	148.35	350.72
51						0.46	65.65	91.04	119.77	281.10
52						0.50	57.43	76.44	92.62	214.57
53	24 (4×6)	5	0.6	1×1.2	12	0.40	625.41	979.55	1672.52	3832.79
54						0.43	534.40	805.15	1321.42	2981.66
55						0.46	467.13	677.20	1064.62	2356.89
56						0.50	402.19	555.00	820.96	1761.94
57	24 (4×6)	5	1	1×1.2	20	0.40	1674.98	2651.48	4639.61	10565.69
58						0.43	1425.13	2169.96	3664.40	8202.45
59						0.46	1241.03	1817.47	2950.93	6468.29
60						0.50	1064.30	1481.52	2274.60	4817.75
61	24 (4×6)	5	1.5	1×1.2	30	0.40	3708.38	5900.06	10432.30	23692.22
62						0.43	3148.28	4818.30	8238.31	18375.97
63						0.46	2736.34	4027.05	6633.65	14476.38
64						0.50	2341.71	3273.86	5112.46	10766.00
65	10 (2.5×4)	5	0.2	0.6×0.8	4.17	0.40	64.85	100.80	176.63	390.23
66						0.43	55.66	83.89	140.99	304.71
67						0.46	49.31	71.25	114.82	241.43
68						0.50	42.64	57.87	89.89	180.89
69	10 (2.5×4)	5	0.6	0.6×0.8	12.5	0.40	570.52	894.46	1573.09	3483.77
70						0.43	488.66	735.73	1253.25	2713.92
71						0.46	426.53	617.72	1018.75	2143.43
72						0.50	368.00	506.35	795.65	1603.00

序号	料仓截面面积/m²	进回风高差/m	虚拟风速/(m/s)	进风口尺寸/(m×m)	进风道风速/(m/s)	空隙率	特大石(G1)风压/Pa	大石(G2)风压/Pa	中石(G3)风压/Pa	小石(G4)风压/Pa
73	10 (2.5×4)	5	1	0.6×0.8	20.83	0.40	1582.75	2569.83	4361.82	9666.23
74						0.43	1350.38	2034.68	3474.01	7517.63
75						0.46	1180.70	1711.46	2823.00	5941.34
76						0.50	1019.86	1402.28	2204.01	4442.30
77	10 (2.5×4)	5	1.5	0.6×0.8	31.25	0.40	3554.85	5567.46	9810.57	21750.48
78						0.43	3039.11	4579.76	7870.05	16916.31
79						0.46	2656.31	3851.46	6347.57	13369.36
80						0.50	2292.04	3154.05	4985.97	9997.35
81	10 (2.5×4)	3	0.2	0.6×0.8	4.17	0.40	50.60	73.94	122.34	261.61
82						0.43	44.25	62.07	99.35	204.86
83						0.46	39.80	53.80	82.38	163.91
84						0.50	35.45	45.62	66.31	124.57
85	10 (2.5×4)	3	0.6	0.6×0.8	12.5	0.40	440.44	647.32	1085.54	2325.37
86						0.43	387.29	546.17	879.65	1823.33
87						0.46	347.96	471.13	725.93	1455.79
88						0.50	309.85	399.42	497.45	1106.59
89	10 (2.5×4)	3	1	0.6×0.8	20.83	0.40	1218.87	1794.52	3000.76	6443.49
90						0.43	1068.19	1510.92	2433.24	5051.88
91						0.46	962.18	1302.97	2012.96	4033.80
92						0.50	856.79	1103.74	1617.59	3058.20
93	10 (2.5×4)	3	1.5	0.6×0.8	31.25	0.40	2809.44	4111.19	6836.74	14586.58
94						0.43	2472.84	3471.04	5550.00	11369.41
95						0.46	2161.22	2926.86	4609.11	9071.41
96						0.50	1924.48	2480.72	3633.30	6890.95
97	10 (2.5×4)	3.5	0.2	0.6×0.8	4.17	0.40	54.32	80.81	135.86	293.94
98						0.43	47.41	67.33	109.70	229.03
99						0.46	41.93	57.68	90.53	182.69
100						0.50	37.72	48.86	72.79	139.24
101	10 (2.5×4)	3.5	0.6	0.6×0.8	12.5	0.40	471.66	707.42	1203.43	2612.95
102						0.43	411.89	592.71	968.75	2042.04
103						0.46	367.08	506.30	797.72	1626.10
104						0.50	322.98	424.85	634.88	1230.97

序号	料仓截面面积/m²	进回风高差/m	虚拟风速/(m/s)	进风口尺寸/(m×m)	进风道风速/(m/s)	空隙率	特大石(G1)风压/Pa	大石(G2)风压/Pa	中石(G3)风压/Pa	小石(G4)风压/Pa
105						0.40	1307.48	1963.88	3335.69	7256.62
106	10 (2.5×4)	3.5	1	0.6×0.8	20.83	0.43	1139.08	1639.13	2685.90	5664.85
107						0.46	1015.29	1403.92	2210.85	4508.37
108						0.50	120.18	1177.04	1762.49	3400.52
109						0.40	2937.63	4413.62	7520.81	16315.17
110	10 (2.5×4)	3.5	1.5	0.6×0.8	31.25	0.43	2559.42	3687.12	6057.78	12761.09
111						0.46	2280.07	3153.66	4979.57	10226.73
112						0.50	2011.02	2644.61	3959.17	7744.88
113						0.40	61.36	94.58	163.82	357.85
114	10 (2.5×4)	4.5	0.2	0.6×0.8	4.17	0.43	53.21	78.64	99.64	279.22
115						0.46	46.58	66.23	82.71	221.54
116						0.50	40.51	54.71	66.60	166.35
117						0.40	540.37	834.18	1448.85	3195.28
118	10 (2.5×4)	4.5	0.6	0.6×0.8	12.5	0.43	463.63	687.93	1158.39	2488.86
119						0.46	407.99	581.96	926.47	1970.59
120						0.50	354.67	480.87	746.18	1478.26
121						0.40	1496.03	2310.85	3814.91	8863.92
122	10 (2.5×4)	4.5	1	0.6×0.8	20.83	0.43	1286.95	1909.62	3023.78	6905.04
123						0.46	1133.39	1615.28	2623.78	5475.84
124						0.50	985.20	1333.55	2072.71	4108.21
125						0.40	3361.09	5193.75	8358.54	19942.42
126	10 (2.5×4)	4.5	1.5	0.6×0.8	31.25	0.43	2891.24	4290.90	6969.89	15532.54
127						0.46	2546.19	3629.54	5523.65	12317.06
128						0.50	2214.86	2998.46	4631.97	9238.79
129						0.40	65.8	118.1	172.6	318.1
130	18 (3.6×5)	5	0.2	0.9×1	4	0.43	56.0	85.6	136.9	255.6
131						0.46	49.4	71.7	111.1	242.2
132						0.50	41.3	57.9	93.6	188.9
133						0.40	573.7	919.2	1647.8	3707.4
134	18 (3.6×5)	5	0.6	0.9×1	12	0.43	545.9	748.9	1303.9	2876.7
135						0.46	420.5	623.9	1052.2	2265.4
136						0.50	358.6	505.2	813.3	1683.5

序号	料仓截面面积/m²	进回风高差/m	虚拟风速/(m/s)	进风口尺寸/(m×m)	进风道风速/(m/s)	空隙率	特大石(G1)风压/Pa	大石(G2)风压/Pa	中石(G3)风压/Pa	小石(G4)风压/Pa
137						0.40	1657.7	2619.6	4646.4	10372.5
138	18 (3.6×5)	5	1	0.9×1	20	0.43	1410.6	2146.8	3612.3	8058.5
139						0.46	1227.5	1799.1	2990.3	6360.6
140						0.50	1050.8	1466.0	2864.8	4666.8
141						0.40	3682.9	5744.4	10390.0	23152.9
142	18 (3.6×5)	5	1.5	0.9×1	30	0.43	3029.3	4672.3	8242.5	17943.2
143						0.46	2623.3	3896.9	6569.1	14133.5
144						0.50	2328.7	3273.5	5174.7	10609.3
145						0.40	53.6	77.7	132.3	223.8
146	18 (3.6×5)	3	0.2	0.9×1	4	0.43	45.1	64.2	106.6	188.1
147						0.46	39.8	54.9	87.2	177.8
148						0.50	35.1	46.2	69.7	134.9
149						0.40	451.1	573.7	1166.6	2311.6
150	18 (3.6×5)	3	0.6	0.9×1	12	0.43	389.9	476.8	935.9	1992.9
151						0.46	346.9	406.4	766.9	1581.4
152						0.50	322.1	381.8	607.9	1190.1
153						0.40	1247.6	1887.2	3243.1	7092.9
154	18 (3.6×5)	3	1	0.9×1	20	0.43	1082.3	1567.7	2589.1	5522.5
155						0.46	981.1	1380.7	2129.1	4384.9
156						0.50	846.2	1121.2	1688.9	3311.9
157						0.40	2800.7	4235.4	7287.7	15952.3
158	18 (3.6×5)	3	1.5	0.9×1	30	0.43	2435.4	3529.2	5846.7	12446.5
159						0.46	2177.5	3101.5	4794.6	9877.2
160						0.50	1911.9	2562.7	3796.9	7432.4
161						0.40	54.9	88.5	148.8	256.8
162	18 (3.6×5)	3.5	0.2	0.9×1	4	0.43	55.7	75.0	119.2	202.6
163						0.46	46.3	65.6	93.6	194.8
164						0.50	39.5	54.8	76.0	158.4
165						0.40	501	680.8	1293.9	2805.0
166	18 (3.6×5)	3.5	0.6	0.9×1	12	0.43	436	564.8	1041.8	2193.7
167						0.46	386	481.6	857.6	1746.6
168						0.50	341	428.6	654.6	1321.3

序号	料仓截面面积/m²	进回风高差/m	虚拟风速/(m/s)	进风口尺寸/(m×m)	进风道风速/(m/s)	空隙率	特大石(G1)风压/Pa	大石(G2)风压/Pa	中石(G3)风压/Pa	小石(G4)风压/Pa
169	18 (3.6×5)	3.5	1	0.9×1	20	0.40	1410.4	2044.0	3548.1	7745.9
170						0.43	1167.7	1869.3	2849.9	6045.6
171						0.46	1050.8	1466.0	2339.2	4803.6
172						0.50	994.5	1243.0	1856.1	3618.1
173	18 (3.6×5)	3.5	1.5	0.9×1	30	0.40	3028.7	4673.5	7950.0	16315.2
174						0.43	2713.5	3993.5	6379.4	12761.1
175						0.46	2318.5	3248.1	5226.3	10226.7
176						0.50	2027.5	2846.2	4133.5	7744.88
177	18 (3.6×5)	4.5	0.2	0.9×1	4	0.40	62.2	104.7	148.8	286.8
178						0.43	52.6	84.2	129.2	235.8
179						0.46	48.5	65.6	106.4	223.2
180						0.50	41.1	54.8	91.9	178.4
181	18 (3.6×5)	4.5	0.6	0.9×1	12	0.40	543.9	859.2	1532.4	3424.9
182						0.43	485.4	685.2	1212.3	2660.1
183						0.46	402.9	588.7	981.8	2098.9
184						0.50	345.8	481.2	774.8	1562.2
185	18 (3.6×5)	4.5	1	0.9×1	20	0.40	1550.0	2444.4	4346.5	9672.7
186						0.43	1410.0	2046.8	3409.3	7458.4
187						0.46	1227.6	1698.9	2935.2	6082.1
188						0.50	995.2	1402.9	2324.8	4366.4
189	18 (3.6×5)	4.5	1.5	0.9×1	30	0.40	3583.2	5337.4	10283.2	20994.5
190						0.43	2913.5	4393.5	8131.5	16494.0
191						0.46	2418.5	3648.1	6267.4	12894.0
192						0.50	2237.4	3155.7	4874.8	9694.0
193	30 (5×6)	5	0.2	1.2×1.25	4	0.40	69.9	106.7	201.6	452.9
194						0.43	59.8	92.9	160.5	351.7
195						0.46	51.2	71.2	128.8	276.9
196						0.50	44.1	70.96	106.4	206.6
197	30 (5×6)	5	0.6	1.2×1.25	12	0.40	659.6	1041.3	1783.9	4104.7
198						0.43	512.2	802.6	1406.7	3130.6
199						0.46	440.9	662.6	1188.1	2520.9
200						0.50	378.7	533.2	868.8	1822.7

续表

序号	料仓截面面积/m²	进回风高差/m	虚拟风速/(m/s)	进风口尺寸/(m×m)	进风道风速/(m/s)	空隙率	特大石(G1)风压/Pa	大石(G2)风压/Pa	中石(G3)风压/Pa	小石(G4)风压/Pa
201	30 (5×6)	5	1	1.2×1.25	20	0.40	1658.3	2620.3	4677.4	10415.7
202						0.43	1410.6	2301.1	3992.9	8782.3
203						0.46	1227.3	1798.2	3221.9	6913.3
204						0.50	1106.9	1559.3	2495.9	4744.1
205	30 (5×6)	5	1.5	1.2×1.25	30	0.40	3678.1	5839.1	11121.5	25378.8
206						0.43	3039.8	4685.6	8185.1	19527.3
207						0.46	2766.6	3919.9	6613.6	14288.1
208						0.50	2336.5	3328.1	5174.8	10609.3
209	30 (5×6)	3	0.2	1.2×1.25	4	0.40	56.2	85.9	148.8	325.8
210						0.43	48.4	71.2	119.2	252.9
211						0.46	42.9	60.6	96.5	200.6
212						0.50	37.4	50.2	76.5	151.4
213	30 (5×6)	3	0.6	1.2×1.25	12	0.40	483.2	746.6	1306.6	2897.8
214						0.43	419.1	618.1	1043.5	2255.2
215						0.46	370.6	525.5	848.1	1842.1
216						0.50	321.3	431.4	670.6	1335.1
217	30 (5×6)	3	1	1.2×1.25	20	0.40	1341.7	2071.4	3656.8	8037.8
218						0.43	1160.4	1717.3	2887.4	6256.9
219						0.46	1038.6	1445.8	2349.6	4947.9
220						0.50	894.2	1195.9	1840.1	3692.8
221	30 (5×6)	3	1.5	1.2×1.25	30	0.40	3021.2	4655.9	8149.0	18078.0
222						0.43	2607.6	3855.6	6509.5	14081.6
223						0.46	2303.4	3264.1	5291.6	9247.6
224						0.50	2011.8	2699.2	4177.5	8412.8
225	30 (5×6)	3.5	0.2	1.2×1.25	4	0.40	58.4	91.7	160.8	356.1
226						0.43	50.4	77.1	128.9	277.9
227						0.46	45.6	64.2	104.9	219.9
228						0.50	38.9	53.0	82.4	164.9
229	30 (5×6)	3.5	0.6	1.2×1.25	12	0.40	513.9	804.2	1422.6	3567.0
230						0.43	440.2	660.8	1130.3	2467.7
231						0.46	391.0	565.3	973.4	2007.9
232						0.50	343.0	505.7	769.2	1463.0

序号	料仓截面面积/m²	进回风高差/m	虚拟风速/(m/s)	进风口尺寸/(m×m)	进风道风速/(m/s)	空隙率	特大石(G1)风压/Pa	大石(G2)风压/Pa	中石(G3)风压/Pa	小石(G4)风压/Pa
233						0.40	1430.2	2236.2	3810.8	8815.6
234	30（5×6）	3.5	1	1.2×1.25	20	0.43	1220.4	1830.6	3042.3	6840.5
235						0.46	1069.3	1532.7	2537.7	5395.9
236						0.50	926.9	1264.3	1977.9	4044.7
237						0.40	3252.2	5014.1	8868.4	19820.9
238	30（5×6）	3.5	1.5	1.2×1.25	30	0.43	2760.8	4143.8	7045.9	15390.5
239						0.46	2408.6	3467.9	5721.9	12169.6
240						0.50	2093.9	2855.9	4468.8	9077.6
241						0.40	67.6	104.6	188.9	421.3
242	30（5×6）	4.5	0.2	1.2×1.25	4	0.43	58.1	87.4	150.1	327.4
243						0.46	50.7	73.8	121.7	258.5
244						0.50	43.6	60.8	93.1	192.9
245						0.40	627.4	980.2	1722.7	3816.3
246	30（5×6）	4.5	0.6	1.2×1.25	12	0.43	492.6	769.6	1340.1	2970.9
247						0.46	436.2	629.8	1065.1	2293.5
248						0.50	374.6	526.8	816.6	1698.3
249						0.40	1601.2	2611.4	4646.4	10372.5
250	30（5×6）	4.5	1	1.2×1.25	20	0.43	1349.7	2081.7	3638.9	8067.3
251						0.46	1177.3	1741.8	2936.3	6348.4
252						0.50	1004.4	1406.4	2262.2	4708.3
253						0.40	3596.9	5762.7	10366.2	23428.4
254	30（5×6）	4.5	1.5	1.2×1.25	30	0.43	2934.6	4678.1	8140.9	18169.4
255						0.46	2644.9	3898.8	6569.9	14136.5
256						0.50	2259.3	3174.5	5100.0	10596.6

3.5　小结

3.5.1　仿真结果及关键参数敏感分析

（1）风冷骨料。

1）采用多孔介质模型对风冷骨料的瞬态传热过程进行仿真计算，共计 256×4 个仿真工况。仿真计算中采用上下都有风道的结构模型，在进风道中沿程均匀布置三个倾角为 60°、长度为风道宽度 1/3 的挡板。

2) 分析所有的风压数据后发现, 单位料层厚度的风压与空隙处风速、骨料直径密切相关, 与料仓截面面积无明显相关性。随着风速的增大, 单位料层风阻以幂函数形式迅速增大; 随着骨料直径的减小, 单位料层风阻显著增大。

3) 对瞬态传热数据进行分析后发现, 不论进回风高差如何变化, 同一相对冷却高度处骨料的平均温度变化特性完全一致: 随着料仓截面的增大, 骨料的冷却速率减小; 空隙率越大, 骨料的冷却速率越快; 料仓风速越大, 骨料冷却速率越快; 料仓内骨料的非稳态传热过程, 具备非稳态导热的特性。

4) 骨料球体直径对体平均温度有明显影响。骨料直径最大, 相同的换热条件下, 体平均温度越高, 球体内外温差越大; 对流换热越强烈, 骨料壁面冷却速率越快, 球体内外温差越大; G1 骨料的体平均温度与壁面温度的差值较大, 需要考虑骨料直径的影响, G2、G3、G4 骨料即使在最强烈的换热条件下最大温差也不超过 0.3℃, 所以认为是等温体, 体平均温度约等于壁面温度。

(2) 水冷骨料。

1) 建立实体模型对水冷槽内骨料的瞬态冷却过程进行仿真计算, 水槽宽度的变化范围为 1.2~2m, 空隙率的变化范围为 0.4~0.5, 淹没比例的变化范围为 0~1, 单位水槽面积喷淋流量的变化范围是 0.25~1kg/(m²·s)。仿真计算结果表明, G4 骨料直径较小, 与水可以形成一种均匀分布的多孔介质复合体, 其瞬态传热过程近似于多孔介质; 但 G1 骨料的直径较大, 在水槽中分布的均匀度较差, 不能按照多孔介质模型进行计算, 因此必须建立实体模型, 计算出瞬时的球体表面和球心温度。

2) 随着喷淋时间的推移, 浸没在水中的骨料冷却速率减慢, 出现温度高于未淹没骨料的现象。这是因为水槽中的冷水无法发挥对流换热的优势, 而只能以导热的方式将骨料冷却, 所以会出现热量聚积在水槽底部的现象, 因此, 淹没率越大, 骨料不一定冷却得越快。

3) 对仿真数据进行综合比较后发现, 空隙率越小, 骨料均温越高, 但空隙率对水槽内骨料温度的影响不超过 1℃, 所以可忽略其影响; 水槽宽度对骨料均温的影响不超过 0.5℃, 所以可忽略水槽宽度对骨料水冷过程的影响; 骨料直径对瞬态传热过程有较大影响, 直径越大, 冷量越难到达球心, 骨料均温越高; 喷淋流量对水冷过程的影响较大, 喷淋流量越大, 骨料冷却速率越大。

3.5.2 风冷/风热骨料流动传热过程的理论研究

(1) 单位料层厚度的风压与空隙处风速、骨料粒径密切相关, 与料仓截面面积无明显相关性。随着风速的增大, 单位料层风阻以幂函数形式迅速增大; 随着骨料粒径的减小, 单位料层风阻显著增大。

(2) 总结风冷/风热非稳态流动规律, 拟合出适用于风冷/风热骨料条件的风阻计算关系式, 拟合结果与仿真数据相比, 误差不超过 ±10%。

(3) 将料仓内紧密接触的骨料与空气视为一种复合体, 骨料与风之间的热交换过程可以等效为立方体的瞬态导热过程。根据 256 种仿真工况的计算结果将对比过余温度 $\frac{T-T_0}{T_a-T_0}$、傅里叶数 Fo、毕渥数 Bi 之间的关系绘制诺谟图, 并进行经验关系式的总结,可得到计算任何时刻、料仓任何截面处平均温度的一组经验关系式。该公式考虑了对比过余温度 $\dfrac{T-T_0}{T_a-T_0}$ 与傅里叶数 Fo（与换热时间相关）、毕渥数 Bi（与外部换热条件相关）、z/δ（料仓截面相对高度）、δ/D_e（进回风高差/料仓截面当量直径）等参数的影响，拟合值的误差基本控制在 $\pm10\%$ 左右，具有较高的计算精度。

（4）考虑了骨料粒径对骨料体平均温度的影响，得到了骨料壁面对比过余温度 $\dfrac{T_w-T_0}{T_a-T_0}$ 与体平均对比过余温度 $\dfrac{T_j-T_0}{T_a-T_0}$ 的线性经验关系式，可以计算不同级配骨料在不同换热条件下的体平均温度，计算误差不超过 $\pm0.05\%$，准确度很高。

3.5.3　水冷骨料理论研究

（1）水冷骨料瞬态冷却过程的仿真计算结果表明，随着喷淋时间的推移，因为水槽中的冷水无法发挥对流换热的优势，只能以导热的方式将骨料冷却，所以浸没在水中的骨料冷却速率逐渐减慢，出现热量聚积在水槽底部的现象。

（2）空隙率、水槽宽度对骨料瞬态冷却过程的影响不大，而喷淋流量、骨料粒径对瞬态传热过程有较大影响：骨料粒径越大，骨料均温越高；喷淋流量越大，骨料冷却速率越大。

（3）根据仿真数据得到淹没区和未淹没区不同骨料级配的对比过余温度诺谟图，并总结出与喷淋流量、骨料粒径、骨料物性等参数相关的对比过余温度拟合关系式，拟合值的相对误差不超过 $\pm10\%$，说明总结的关系式具有较高的计算精度。

（4）回水温度的仿真结果表明，随着喷淋流量的增大，回水温度逐渐减小；骨料直径越大，换热越不充分，回水温度越低。对比过余回水温度拟合关系式，拟合值的最大相对误差为 $\pm5\%$ 左右，说明总结的关系式具有较高的计算精度。

3.5.4　风冷计算工况及风阻

本书列出了风冷非稳态传热动态仿真的工况范围，共有 256 种工况组合。

第 4 章　风道优化设计

4.1　风道优化研究目的

风冷骨料是水电站工程混凝土预冷措施之一。从实验数据及仿真计算结果可以很清楚地看出，冷风经过进风道后先冷却料仓后立面处的骨料，前立面的骨料冷却速率很慢，料仓内骨料的温度均匀性较差。为了保证骨料出料温度的均匀性、提高骨料的冷却速率，最便捷且最有效的办法就是对进风道的结构进行优化，改善进风在骨料仓内的流场，从而最大限度地利用进风冷量，减少冷量浪费。目前水电站工程采用的骨料仓风道有两种形式，即单风道和双风道。其中单风道结构形式最常用，通过在单风道内加设各种挡板，可以改变风场在料场内的流动形式，进而改善骨料冷却的均匀性。

根据 Fluent 软件的多孔介质模型分别对常用的单风道模型进行瞬态传热计算分析，可以寻找料仓内风场均匀性最好的风道形式。

4.2　单风道结构分析

单风道结构建立 5 种风道形式，即在风道内布置不同形式的挡板。计算工况采用有回风道，料仓横截面尺寸为 4m×6m，进回风高差 4.5m；进风道宽 1m，高 1.2m；进风量为 20kg/s，骨料初始温度 20℃，进风温度－3℃。其中风道形式 1、3 上下挡板之间的空隙为风道宽度的 1/4；风道形式 2、5 中长挡板间的空隙为风道宽度的 1/4，短挡板之间的空隙为风道宽度的 1/2；风道形式 4 中挡板的倾角为 60°。挡板在进风道轴向方向上均匀布置。单风道的具体形式及尺寸如图 4.2－1 所示。

分别对以上 5 种风道形式仿真模型进行计算，图 4.2－2 为料仓冷却约 2400s 后料仓中心剖面的温度场和流场。从图中可看出，风道内的挡板有明显的节流作用，对流场的影响很大。进风在挡板的作用下流向、流量发生变化，从而直接影响到骨料温度的均匀性。综合所有模型的模拟结果后发现，单风道结构中风道形式 4 的骨料均温性远好于其他形式，是最佳的单风道结构形式。

表 4.2－1 列出了冷却约 2400s 后，5 种单风道模型的进出口风压差及进风道底部平面的平均温度。从表中可看出，风道形式 4 的进出口风压差较低，骨料冷却效果最佳。因此，单风道结构推荐采用风道形式 4。

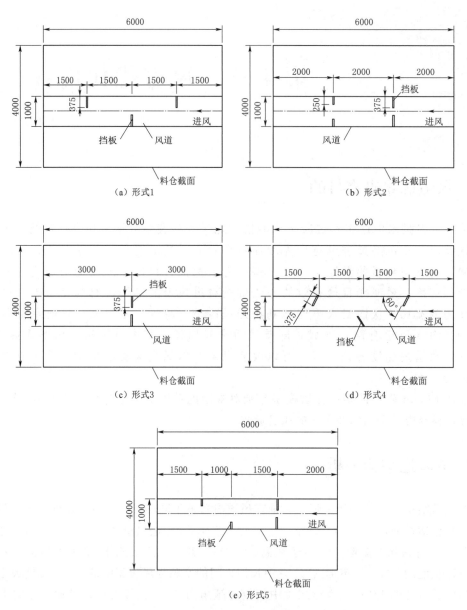

图 4.2-1　单风道的具体形式及尺寸（单位：mm）

表 4.2-1　　　　　　　　　**各单风道形式计算结果**

风道形式序号	进出口风压差/Pa	进风道底部平均温度/K	风道形式序号	进出口风压差/Pa	进风道底部平均温度/K
1	760.67	279.185	4	744.91	279.032
2	887.33	280.102	5	868.47	279.807
3	744.12	279.434			

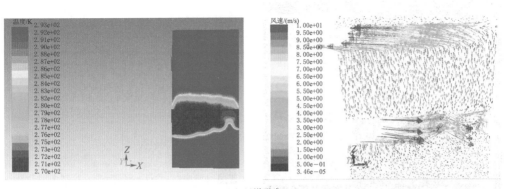

（a）风道形式1

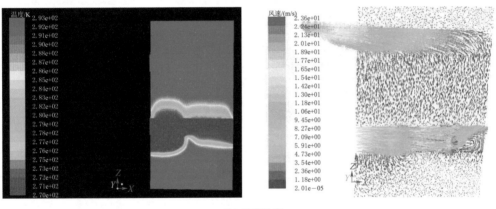

（b）风道形式2

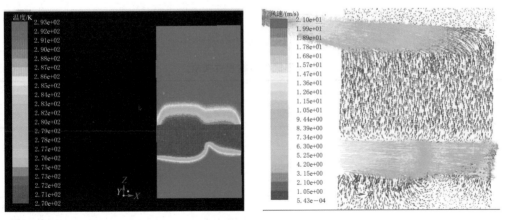

（c）风道形式3

图 4.2-2（一）　料仓中心剖面的温度场和流场

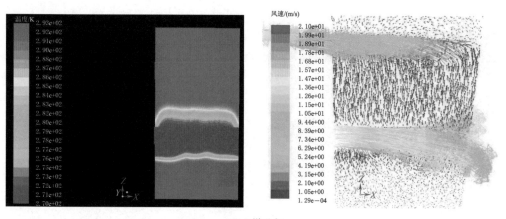

（d）风道形式4

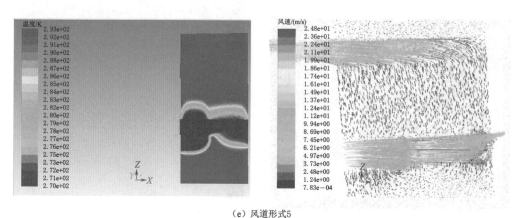

（e）风道形式5

图 4.2-2（二）　料仓中心剖面的温度场和流场

根据仿真分析，风道形式 4 是最优的单风道结构形式，而风道内挡板的最优尺寸和倾角还需进一步分析。将风道形式 4 结构尺寸进行拓展，拓展尺寸和倾角见表 4.2-2。

表 4.2-2　　　　　　　　　　　　风道形式 4 结构尺寸拓展

序号	挡板长度/m	挡板倾角/(°)	序号	挡板长度/m	挡板倾角/(°)
1	0.375	90	7	0.3	45
2	0.375	60	8	0.3	30
3	0.375	45	9	0.25	90
4	0.375	30	10	0.25	60
5	0.3	90	11	0.25	45
6	0.3	60			

表 4.2-2 列出了单进风道中挡板的多种尺寸和倾角。对每一种形式都进行了瞬态传热仿真计算，冷却约 2400s 之后的计算结果见表 4.2-3，为便于分析，将其绘制成图

（图 4.2－3 和图 4.2－4）。

表 4.2－3　　　　　　　　　　单进风道优化尺寸计算结果

风道形式序号	进出口风压差/Pa	进风道底部平均温度/K	风道形式序号	进出口风压差/Pa	进风道底部平均温度/K
1	760.67	279.185	7	681.526	278.96
2	744.91	279.032	8	668.728	278.951
3	705.632	278.987	9	711.717	278.917
4	683.374	279.023	10	700.057	278.973
5	736.168	278.96	11	693.264	278.992
6	700.49	278.895			

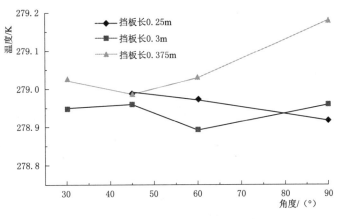

图 4.2－3　挡板对平均温度的影响

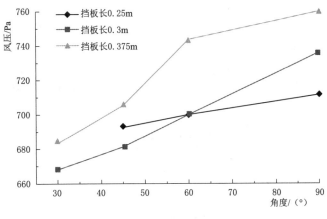

图 4.2－4　挡板对风压的影响

从图 4.2－3 可看出，挡板长 0.375m 时，倾角 45°的冷却效果最好；挡板长 0.3m 时，倾角 60°的冷却效果最好；挡板长 0.25m 时，倾角 90°的冷却效果最好。即：对于每一种长度的挡板，都有一个最佳的匹配倾角。综合比较可看出，挡板长 0.3m、倾角 60°是出料温度最低的最佳匹配。优化计算的工况条件是：料仓截面为 4m×6m，进风道宽 1m，高 1.2m。在工程实际中，可以根据挡板长度与进风道宽度的比例关系来确定最佳挡板的长度。

从图 4.2-4 可看出，随着挡板倾角的增大，风压越来越大；倾角较大时，随着挡板长度的减小，风压越来越小；但倾角较小时，挡板长度减小到一定程度之后，风压反而会增大。这是因为：进风道内不加挡板时，大部分进气会积聚到料仓后立面，然后向上流动，汇聚到回风道流出，料仓内气流分布不均，气流流程很长，风压很大。进风道内加挡板虽然会对气流产生节流作用，有增大流阻的趋势，但同时会改善料仓内气流的分布，有效缩短气流流程，有减小流阻的趋势。因此，挡板长度、倾角对风压的影响取决于二者尺寸的大小，当挡板的长度很小、倾角很小时，对气流的均匀分布起不到调节作用，气流的流程增大，风压也逐渐大。合理地设置导流板可以改善流场和温度场，但对出料口温度的改善不超过 1℃，因此，设置导流板更大的意义在于改善被冷却骨料温度的均匀性，而不是加快骨料的冷却。

4.3 双风道结构分析

双风道结构，就是在料仓内同时设置两个进风道及两个回风道。计算工况采用有回风

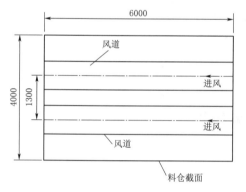

图 4.3-1 双风道形式（单位：mm）

道，料仓横截面尺寸为 4m×6m，进回风高差 4.5m；进风道宽 1m、高 1.2m；进风量为 20kg/s，骨料初始温度 20℃，进风温度 -3℃。双风道模型结构尺寸见图 4.3-1。

图 4.3-2、图 4.3-3 为风冷料仓双风道结构形式冷却 2400s 的温度场和流场云图，模拟结果表明，双风道结构的骨料均温性和流场均匀性要比单风道形式更好。

为进一步寻求双风道形式风道间距的最优化尺寸。将双风道形式进行拓展，拓展尺寸见表 4.3-1。表 4.3-2 列出了 4 种不同风道间距的双风道形式，并对每种形式进行了瞬态传热优化计算。风冷料仓冷却 2400s 之后的计算结果见表 4.3-2。

表 4.3-1   双风道形式拓展尺寸

序号	1	2	3	4
风道中心距离/m	1.1	1.3	1.68	2

表 4.3-2   双风道形式的计算结果

风道形式序号	1	2	3	4
风压/Pa	716.3	662.8	645.0	640.9
进风道底部平均温度/K	276.8	277.5	278.4	278.7

从表4.3-2中可看出，随着两风道间距的缩短，进出口风压逐渐增大，进风道底部平面的骨料平均温度逐渐减小。但双风道间距越小，下料越受限制，所以需要结合工程实际来确定具体的尺寸。

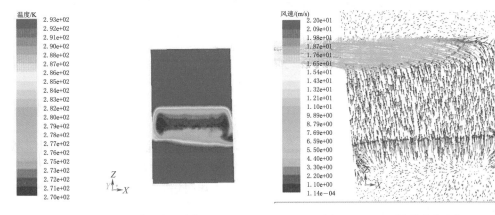

图4.3-2　双风道形式温度场　　　　图4.3-3　双风道形式流场

4.4　小结

（1）有回风道的工况的温度场均匀性较好，风压较低。因此，建议骨料仓中设置进、回风道。

（2）风道应尽量布置在骨料仓的中心剖面上，否则会导致骨料仓内风速分布均匀性差、骨料换热均匀性差。

（3）风冷骨料仓出料口处存在漏风现象。冷风从进风道进入骨料仓后，一部分上行到回风道，与向下流动的骨料进行热交换，另一部分下行到出料口，与即将出料的骨料进行热交换。也就是说，骨料的真实冷却高度应该是回风道与出料口之间的高差，而不是进回风高差。因此，适当增大进风道与出料口之间的高度差，一方面可以增大这一区域的流动阻力，减小风泄漏量；另一方面，因为设计计算时没有考虑这一区域，所以相当于增大了工程设计余量，安全性更高。

（4）采用单进风道中加挡板的结构时，挡板倾角60°、挡板长度与风道宽度的比值为0.3，是骨料温度均匀性最好、平均温度最低的最佳尺寸。但设置挡板更大的意义在于改善骨料温度的均匀性，而不是加快骨料的冷却速率。采用双进风道结构时，双风道间距越小，骨料出料温度越低，但下料越受限制，所以应根据工程需要确定具体的风道间距尺寸。

第 5 章 程序编制及软件实现

5.1 计算程序编制

根据骨料非稳态传热的数值计算及仿真成果，编制具有工程实用性的计算软件，软件具有方便的人机对话功能。计算程序包含"风冷骨料""风热骨料""风冷复核计算""风热复核计算""水冷骨料"以及绘制"风冷图谱""风热图谱"等9个模块。表5.1-1列出了9个计算模块的名称及作用。以下介绍主要模块的计算方法。

表 5.1-1 各计算模块名称及说明

名 称	说 明	名 称	说 明
CAL_fengleng	风冷骨料计算模块	CAL_NUOMOTU_fl	风冷温度场计算模块
CAL_fengre	风热骨料计算模块	CAL_NUOMOTU_fengzu	风冷-风压曲线计算模块
CAL_FHfengleng	风冷复核计算模块	CAL_NUOMOTU_fr	风热温度场计算模块
CAL_FHfengre	风热复核计算模块	CAL_NUOMOTU_fengzu_fr	风热-风压曲线计算模块
CAL_watercool	水冷骨料计算模块		

5.1.1 风冷计算模块

表5.1-2、表5.1-3分别列出了风冷计算模块需要输入的已知参数和计算后的输出参数。图5.1-1为该模块程序的计算流程图。

表 5.1-2 风冷计算模块输入参数

变量	含义	单位	变量	含义	单位
m_length	料仓长	m	m_sden	骨料密度	kg/m³
m_width	料仓宽	m	m_sconduct	骨料导热系数	W/(m·K)
m_stonefx	料流量	t/h	m_sc	骨料比热	J/(kg·K)
m_airintem	进风温度	℃	m_stem0	骨料初温	℃
m_virtualu	料仓风速	m/s	m_steme	骨料终温	℃
m_htc	空冷器传热系数	W/(m²·K)	m_sd	骨料平均粒径	m
m_htteme	蒸发温度	℃	m_kxl	空隙率	

表 5.1-3　风冷计算模块输出参数

变量	含义	单位
Qcb	计算工况冷负荷	kW
m_airmass	进风风量	m³/h
m_shui	回风温度	℃
m_high	进回风高差	m
m_cooltime	冷却时间	s
m_pt	料层风阻	Pa
ttm	对数温差	℃
Fht	热交换器面积	m²

5.1.2　风热计算模块

表 5.1-4、表 5.1-5 分别列出了风热计算模块需要输入的已知参数和计算后的输出参数。该模块的计算流程图与风冷计算模块相同。

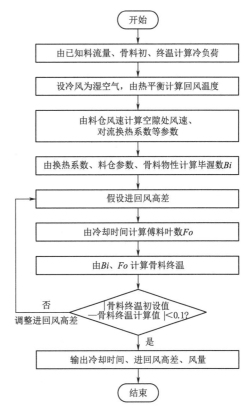

图 5.1-1　风冷模块计算流程图

表 5.1-4　　　　　　　　　　　　　　　　风热计算模块输入参数

变量	含义	单位	变量	含义	单位
mr_length	料仓长	m	mr_sden	骨料密度	kg/m³
mr_width	料仓宽	m	mr_sconduct	骨料导热系数	W/(m·K)
mr_stonefx	料流量	t/h	mr_sc	骨料比热	J/(kg·K)
mr_airintem	进风温度	℃	mr_stem0	骨料初温	℃
mr_virtualu	料仓风速	m/s	mr_steme	骨料终温	℃
mr_htc	传热系数	W/(m²·K)	mr_sd	骨料平均粒径	m
mr_htteme	热媒温度	℃	mr_kxl	空隙率	

表 5.1-5　　　　　　　　　　　　　　　　风热计算模块输出参数

变量	含义	单位	变量	含义	单位
Qcrb	计算工况热负荷	kW	mr_heattime	加热时间	s
mr_airmass	进风风量	m³/h	mr_pt	料层风阻	Pa
mr_shui	回风温度	℃	ttmr	对数温差	℃
mr_high	加热高度	m	Fhtr	热交换器面积	m²

103

5.1.3 风冷复核计算模块

表 5.1 - 6、表 5.1 - 7 分别列出了风冷复核计算模块需要输入的已知参数和计算后的输出参数。图 5.1 - 2 为该模块的计算流程图。

表 5.1 - 6 风冷复核计算模块输入参数

变量	含义	单位	变量	含义	单位
mf _ length	料仓长	m	mf _ sden	骨料密度	kg/m³
mf _ width	料仓宽	m	mf _ sconduct	骨料导热系数	W/(m · K)
mf _ high	进回风高差	m	mf _ sc	骨料比热	J/(kg · K)
mf _ stonefx	料流量	t/h	mf _ stem0	骨料初温	℃
mf _ airintem	进风温度	℃	mf _ sd	骨料平均粒径	m
mf _ airmass	进风风量	m³/h	mf _ htc	传热系数	W/(m² · K)
mf _ kxl	空隙率		mf _ htteme	蒸发温度	℃

表 5.1 - 7 风冷复核计算模块输出参数

变量	含义	单位
Qcfb	计算工况冷负荷	kW
mf _ ste	骨料终温	℃
mf _ virtualu	料仓风速	m/s
mf _ cooltime	冷却时间	s
mf _ pt	料层风阻	Pa
mf _ shui	回风温度	℃
ttmf	对数温差	℃
Fhtf	换热器面积	m²

5.1.4 风热复核计算模块

表 5.1 - 8、表 5.1 - 9 分别列出了风热复核计算模块需要输入的已知参数和计算后的输出参数。

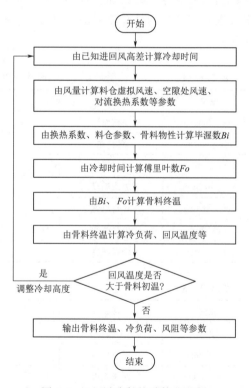

图 5.1 - 2 风冷复核计算流程图

表 5.1-8 风热复核计算模块已知参数

变量	含义	单位	变量	含义	单位
mfr _ length	料仓长	m	mfr _ sconduct	骨料导热系数	W/(m·K)
mfr _ width	料仓宽	m	mfr _ sc	骨料比热	J/(kg·K)
mfr _ high	进回风高差	m	mfr _ stem0	骨料初温	℃
mfr _ stonefx	料流量	t/h	mfr _ sd	骨料平均粒径	m
mfr _ airintem	进风温度	℃	mfr _ kxl	空隙率	
mfr _ airmass	进风风量	m³/h	mfr _ htc	传热系数	W/(m²·K)
mfr _ sden	骨料密度	kg/m³	mfr _ htteme	热媒温度	℃

表 5.1-9 风热复核计算模块输出参数

变量	含义	单位	变量	含义	单位
Qcfrb	计算工况热负荷	kW	mfr _ pt	料层风阻	Pa
mfr _ ste	骨料终温	℃	mfr _ shui	回风温度	℃
mfr _ virtualu	料仓风速	m/s	ttmfr	对数温差	℃
mfr _ heattime	加热时间	s	Fhtfr	换热器面积	m²

5.1.5 水冷计算模块

表 5.1-10、表 5.1-11 分别列出了水冷计算模块需要输入的已知参数和计算后的输出参数。图 5.1-3 为该模块的计算流程图。

表 5.1-10 水冷计算模块已知参数

变量	含义	单位
mw _ length	胶带机长	m
mw _ width	胶带机宽	m
mw _ du	带速	m/s
mw _ stonefx	运输量	t/h
mw _ wtem	喷淋水温	℃
mw _ sd	骨料平均粒径	m
mw _ subtem	补水温度	℃
mw _ sublv	补水比率	
mw _ sden	骨料密度	kg/m³
mw _ sconduct	骨料导热系数	W/(m·K)
mw _ sc	骨料比热	J/(kg·K)
mw _ stem0	骨料初温	℃
mw _ steme	骨料终温	℃
mw _ htc	传热系数	W/(m²·K)
mw _ htteme	蒸发温度	℃

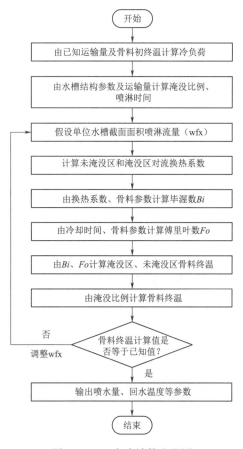

图 5.1-3 水冷计算流程图

表 5.1-11 水冷计算模块输出参数

变量	含义	单位	变量	含义	单位
Qw	计算工况冷负荷	kW	wfx	单位水槽截面面积喷淋流量	kg/(m² · s)
mw_stin	淹没区骨料平均温度	℃	mw_wmass	喷淋水量	t/h
mw_stout	未淹没区骨料平均温度	℃	mw_yml	淹没率	
mw_shui	回水温度	℃	mw_zhui	综合回水温度	℃
mw_cooltime	冷却时间	s	Fhtw	热交换器面积	m²

5.2 软件实现

根据骨料非稳态传热的数值计算及仿真成果，编制出了具有工程实用性的计算软件。软件具有方便的人机对话界面功能，程序界面包括风冷模块、风热模块、风冷复核计算模块、风热复核计算模块、水冷模块、风冷参考图谱、风热参考图谱。可通过输入计算参数，计算出工程设计需要的预冷、预热系统设计成果。

软件内部包含多个子程序，可实现相互调用，形成网状的调用结构。软件中的 IetCalculator.m 程序是主程序，在其中调用各子程序实现软件功能。软件的逻辑流程如图 5.2-1 所示。

软件名称为"混凝土骨料温控计算软件"，打开软件后，显示图 5.2-2 所示的欢迎界面。菜单中包括"文件""风冷骨料""风热骨料""风冷复核计算""风热复核计算""水冷骨料""风冷参考图谱""风热参考图谱""帮助"等 9 个选项。

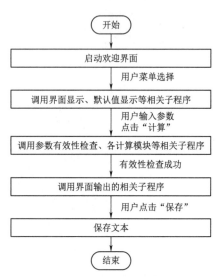

图 5.2-1 软件逻辑流程图

点击"风冷骨料"选项，显示如图 5.2-3 所示的界面。界面左侧为已知参数输入区，右侧为输出区。界面中的图片为风冷料仓的示意图，为用户输入提供参考。界面中置灰的参数不需要输入。界面上各参数的示值为默认值，用户可根据需要随时更改，但更改值必须满足有效性要求。

用户在左侧输入相关参数后，点击"计算"键，弹出"输入当前计算的工程名"对话框，用户自定义名称后，点击"确定"，将在"输出"框显示工程名称、已知参数、计算结果。可重复进行多次计算，计算结果按序排列在"输出"框中。点击"保存"键，可在用户指定的路径以用户指定的名称保存"输出"框显示的内容，文件为 txt 格式。

图 5.2-4～图 5.2-7 分别为点击"风热骨料""风冷复核计算""风热复核计算""水冷骨料"选项后的显示界面。界面设置以及激活键的功能与图 5.2-3 所示的"风冷骨料"

图 5.2 - 2　欢迎界面

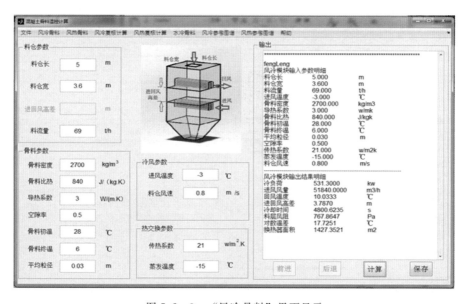

图 5.2 - 3　"风冷骨料"界面显示

模块相似,不再赘述。

　　图 5.2 - 8 和图 5.2 - 9 分别为点击"风冷参考图谱"-"风冷温度场"和"单位料层风阻"选项的显示界面,图 5.2 - 10 和图 5.2 - 11 分别为点击"风热参考图谱"-"风热温度场"和"单位料层风阻"选项后的显示界面。用户在左侧输入相关参数后,点击"绘图"键,不仅会弹出图形界面,显示计算曲线,而且在"输出"框会输出若干横坐标取值及对应纵坐标数值,方便数值查找。

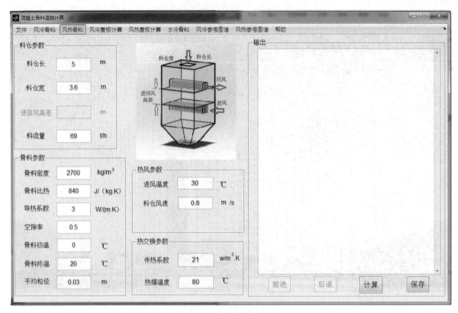

图 5.2-4　"风热骨料"界面显示

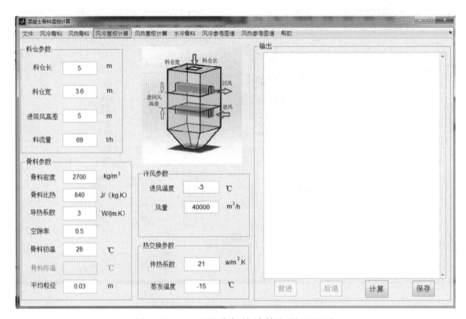

图 5.2-5　"风冷复核计算"界面显示

图 5.2-12 为菜单中的"文件"选项，点击后会出现"新建""打开""保存""另存为""关闭"选项。各选项功能如下：

（1）点击"新建"，可以在用户指定路径建立一个新的格式为 cpf 的工程文件，文件名称由用户指定。

（2）点击"打开"，可以打开一个之前保存的 *.cpf 工程文件，在当前界面上显示。

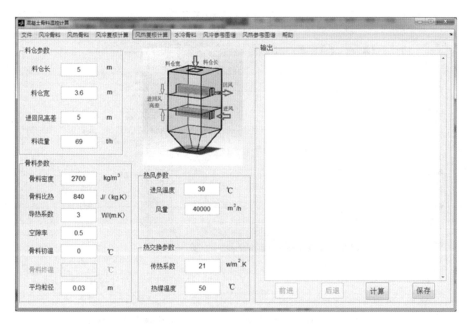

图 5.2-6 "风热复核计算"界面显示

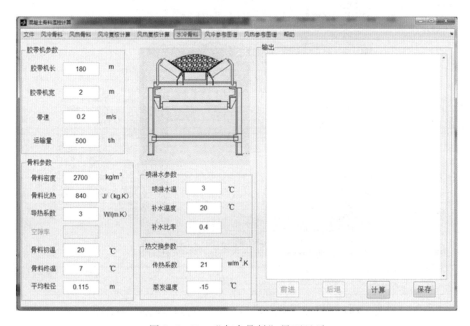

图 5.2-7 "水冷骨料"界面显示

（3）点击"保存"，可以将用户使用此软件的当前状态保存为格式为 cpf 的工程文件。若此前用户无新建文件，则需由用户指定文件名称；若此前用户已新建或打开一个 cpf 工程文件，则默认原名称保存。

（4）点击"另存为"，弹出输入文件名称的对话框，用户指定工程文件名称后保存。

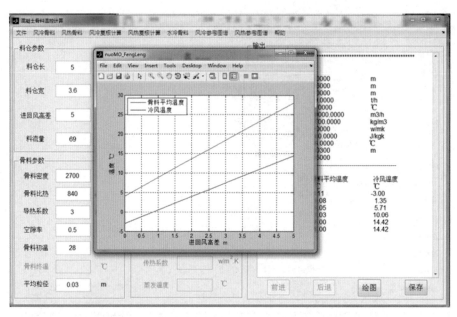

图 5.2-8　"风冷参考图谱"——"风冷温度场"界面显示

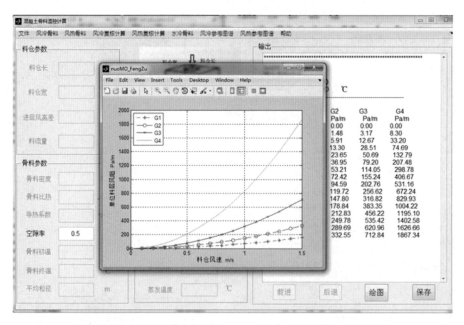

图 5.2-9　"风冷参考图谱"——"单位料层风阻"界面显示

（5）点击"关闭"，可以关闭软件。

图 5.2-13 为菜单中的"帮助"选项，点击其中的"软件操作说明"可以打开文档《软件操作说明》，为用户操作提供指导。

软件中任一计算模块可重复进行多次计算，输出框中依次列出计算结果，同时输出框底部的"前进""后退"键激活，如图 5.2-14 所示，其功能如下：

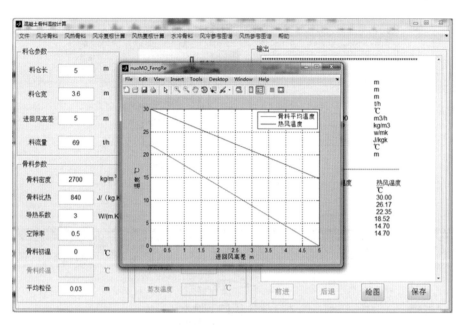

图 5.2-10 "风热参考图谱"——"风热温度场"界面显示

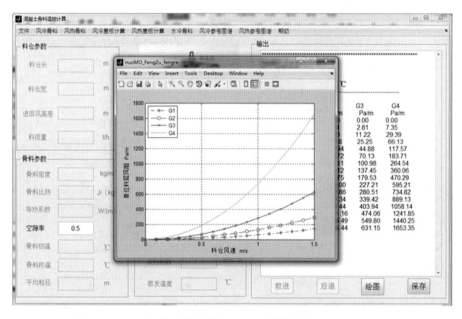

图 5.2-11 "风热参考图谱"——"单位料层风阻"界面显示

（1）点击"后退"键，将显示用户上一次输入并执行计算功能的已知参数。

（2）"后退"到某一输入状态时，点击"前进"键，将显示用户下一次输入并执行计算功能的已知参数。

（3）任一计算模块，"前进""后退"键点击量不超过 12 次，即：软件的每一个计算模块，均可最多保留 12 组输入并执行计算功能的已知参数。

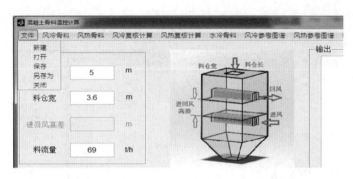

图 5.2 - 12　"文件"选项

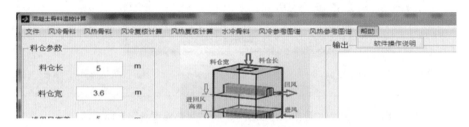

图 5.2 - 13　"帮助"选项

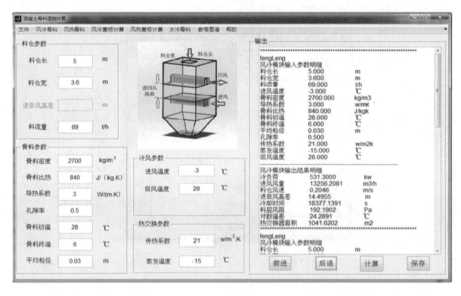

图 5.2 - 14　"前进""后退"功能

5.3　小结

利用仿真、实验、现场测试数据及非稳态传热理论成果,成功开发"混凝土骨料温控计算软件"。软件界面具有方便的人机对话功能,软件界面包括风冷模块、风热模块、风冷复核计算模块、风热复核计算模块、水冷模块、风冷参考图谱模块、风热参考图谱模块。可通过输入计算参数，计算出工程设计需要的预冷、预热系统设计成果。

计算软件考虑因素全面，计算速度快，可靠性高，将大大提高工程设计的计算精度，同时，程序方便设计人员操作，节省设计耗时，并利于行业内统一设计标准的推广，在工程应用方面具有非常重要的意义。

第6章 能耗优化研究

6.1 能耗研究的目的

大型水电站工程混凝土拌和系统规模较大，通常混凝土预冷/预热系统计算量大，工艺流程复杂，设备匹配多样。系统设计时，设计参数的优化对设备配置往往影响很大，另外，系统运行还要满足当地环境保护及水土保持等因素的限制。实际工程运行时，系统的冷量利用率较低，造成大量的能耗损失。以我国三峡二期工程为例，预冷混凝土生产强度1720m³/h，冷量利用率低，总的制冷容量利用率仅为36%，节能空间很大[8]。因此，能耗研究的目的是进一步探索、研究，选定合理、经济的混凝土预冷/预热工艺措施，以实现节能降耗。

6.2 计算方法优化

目前预冷/预热工程的设计通用算法是以单颗骨料为研究对象，无法反映骨料群整体传热特性。由于之前未掌握骨料群在料仓内的瞬态传热规律，而仅有管内流动瞬态传热规律及诺谟图，因此，为了利用已知的管内流动瞬态传热规律，计算风冷骨料的瞬态过程时就进行了一系列的换算：根据热阻原理，将骨料的壁温未知、换热量未知、换热条件已知的第三类边界条件折算为虚拟球体的壁温已知的第一类边界条件，再以此虚拟球体为研究对象，按照已有的流动第一类边界条件瞬态传热规律得到的诺谟关系式，计算骨料风冷的瞬态传热过程。这一系列的折算与实际情况有差别，且无法考虑到料仓尺寸结构、风道布置形式、空隙率、粒径、漏风等因素的影响。大量的工程实践结果表明，目前采用的通用算法的计算结果通常偏大，给工程造成大量不必要的能耗浪费。

针对风冷/风热工况，本书第1章～第5章不再以单颗骨料为研究对象，而是以骨料群为研究对象，根据料仓内骨料自然堆积与空隙的组合特性，将骨料堆视同为多孔介质。这种处理方法符合实际情况，在相似性实验及校核计算中得到了验证。计算过程中考虑到了料仓截面面积、进回风高差、风速、空隙率等因素对骨料瞬态传热过程的影响，最终总结出料仓内骨料群瞬态传热的规律，并绘制符合实际情况的瞬态温度诺谟图，诺谟图普适性很强，且便于工程查找。这一成果填补了目前骨料采用风预冷/预热温控理论研究的空白，有非常重要的学术意义和工程应用意义。

针对水冷工况，本书按照真实的骨料粒径、胶带机结构尺寸、淹没率等工况条件，建立实体模型，进行大量的仿真计算，考虑了胶带机长度、宽度、带速、喷淋水温、空隙率、密度等多因素对骨料瞬态传热过程的影响，最终总结出胶带槽内骨料群的瞬态传热规律，并绘制水冷瞬态温度诺谟图。新程序算法的水冷对流换热系数取值范围与目前工程应用中选用的经验值很接近，说明计算方法的准确性很高。本研究中得到了喷淋流率、骨料物性、粒径等因素对水冷对流换热系数的影响规律，弥补了对流换热系数经验取值无法反映诸多因素影响的缺陷。

本研究以云南某工程、拉西瓦、溪洛渡、官地、二滩几个代表工程为依托，分别采用通用算法及新程序算法对其进行计算，将理论计算结果与拌和系统实际运行数据进行对比分析。研究得到的风冷/风热、水冷过程的骨料群瞬态传热规律，更接近真实工程，依据此算法不仅可以满足系统运行要求，且得到的设计参数更合理，设备选型更经济，能耗更低，从而节约工程投资成本和降低运行成本，带来良好的经济和社会效益。

本研究中的混凝土预冷/预热工程的冷耗/热耗和能耗指标，是指冷却/预热单位混凝土所消耗的冷量/热量和电能。考虑不同的工程和气象条件，可按每立方米混凝土降温/升温1℃所消耗的冷量/热量和电能作为评判指标，其单位为 $kW \cdot h/(m^3 \cdot ℃)$，耗冷量/热量和耗电量单位均为 $kW \cdot h$，按照单位 $m^3 \cdot ℃$ 统计。新程序算法与通用算法对比详见表6.2-1～表6.2-9。

(1) 表6.2-1～表6.2-3为云南某工程水电站混凝土系统预冷工程计算对比情况。新程序算法在充分考虑到出料口冷风泄漏、进料口骨料周边初始温度为环境温度等最不利的情况下，计算的结果比通用算法更节能：冷负荷节省2326kW，冷耗指标减少0.23kW·h/($m^3 \cdot ℃$)。在满足系统运行的前提下，可节能16.3%。空气冷却器面积减小4924m^2，料层平均风阻减小284Pa，能耗指标降低0.1kW·h/($m^3 \cdot ℃$)。通用算法中考虑到冷量泄漏等原因，冷负荷计算通常给予1.5～1.7倍的设计余量，但本研究已经充分考虑到冷风泄漏带来的冷量损耗问题，所以此余量可适当减小，因而冷负荷、换热器面积、冷风机功率等有所减小。通用算法中空隙率的取值不准确，造成骨料冷却时间计算有误、进回风高差计算偏大，而本研究是基于真实的空隙率得到的骨料群瞬态传热规律，能够反映出骨料在料仓内部的冷却过程，所以计算得到的进、回风高差及骨料冷却时间等更准确。本研究方法得到的进回风高差小于通用算法，风压也随之减小，能够有效降低风机的投资成本、减小运行能量损耗。

(2) 表6.2-1、表6.2-4、表6.2-5为黄河拉西瓦水电站混凝土系统预冷工程计算对比情况。与通用算法相比，新程序算法能够得到更节能的设计参数：冷负荷可节省291kW，冷耗指标减少0.07kW·h/($m^3 \cdot ℃$)。在满足系统运行的前提下，可节能5.3%。空气冷却器面积减小3646m^2，料层平均风阻减小500Pa，能耗指标降低0.03kW·h/($m^3 \cdot ℃$)。新程序算法已充分考虑到冷风泄漏等最不利的情况，设计余量很充足，计算得到的进回风高差要低于通用算法，风压的要求降低，有明显的节能降耗效果。

(3) 表6.2-1、表6.2-6、表6.2-7为黄河拉西瓦水电站混凝土系统预热工程计算对比情况。与通用算法相比，新程序算法能够得到更节能的设计参数：热负荷可节省408kW，空气加热器面积减小4528m^2。因预冷混凝土强度是预热混凝土强度的1.5倍，暖风与冷风采用同一套离心风机，按最不利冷风考虑，设备配置及进、回风高差没有调整，若单独比较骨料加热工况，能耗还将有所下降。

(4) 表6.2-1、表6.2-8、表6.2-9为金沙江溪洛渡水电站混凝土系统预冷工程计算对比情况。与通用算法相比，新程序算法能够得到更节能的设计参数：冷负荷可节省

552kW，冷耗指标减少 0.18kW·h/(m³·℃)。在满足系统运行的前提下，可节能 11.7%。空气冷却器面积减小 2100m²，料层平均风阻减小 413Pa，能耗指标降低 0.06kW·h/(m³·℃)。新程序算法已充分考虑到冷风泄漏等最不利的情况，设计余量很充足，计算得到的进、回风高差要低于通用算法，风压的要求降低，有明显的节能降耗效果。

（5）表 6.2-10 为雅砻江官地水电站混凝土系统预冷工程计算对比情况。由于砂石加工系统向左岸拌和系统供料无法保证，经常出现空仓现象，来料在料仓停留时间不满足预冷要求时间即被使用，实际出机口温度比设计值高 1～2℃。官地低线拌和系统仅计算一次风冷，计算只能与通用算法进行对比分析，新程序算法能够得到更节能的设计参数：冷负荷可节省 342kW，空气冷却器面积减小 1647m²。新程序算法已充分考虑到冷风泄漏等最不利的情况，设计余量很充足，计算得到的进回风高差要低于通用算法，风压的要求降低，有明显的节能降耗效果。

（6）表 6.2-11 为雅砻江二滩水电站混凝土系统水冷计算对比情况。由于收集到二滩拌和系统水冷运行资料不全，计算只能与通用算法进行对比分析，新程序算法能够得到更节能的设计参数：节省水量 278t/h，骨料单位用水量减小 0.17t/t，冷负荷节省 444kW，冷耗指标减少 0.023kW·h/(t·℃)。新程序算法充分考虑到喷淋流量、淹没率对换热系数的影响，而通用算法靠某一特定的经验值计算骨料的瞬态传热，且未考虑到骨料群的堆积效应，所以计算结果会有差别。本次研究发现，未淹没区的骨料的换热强度要高于淹没区的骨料，因此在保证骨料运输量的前提条件下，调整淹没率（胶带机规格），存在骨料冷却速率最快的最优工况条件，这也是新程序算法能够得到更节能的设计结果的主要原因。

综上所述，经过对几个工程的计算、实际运行参数对比分析，在输入参数一致的前提下，采用新程序进行工程计算，单位预冷/预热混凝土冷/热负荷指标、制冷压缩机电容量指标、空气冷却器面积、料层风阻等关键参数均满足工程实际运行，同时以上重要的能耗指标值又均比采用通用算法计算值小。由此可见新程序算法是安全、可靠的，它既减少了部分能耗，又节省了部分设备投资，具有可推广价值。

表 6.2-1　　　　　　　　　　　　计 算 方 法 对 比 表

序号	工程	项　　目	单　　位	设计指标	实际运行指标	新程序计算值
1	云南某工程左岸拌和系统	预冷混凝土强度	万 m³/月	23.0	23.0	23.0
2		预冷混凝土生产能力	m³/h	690	690	690
3		预冷混凝土出机口温度	℃	7	7	7
4		夏季混凝土自然出机口温度	℃	24.8	24.8	24.8
5		风冷骨料影响混凝土降温幅度	℃	14.3	14.3	14.3
6		制冷风标准工况冷负荷	kW	13956	9304	11630
7		冷耗指标	kW·h/(m³·℃)	1.41	0.94	1.18
8		能耗指标	kW·h/(m³·℃)	0.55	0.37	0.46
9		冷耗节能指标	%			16.3

续表

序号	工程	项 目	单 位	设计指标	实际运行指标	新程序计算值
10	拉西瓦左岸拌和系统	预冷混凝土强度	万 m³/月	12.0	10.6	12.0
11		预冷混凝土生产能力	m³/h	360	318	360
12		预冷混凝土出机口温度	℃	7	7	7
13		夏季混凝土自然出机口温度	℃	21.3	21.3	21.3
14		风冷骨料影响混凝土降温幅度	℃	11	11	11
15		制冷风标准工况冷负荷	kW	5234	3489	4943
16		冷耗指标	kW·h/(m³·℃)	1.32	1.00	1.25
17		能耗指标	kW·h/(m³·℃)	0.51	0.39	0.48
18		冷耗节能指标	%			5.3
19		预热混凝土强度	万 m³/月	8.0	7.5	8.0
20		冬季混凝土自然出机口温度	℃	−3.5	−3.5	−3.5
21		预热混凝土出机口温度	℃	15	15	15
22		热负荷	kW	3533	3312	3440
23		热耗节能指标	%			2.6
24	溪洛渡低线拌和系统	预冷混凝土强度	万 m³/月	6.0	4.2	6.0
25		预冷混凝土生产能力	m³/h	180	126	180
26		预冷混凝土出机口温度	℃	7	7	7
27		夏季混凝土自然出机口温度	℃	30.0	30.0	30.0
28		风冷骨料影响混凝土降温幅度	℃	17.5	17.5	17.5
29		制冷风标准工况冷负荷	kW	4613	2326	4071
30		冷耗指标	kW·h/(m³·℃)	1.47	1.06	1.29
31		能耗指标	kW·h/(m³·℃)	0.57	0.41	0.51
32		冷耗节能指标	%			11.7

表 6.2−2　　　　　　　　云南某工程一次风冷骨料计算

序号	参数	单位	通用算法					新程序算法				
			G1	G2	G3	G4	合计	G1	G2	G3	G4	合计
1	冷却能力	t/h	83.2	83.2	55.4	55.4	277.2	83.2	83.2	55.4	55.4	277.2
2	骨料初温	℃	22	22	22	22		22	22	22	22	
3	骨料终温	℃	7	7	7	8		7	7	7	8	
4	进风温度	℃	−5	−5	0	0		−5	−5	0	0	
5	回风温度	℃	4.4	7.6	10.5	12.0		2.43	5.28	8.25	9.86	

续表

序号	参数	单位	通用算法					新程序算法				
			G1	G2	G3	G4	合计	G1	G2	G3	G4	合计
6	蒸发温度	℃	−15	−15	−10	−10		−15	−15	−10	−10	
7	料仓截面面积	m²	24	24	20	20		24	24	20	20	
8	标准工况冷负荷	kW	518	518	345	322	1703	456	456	304	284	1499
9	冷风机面积	m²	1946	1770	1346	1174	6236	1625	1495	1055	940	5115
10	风量	m³/h	86400	60500	47000	36000	229900	86400	60480	46800	36000	229680
11	风速	m/s	1.0	0.70	0.65	0.50		1.0	0.7	0.65	0.5	
12	料层风阻	Pa	490	440	622	896		364	299	576	676	
13	进回风高差	m	3.6	3.2	3.0	3.0		2.5	2.5	3.1	2.9	

表 6.2-3　　　　　　　　　　　云南某工程二次风冷骨料计算

序号	参数	单位	通用算法					新程序算法				
			G1	G2	G3	G4	合计	G1	G2	G3	G4	合计
1	冷却能力	t/h	83.2	83.2	55.4	55.4	277.2	83.2	83.2	55.4	55.4	277.2
2	骨料初温	℃	8	8	8	9		8	8	8	9	
3	骨料终温	℃	0	0	1	1		0	0	1	1	
4	进风温度	℃	−8	−8	−8	−8		−8	−8	−8	−8	
5	回风温度	℃	−2	0	2	3.5		0.68	2.43	3.69	4.66	
6	蒸发温度	℃	−18	−18	−18	−18		−18	−18	−18	−18	
7	料仓截面面积	m²	21.6	21.6	14.4	14.4		21.6	21.6	14.4	14.4	
8	标准工况冷负荷	kW	277	277	162	184	900	243	243	142	162	790
9	冷风机面积	m²	1020	972	556	648	3196	1000	953	536	597	3086
10	风量	m³/h	78000	54400	26000	26000	184400	77760	54432	25920	25920	184032
11	风速	m/s	1.0	0.70	0.5	0.50		1.0	0.7	0.5	0.5	
12	料层风阻	Pa	562	540	488	996		349	293	275	632	
13	进回风高差	m	3.4	3.2	3.0	3.0		2.4	2.4	2.47	2.66	

表 6.2-4　　　　　　　拉西瓦 HL240-4F3000L 型搅拌楼风冷骨料计算

序号	参数	单位	通用算法					新程序算法				
			G1	G2	G3	G4	合计	G1	G2	G3	G4	合计
1	冷却能力	t/h	73.5	73.5	49.0	49.0	245	73.5	73.5	49.0	49.0	245
2	骨料初温	℃	18.3	18.3	18.3	18.3		18.3	18.3	18.3	18.3	

续表

序号	参数	单位	通用算法					新程序算法				
			G1	G2	G3	G4	合计	G1	G2	G3	G4	合计
3	骨料终温	℃	1	1	2	4		1	1	2	4	
4	进风温度	℃	−10	−10	−3	−3		−10	−10	−3	−3	
5	回风温度	℃	2	0	2	3.5		4.58	8.48	5.59	6.81	
6	蒸发温度	℃	−1820	−20	−13	−13		−20	−20	−13	−13	
7	料仓截面面积	m²	18	18	18	18		18	18	18	18	
8	计算工况冷负荷	kW	528	528	331	301		465	465	292	256	
9	标准工况冷负荷	kW	682	682	321	291	1976	600	600	283	248	1731
10	冷风机面积	m²	1991	2004	1283	1250	6528	1640	1506	1206	1021	5373
11	风量	m³/h	75000	49000	45000	34000	203000	74520	48600	45360	34344	202824
12	风速	m/s	1.15	0.75	0.7	0.53		1.15	0.75	0.7	0.53	
13	料层风阻	Pa	805	1513	829	1061		803	517	969	812	
14	进回风高差	m	4.5	4.5	3.2	3.0		4.2	3.7	4.5	3.1	

表 6.2-5 **拉西瓦 HL360-4F4500L 型搅拌楼风冷骨料计算**

序号	参数	单位	通用算法					新程序算法				
			G1	G2	G3	G4	合计	G1	G2	G3	G4	合计
1	冷却能力	t/h	103	103	68.6	68.6	343.2	103	103	68.6	68.6	343.2
2	骨料初温	℃	18.3	18.3	18.3	18.3		18.3	18.3	18.3	18.3	
3	骨料终温	℃	1	1	2	4		1	1	2	4	
4	进风温度	℃	−10	−10	−3	−3		−10	−10	−3	−3	
5	回风温度	℃	2	7	8	10		4.33	8.37	6.44	7.42	
6	蒸发温度	℃	−20	−20	−13	−13		−20	−20	−13	−13	
7	料仓截面面积	m²	27.3	27.3	22.7	22.7		27.3	27.3	22.7	22.7	
8	计算工况冷负荷	kW	739	739	464	464		652	652	409	359	
9	标准工况冷负荷	kW	954	954	449	449	2806	842	842	396	348	2428
10	冷风机面积	m²	2789	2480	1750	1705	8720	1926	1762	1371	1170	6229
11	风量	m³/h	108000	69000	57000	45000	279000	108157	68827	57235	44970	279189
12	风速	m/s	1.1	0.7	0.7	0.535		1.1	0.7	0.7	0.535	
13	料层风阻	Pa	826	716	929	1341		553	374	1048	947	
14	进回风高差	m	4.5	4.5	3.5	3.5		3.16	3.07	4.89	3.36	

表 6.2－6　　　　　　　拉西瓦 HL240－4F3000L 型搅拌楼风热骨料计算

序号	参数	单位	通用算法					新程序算法				
			G1	G2	G3	G4	合计	G1	G2	G3	G4	合计
1	冷却能力	t/h	49.02	49.02	32.68	32.68	163.4	49.02	49.02	32.68	32.68	163.4
2	骨料初温	℃	－6.7	－6.7	－6.7	－6.7		－6.7	－6.7	－6.7	－6.7	
3	骨料终温	℃	15	15	15	15		15	15	15	15	
4	进风温度	℃	40	40	40	40		40	40	40	40	
5	回风温度	℃	8	8	8	8		24	16	23	17	
6	热媒温度	℃	120	120	120	120		120	120	120	120	
7	料仓截面面积	m²	18	18	18	18		18	18	18	18	
8	热负荷	kW	442	442	294	294	1472	388	388	262	262	1300
9	换热器面积	m²	791	791	527	527	2636	225	223	152	151	751
10	风量	m³/h	74519	48600	45360	34343	202822	74520	48600	45360	34344	202824
11	风速	m/s	1.15	0.75	0.7	0.53		1.15	0.75	0.7	0.53	
12	料层风阻	Pa	805	713	829	1061		262	198	210	281	
13	进回风高差	m	4.5	4.5	3.2	3.2		1.6	1.7	1.1	1.3	

表 6.2－7　　　　　　　拉西瓦 HL360－4F4500L 型搅拌楼风热骨料计算

序号	参数	单位	通用算法					新程序算法				
			G1	G2	G3	G4	合计	G1	G2	G3	G4	合计
1	冷却能力	t/h	68.6	68.6	45.75	45.75	228.7	68.6	68.6	45.75	45.75	228.7
2	骨料初温	℃	－6.7	－6.7	－6.7	－6.7		－6.7	－6.7	－6.7	－6.7	
3	骨料终温	℃	15	15	15	15		15	15	15	15	
4	进风温度	℃	40	40	40	40		40	40	40	40	
5	回风温度	℃	8	8	8	8		24	16	23	17	
6	热媒温度	℃	120	120	120	120		120	120	120	120	
7	料仓截面面积	m²	27.3	27.3	22.7	22.7		27.3	27.3	22.7	22.7	
8	热负荷	kW	618.3	618.3	432.2	432.2	2061	547.7	547.7	365	365	1825
9	换热器面积	m²	1108	1108	738	738	3692	318	313	210	208	1049
10	风量	m³/h	108000	69000	57000	45000	279000	108157	688277	54337	42693	279189
11	风速	m/s	1.1	0.7	0.7	0.55		1.15	0.75	0.7	0.55	
12	料层风阻	Pa	826	716	929	1341		168	132	229	330	
13	进回风高差	m	4.5	4.5	3.5	3.5		1.15	1.3	1.25	1.37	

表 6.2-8   溪洛渡一次风冷骨料计算

序号	参数	单位	通用算法					新程序算法				
			G1	G2	G3	G4	合计	G1	G2	G3	G4	合计
1	冷却能力	t/h	88	88	59	59	294	88	88	59	59	294
2	骨料初温	℃	27.1	27.1	27.1	27.1		27.1	27.1	27.1	27.1	
3	骨料终温	℃	7	7	8	8		7	7	8	8	
4	进风温度	℃	−2	−1	0	0		−2	−1	0	0	
5	回风温度	℃	4.65	3.64	11.68	12.60		4.65	3.64	11.68	12.60	
6	蒸发温度	℃	−12	−12	−10	−10		−12	−12	−10	−10	
7	料仓截面面积	m²	30	30	20	20		30	30	20	20	
8	计算工况冷负荷	kW	733	733	464	464		647	647	412	412	
9	标准工况冷负荷	kW	722	722	415	415	2274	637	637	368	368	2030
10	冷风机面积	m²	2831	2407	1552	1489	8279	2362	2018	1560	1270	7210
11	风量	m³/h	129599	86400	43200	39599	298798	129600	86400	43200	39600	298800
12	风速	m/s	1.2	0.80	0.6	0.55		1.2	0.8	0.6	0.55	
13	料层风阻	Pa	793	731	754	1489		789	560	580	1045	
14	进回风高差	m	3.8	3.6	3.8	3.6		3.90	3.64	3.72	3.75	

表 6.2-9   溪洛渡二次风冷骨料计算

序号	参数	单位	通用算法					新程序算法				
			G1	G2	G3	G4	合计	G1	G2	G3	G4	合计
1	冷却能力	t/h	88	88	59	59	294	88	88	59	59	294
2	骨料初温	℃	8	8	8	9		8	8	9	8	
3	骨料终温	℃	0	0	1	1		−3	−2	0	2	
4	进风温度	℃	−8	−8	−8	−8		−13	−10	−6	−5	
5	回风温度	℃	−2	0	2	3.5		2.94	4.54	0.71	2.06	
6	蒸发温度	℃	−22	−22	−16	−16		−22	−22	−16	−16	
7	料仓截面面积	m²	18	18	18	18		18	18	18	18	
8	计算工况冷负荷	kW	401	365	219	170		354	322	194	129	
9	标准工况冷负荷	kW	621	566	254	198	1639	548	499	225	150	1423
10	冷风机面积	m²	1622	1206	844	630	4302	1294	836	708	433	3271
11	风量	m³/h	71279	51839	42120	25919	191157	71280	51840	42120	25920	191160
12	风速	m/s	1.1	0.8	0.65	0.4		1.1	0.8	0.65	0.4	
13	料层风阻	Pa	727	783	725	700		604	573	553	346	
14	进回风高差	m	4.5	4.5	3.0	3.0		3.4	3.6	2.96	2.3	

表 6.2-10 官地一次风冷骨料计算

序号	参数	单位	通用算法				新程序算法			
			G2	G3	G4	合计	G2	G3	G4	合计
1	冷却能力	t/h	109	145	109	363	109	145	109	363
2	骨料初温	℃	23	23	23		23	23	23	
3	骨料终温	℃	8	8	10		8	8	8	
4	进风温度	℃	−1	−1	0		−1	−1	0	
5	回风温度	℃	13	15	18		8.8	11.4	12.8	
6	蒸发温度	℃	−11	−11	−11		−11	−11	−11	
7	料仓截面面积	m²	25	30	25		25	30	25	
8	计算工况冷负荷	kW	677	904	586	2167	572	761	495	1825
9	冷风机面积	m²	2425	3091	1810	7326	1898	2358	1423	5679
10	风量	m³/h	73799	75599	46799	196197	73800	75600	46800	196200
11	风速	m/s	0.82	0.70	0.52		0.82	0.7	0.52	
12	料层风阻	Pa	837	1089	1474		528	800	802	
13	进回风高差	m	4.2	4.6	4.2		3.54	3.74	3.2	

表 6.2-11 二滩水冷骨料计算

序号	参数	单位	通用算法			新程序算法		
			G1、G2	G3、G4	合计	G1、G2	G3、G4	合计
1	胶带机长度	m	281	229	510	281	229	510
2	胶带机宽度	m	2.0	1.4		2.0	1.4	
3	带速	m/s	0.302	0.60		0.302	0.60	
4	骨料冷却能力	t/h	700	570	1270	700	570	1270
5	骨料初温	℃	20			20		
6	骨料终温	℃	4~5			4.5		
7	喷淋水温度	℃	3			3		
8	计算工况冷负荷	kW	5037			2532	2061	
9	喷淋水量	t/h	1200		1200	354	568	922
10	单位淋水	t/t	0.94		0.94	0.77		0.77
11	冷耗指标	kW·h/(t·℃)	0.256		0.256	0.233		0.233

6.3 设计参数优化

混凝土骨料预冷/预热系统冷/热负荷利用率受设计、设备运行环境的影响很大，冷量损耗无处不在，如风冷系统的冷量损耗包括冷风漏风和水汽冷凝、结霜及机械热损等，因此有必要对预冷/预热系统设计进行参数优化，以降低能耗，提高热负荷利用率。

6.3.1 风冷/风热料仓优化

目前，风冷/风热料仓常用轴流式风机（或离心式风机），风机直接安置在搅拌楼料仓的外侧，风在料仓内通过进风道、料层及回风道闭路循环。但是，由于料仓进料口、出料口、检修孔三个仓孔与外界连通，料仓不可能完全封闭，冷/热风就会从这三个孔口处发生泄漏。进、回风道与料仓采用法兰连接，由于运行振动，不可避免在连接处产生漏风，从而造成大量的冷量损耗，尤其是出料口漏风能耗损失更大，因为出料口距离进风口较近，在出料口这一区域易导致冷/热量积聚现象，在骨料出料时导致大量的冷/热风泄漏。结合广西长洲工地现场测量，漏风率为41%~44%。

为减小冷风损耗，需尽可能地减少料仓进料口、出料口的漏风率，改善料仓的锁气效果，主要采用以下措施：

（1）需增大进风道与出料口之间的高度差，目前进风道与出料口直段高差设计约2.0m，可将该高差增加0.5~1.0m，增加出料口料垫的厚度，改善料仓料层锁气效果；另外，在满足下料流量要求的前提下，尽量减小出料口径，以减小出料口的漏风截面面积。

（2）在料仓内设置回风道，增大回风道以上料层厚度，加大骨料进料流量，保证回风道被料流覆盖，回风道至进料口间设置2.5m左右厚料垫，以改善进料口锁气效果。设置回风道还可使料仓内气流更加均匀，改善骨料的热交换效率；密封料仓检修孔，减少冷风漏损。

（3）在风冷料仓进料口安装新型锁气装置。该装置工作原理是使下落速度高的物料，在该设备的导流锁气挡板上受到缓冲而降速，并利用下落的物料堆积重量将封闭的导流缓冲锁气挡板打开，使物料顺利通过。物料下落后，配重杠杆系统使锁气挡板自动复位，保证锁气效果，工作平稳可靠。风冷料仓锁气装置见图6.3-1。

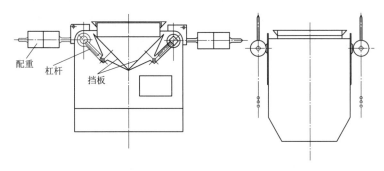

图 6.3-1 风冷料仓锁气装置

6.3.2 风速优化

预冷/预热理论研究中，风速是非常敏感的参数，风速的取值直接影响到骨料的换热效率，风速高固然可以提高骨料的放热速度，但整个冷却过程是在热平衡的条件下进行的，一般来说，大石的粒径大，放热速度慢，如果要求降温幅度过大，不得不加大风速，过量的风势必引起较多的冷量和能量损耗；而小石的放热速度虽快，但因风阻高，风速低，常受热平衡制约，如果降温幅度过大，常因没有足够的风量将所放出的热量带走，片面增加风速同样会引起冷耗和能耗损失。另外，风速加大，料仓风阻加大，导致设备选配风机加大，给工程带来能量损耗，土建、安装费用亦相应增大。因此，既要保证骨料的冷却效果，又要能降低能耗损失，就需要选择经济合理的风速。通过大量的仿真计算及实验研究，料仓风速取值范围：对于 5～20mm 骨料，0.4～0.5m/s；对于 20～40mm 骨料，0.5～0.7m/s；对于 40～80mm 骨料，0.7～0.9m/s；对于 80～150mm 骨料，0.9～1.3m/s。

6.3.3 提高风机热交换效率

轴流式风机（或离心式风机）与空气冷却器的组合体称为冷风机。冷风机是制冷循环过程中四大部件之一，一旦蒸发温度确定，其他条件不变，进、出风温则随冷风机的热交换效率而变化。冷风机工作在低温、高湿、多尘的环境中，常采用加大的翅片间距，以适应结霜和粉尘问题。由于骨料风冷前一般都经过冲洗和脱水，尤其是喷淋后，骨料表面较干净，因此在翅片间积灰的问题得到了缓解，但结霜的危害始终存在。如果不解决好结霜问题，空气冷却器的换热效果将会受结霜层影响。一般在高湿环境下运行空气冷却器，2小时后的换热效率减半，5 小时后只有 1/3。此外，结霜还要损失 4%～8% 的冷量。因此提高换热效率的关键是要合理地除霜。

在冷风机运行初期，由于霜层加糙了翅片表面，因此通过翅片间的风速加大，强化了传热过程。如果经常使霜层厚度维持在 2 mm 以下，则传热系数可提高 50%，这就要求经常除霜，通过水冲霜、热氨化霜及热氨和水冲霜相结合的方法处理。建议设备运行 4 小时冲霜一次，每次冲霜 20 分钟，空气冷却器轮流冲霜。冲霜过程中要损失一些冷量，可把冷风机的霜层当作蓄冷器来利用，将化霜过程变成供冷过程，利用化霜回收冷量，冷却骨料，又不中断冷却；具体方法是供氨采用上进下出，每隔一定时间停止供氨，但停氨不停风。冷风通过料层吸热升温，通过冷风机化霜降温，低温风进料仓再循环冷却骨料，当然，利用霜层冷却应尽量安排在低负荷或生产间歇进行，并辅以水冲霜、粉尘冲洗，以保持空气冷却器翅片表面洁净[9]。

6.4 小结

总之，采用本研究的新程序算法可以更准确地计算骨料的传热特性，使系统设备配置更加经济合理，节省工程投资。因为非稳态传热计算不再以单颗骨料为研究对象，而以骨料堆为研究对象，可以更准确地反映骨料堆中多相传热规律。另外，通过对系统工艺设计参数的优化，调整料仓结构、降低料仓的漏风率、设置合理料仓风速、并提高换热器热交换效率，可达到节能降耗、降低运行成本的目的，产生较好的经济和社会效益。

第 7 章 制冷与供热系统设计

7.1 制冷系统

7.1.1 制冷原理

制冷是以人工的方法，使某一物体或空间达到比环境介质更低的温度，就得不断地从该物体中吸取热量，并转移到周围环境介质中去的过程，简称制冷。

制冷原理，工业制冷主要有压缩制冷、真空制冷和吸收制冷三种。混凝土冷却虽有采用真空制冷的，但实用的主要是压缩制冷。压缩制冷就是对制冷剂进行压缩、冷凝、蒸发、吸热再循环。

7.1.2 制冷剂与载冷剂

7.1.2.1 制冷剂

制冷剂是制冷机中的工作介质，故又称制冷工质。制冷剂在制冷机中循环流动，通过其热力状态的变化与外界发生能量交换，从而实现制冷的目的。可作为制冷剂的物质较多，其主要种类如下：

（1）无机化合物：如水（R718）、氨（R717）、二氧化碳（R744）等，其代号"R"后的第一位数字为7，7后边的数字为该物质相对分子质量的整数部分。

（2）卤代烃（氟利昂）：氟利昂是饱和碳氢化合物的氟、氯、溴衍生物的总称，主要是甲烷和乙烷的衍生物。

（3）烃类（碳氢化合物）：有烷烃类和链烯烃类。

（4）合成工质：合成工质是由两种或两种以上的制冷剂按一定比例相互溶解而成的融合物，分共沸点与非共沸点两种。共沸混合工质的性质与单一工质一样，在恒定的压力下蒸发或冷凝时，蒸发温度或冷凝温度保持不变，且其气相和液相具有相同的组分，其代号"R"后的第一位数字为5，5后边的数字按使用的先后顺序编号，如R501、R502……非共沸混合工质在恒定的压力下蒸发或冷凝时，其蒸发温度或冷凝温度以及气相和液相的组分均不能保持恒定，在组分不同、混合比不同时，会显示出不同的热力学性质，可满足各种制冷要求；其代号"R"后的第一位数字为4，4后边的数字按使用的先后顺序编号，如R401、R402……

常用的制冷剂主要有氨和氟利昂。氟利昂（R22）无毒无臭、不燃不爆、具有良好的热力学特征，而且综合性能也较佳，如运行压力适中；单位容积制冷能力较大，仅次于氨；等熵指数低于氨，因此在相同压力比的条件下，其排气温度较氨低，对设备有良好的润滑作用，广泛用于空调、冰箱生产中。所有氟利昂对铜及电动机的耐氟绝缘漆均不起作用，因此，使结构紧凑的各类封闭式压缩机得以使用。水在各种氟利昂中的溶解度极小，因此，氟利昂制冷系统内部必须干燥，或者应设置干燥器，以防产生"冰塞"现象。但是，氟利昂价格高，管路及附件多要用铜和铝合金材质，并且作为一种"温室效应气体"，其温室效应比二氧化碳大 1700 倍，会破坏大气层中的臭氧，威胁人类赖以生存的环境。2016 年 10 月 10—14 日，《关于消耗臭氧层物质的蒙特利尔议定书》第 28 次缔约方会议在卢旺达首都基加利召开，大会一致通过了"基加利修正案"，以减少温室气体氢氟碳化物（HFCs）的排放，从而在 21 世纪末防止全球升温 0.5℃。根据"基加利修正案"，各缔约方已同意将 HFCs 列入限控清单，并拟定了减排时间表，规定在 2040 年前逐步减少 80％～85％的 HFCs。发达国家率先从 2019 年开始减少 HFCs 的使用。包括中国在内的 100 多个发展中国家将从 2024 年冻结使用 HFCs，印度和巴基斯坦等一些发展中国家从 2028 年开始停止使用 HFCs。对发达国家到 2030 年全面禁用 HFCs，对发展中国家到 2040 年全面禁用 HFCs。在这种行业大环境下，提倡采用环保型冷媒，如 R134a、R410A、R407C、R417A、R404A、R507、R23、R508A、R508B、R152a 等。

氨是使用历史最长的制冷剂，它具有良好的热力学特征，循环过程中高、低压力适中，且具有极大的单位容积制冷量和较高的制冷系数，成本低，不与金属及冷藏油反应，热稳定性好，但具有毒性大、易燃易爆、腐蚀有机配件等缺点。氨有臭味，一旦泄漏，很容易被发现；氨与空气混合的容积浓度在 11％～14％时即可燃烧，在 16％～25％时遇明火就会有爆炸的危险。氨属中温制冷剂，标准蒸发温度为 −33.4℃，凝固温度为 −77.7℃。在双级压缩机中，可获得 −40℃的低温。氨的单位容积制冷量比 R12、R22 大，标准工况下，这三种制冷剂的制冷量分别为 2194kJ/m³、1273kJ/m³、2068kJ/m³，所以，相同温度与制冷量的氨压机尺寸较小。氨与水可以以任意比例互溶，形成氨水溶液，在低温时水也不会从溶液中析出而造成冰塞，所以氨系统不必设置干燥器。氨在润滑油中的溶解度很小，油进入系统后，会在换热器的传热表面上形成油膜，影响传热效果，因此在氨制冷系统中需设油分离器。氨液的密度比润滑油小，运行中油会逐渐存积在贮液器、蒸发器等容器的底部，较方便地从容器底部定期放出。目前，在空调制冷系统中氨几乎不被采用，在水电站工程中广泛采用氨作制冷剂。

近年来，环保制冷剂 R507 在水电站工程已逐步使用，R507 是一种不含氯的共沸混合制冷剂，常温常压下为无色气体，贮存在钢瓶内是被压缩的液化气体。R507 适用于中低温的新型商用制冷设备，主要代替 R22、R502，具有清洁、低毒、不燃、制冷效果好等特点；标准沸点为 −46.8℃，临界温度为 71℃，破坏臭氧潜能值（ODP）为 0。R507 的全球变暖系数值（GWP）为 3985，且价格较高。

氟利昂 R22 饱和状态热力特性见表 7.1−1 及图 7.1−1，氨 R717 饱和状态热力特性见表 7.1−2 及图 7.1−2。

表 7.1－1   氟利昂 R22 饱和状态热力特性

温度	压力	比焓/(kJ/kg)		比熵/[kJ/(kg·K)]		比体积/(L/kg)	
t/℃	P/kPa	液体 h′	蒸气 h″	液体 s′	蒸气 s″	液体 v′	蒸气 v″
−30	163.48	166.14	393.138	0.86976	1.80329	0.72452	135.844
−28	177.76	168.318	394.021	0.87864	1.79927	0.72769	125.563
−26	192.99	170.507	394.896	0.88748	1.79535	0.73092	116.214
−24	209.22	172.708	395.762	0.89630	1.79152	0.73420	107.701
−22	226.48	174.919	396.619	0.90509	1.78779	0.73753	99.9362
−20	244.83	177.142	397.467	0.91386	1.78415	0.74091	92.8432
−18	264.29	179.376	398.305	0.92259	1.78059	0.74436	86.3546
−16	284.93	181.622	399.133	0.93129	1.77711	0.74786	80.4103
−14	306.78	183.878	399.951	0.93997	1.77371	0.75143	74.9572
−12	329.89	186.147	400.759	0.94862	1.77039	0.75506	69.9478
−10	354.30	188.426	401.555	0.95725	1.76713	0.75876	65.3399
−9	367.01	189.571	401.949	0.96155	1.76553	0.76063	63.1746
−8	380.06	190.718	402.341	0.06585	1.76394	0.76253	61.0958
−7	393.47	191.868	402.729	0.97014	1.76237	0.76444	59.0996
−6	407.23	193.021	403.114	0.97442	1.76082	0.76636	57.182
−5	421.35	194.176	403.496	0.9787	1.75928	0.76831	55.3394
−4	435.84	185.335	403.876	0.98297	1.75775	0.77028	33.5682
−3	450.70	196.497	404.252	0.98724	1.75624	0.77226	51.8653
−2	465.94	197.662	404.626	0.99150	1.75475	0.77427	50.2274
−1	481.57	198.828	404.994	0.99575	1.75326	0.77629	48.6517
0	497.59	200.000	405.361	1.00000	1.75279	0.77834	47.1354
1	514.01	201.174	405.724	1.00424	1.75034	0.78041	45.6757
2	530.83	202.351	406.084	1.00848	1.74889	0.78249	44.2702
3	548.06	203.53	406.440	1.01271	1.74746	0.78460	42.9166
4	565.71	204.713	406.793	1.01694	1.74604	0.78673	41.6124
5	583.78	205.899	407.143	1.02116	1.74463	0.78889	40.3556
6	602.28	207.089	407.489	1.02537	1.74324	0.79107	39.1441
7	621.22	208.281	407.831	1.02958	1.74185	0.79327	37.9759
8	640.59	209.477	408.169	1.03379	1.74047	0.79549	36.8493
9	660.42	210.675	408.504	1.03799	1.73911	0.79775	35.7624
10	680.70	211.877	408.835	1.04218	1.73775	0.80002	34.7136
11	701.44	213.083	409.162	1.04637	1.73640	0.80232	33.7013
12	722.65	214.291	409.485	1.05056	1.73506	0.80465	32.7239

温度 t/℃	压力 P/kPa	比焓/(kJ/kg)		比熵/[kJ/(kg·K)]		比体积/(L/kg)	
		液体 h′	蒸气 h″	液体 s′	蒸气 s″	液体 v′	蒸气 v″
13	744.33	215.603	409.804	1.05474	1.73373	0.80701	31.7801
14	766.50	216.719	410.119	1.05892	1.73241	0.80939	30.8683
15	789.15	217.937	410.430	1.06309	1.73109	0.8118	29.9874
16	812.29	219.160	410.736	1.06726	1.72978	0.81424	29.1361
17	835.93	220.386	411.038	1.07142	1.72848	0.81671	28.3131
18	860.08	221.615	411.336	1.07559	1.72719	0.81922	27.5173
19	884.75	222.848	411.629	1.07974	1.72590	0.82175	26.7477
20	909.93	224.084	411.918	1.0839	1.72462	0.82431	26.0032
21	935.64	225.324	412.202	1.08805	1.72334	0.82691	25.2829
22	961.89	226.568	412.484	1.09220	1.72206	0.82954	24.5857
23	988.67	227.816	412.755	1.09634	1.72080	0.83221	23.9107
24	1016.0	229.068	413.025	1.10048	1.71953	0.83491	23.2572
25	1043.9	230.324	413.289	1.10462	1.71827	0.83765	22.6242
26	1072.3	231.583	413.518	1.10876	1.71701	0.84043	22.0111
27	1101.4	232.847	413.802	1.11299	1.71576	0.84324	21.4169
28	1130.9	234.115	414.050	1.11703	1.71450	0.84610	20.8411
29	1161.1	235.387	414.293	1.12116	1.71325	0.84899	20.2829
30	1191.9	236.664	414.530	1.1253	1.71200	0.85193	19.7417
31	1223.2	237.944	414.762	1.12943	1.71075	0.85491	19.2168
32	1255.2	239.230	414.987	1.13355	1.70950	0.85793	18.7076
33	1287.8	240.520	415.207	1.13768	1.70826	0.86101	18.2135
34	1321.0	241.814	415.42	1.14181	1.70701	0.86412	17.7341
35	1354.8	243.114	415.627	1.14594	1.70576	0.86729	17.2686
36	1389.0	244.418	415.828	1.15007	1.70450	0.87051	16.8168
37	1424.3	245.727	416.021	1.15420	1.70325	0.87378	16.3779
38	1460.1	247.041	416.208	1.15833	1.70199	0.8771	15.9517
39	1496.5	248.361	416.388	1.16246	1.70073	0.88048	15.5375
40	1533.5	249.686	416.561	1.16655	1.69946	0.88392	15.1351
41	1571.2	251.016	416.726	1.17073	1.69819	0.88741	14.7439
42	1609.6	252.352	416.883	1.17486	1.69692	0.89097	14.3636
43	1648.7	253.694	417.033	1.17900	1.69564	0.89459	13.9938
44	1688.5	255.042	417.174	1.18310	1.69435	0.89828	13.6341
45	1729.0	256.396	417.308	1.18730	1.69305	0.90203	13.2841

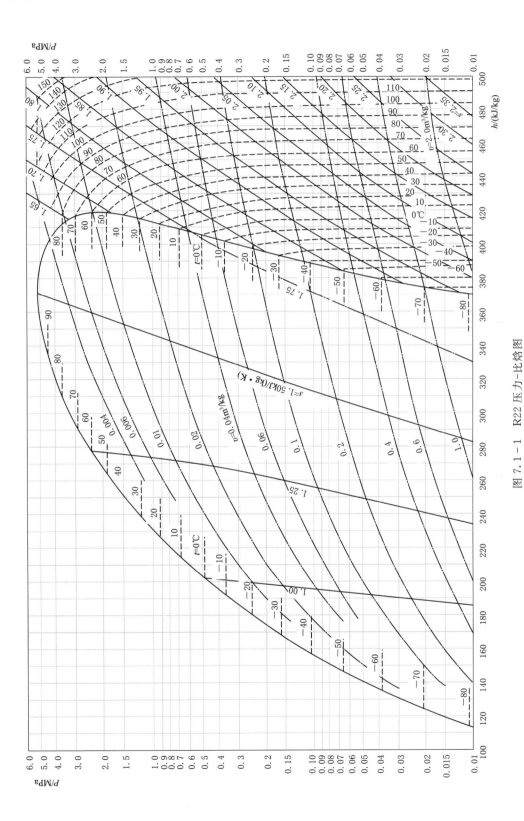

图 7.1-1 R22 压力-比焓图

表 7.1 - 2 　　　　　　　　　　　　　　　　R717 饱和状态热力特性

温度 t/℃	压力 P/kPa	比焓/(kJ/kg)		比熵/[kJ/(kg·K)]		比体积/(L/kg)	
		液体 h′	蒸气 h″	液体 s′	蒸气 s″	液体 v′	蒸气 v″
−30	119.36	60.469	1421.262	0.46089	6.05750	1.4753	963.49
−28	131.46	69.517	1424.170	0.49797	6.02374	1.4808	880.04
−26	144.53	77.870	1426.993	0.53483	5.99056	1.4864	805.11
−24	158.63	87.742	1429.762	0.57155	5.95794	1.4920	737.70
−22	173.82	96.916	1432.465	0.60813	5.92587	1.4977	676.97
−20	190.15	106.130	1435.100	0.64458	5.89431	1.5035	622.14
−18	207.67	115.381	1437.665	0.68108	5.86325	1.5093	572.57
−16	226.47	124.668	1440.160	0.71702	5.83268	1.5153	527.68
−14	246.59	133.988	1442.581	0.75300	5.80256	1.5213	486.96
−12	268.10	143.341	1444.929	0.78883	5.77289	1.5274	449.97
−10	291.06	152.423	1447.201	0.82448	5.74365	1.5336	416.32
−9	303.12	157.424	1448.308	0.84224	5.72918	1.5367	400.63
−8	315.56	162.132	1449.396	0.86026	5.71481	1.5399	385.65
−7	328.40	166.846	1450.464	0.87772	5.70054	1.5430	371.35
−6	341.64	171.567	1451.513	0.89526	5.68637	1.5462	357.68
−5	355.31	176.293	1452.541	0.91254	5.67229	1.5495	344.61
−4	369.39	181.025	1453.550	0.93037	5.65831	1.5527	332.12
−3	383.91	185.761	1454.468	0.94785	5.64441	1.5560	320.17
−2	398.88	190.503	1455.505	0.96529	5.63061	1.5593	308.74
−1	414.29	195.249	1456.452	0.98267	5.61689	1.5626	297.74
0	430.17	200.000	1457.739	1.00000	5.60326	1.5660	287.31
1	446.52	204.754	1458.284	1.01728	5.5897	1.5693	277.28
2	463.34	209.512	1459.168	1.03451	5.57642	1.5727	267.66
3	480.66	214.273	1460.031	1.05168	5.56286	1.5762	258.45
4	498.47	219.038	1460.873	1.06880	5.54954	1.5796	249.61
5	516.79	223.805	1461.693	1.08587	5.53630	1.5831	241.14
6	535.63	228.574	1462.492	1.10288	5.52314	1.5866	233.02
7	554.99	233.346	1463.269	1.11966	5.51006	1.5902	225.22
8	574.89	238.119	1464.023	1.13672	5.49705	1.5937	217.74
9	595.34	242.894	1463.757	1.15365	5.48410	1.5973	210.55
10	616.35	247.670	1465.466	1.17034	5.47123	1.6010	203.65
11	637.92	252.447	1466.154	1.18706	5.45842	1.6046	197.02
12	660.07	257.225	1466.82	1.20372	5.44568	1.6083	190.65

续表

温度 t/℃	压力 P/kPa	比焓/(kJ/kg)		比熵/[kJ/(kg·K)]		比体积/(L/kg)	
		液体 h′	蒸气 h″	液体 s′	蒸气 s″	液体 v′	蒸气 v″
13	682.80	262.003	1467.462	1.22032	5.43300	1.6120	184.53
14	706.13	266.781	1468.082	1.23686	5.42039	1.6158	178.64
15	754.62	271.559	1468.680	1.25333	5.40784	1.6196	172.98
16	779.80	276.336	1469.25	1.26974	5.39534	1.6234	167.54
17	805.62	281.113	1469.805	1.28609	5.39291	1.6273	162.30
18	832.09	285.888	1470.332	1.30238	5.37054	1.6311	157.25
19	859.22	290.662	1470.836	1.32660	5.35824	1.6351	152.40
20	887.01	295.435	1471.317	1.33476	5.34595	1.6390	147.72
21	887.01	300.205	1471.774	1.35085	5.33374	1.64301	143.22
22	915.48	304.975	1472.207	1.36687	5.32158	1.64704	138.88
23	944.65	309.741	1472.616	1.38283	5.30948	1.65111	134.69
24	974.52	314.505	1473.001	1.39873	5.29742	1.65522	130.66
25	1005.1	319.266	1473.362	1.41451	5.28541	1.65936	126.78
26	1036.4	324.025	1473.699	1.43031	5.27345	1.66354	123.03
27	1068.4	328.780	1474.011	1.44600	5.26153	1.66776	119.41
28	1101.2	333.532	1474.839	1.46163	5.24966	1.67203	115.92
29	1134.7	338.281	1474.562	1.47718	5.23784	1.67633	112.56
30	1169.0	343.026	1474.801	1.49269	5.22605	1.68068	109.30
31	1204.1	347.767	1475.014	1.50809	5.21431	1.68507	106.17
32	1240.0	352.504	1475.175	1.52345	5.20261	1.68950	103.13
33	1276.7	357.237	1475.366	1.53872	5.19095	1.69398	100.21
34	1314.1	361.966	1475.504	1.55397	5.17932	1.69850	97.376
35	1352.5	366.691	1475.616	1.56908	5.16774	1.70307	94.641
36	1391.6	371.411	1475.703	1.54160	5.15619	1.70769	91.998
37	1431.6	376.127	1475.765	1.59917	5.14467	1.71235	89.442
38	1472.4	380.838	1475.800	1.61411	5.13319	1.71707	86.970
39	1514.1	385.548	1475.810	1.62897	5.12174	1.72183	84.580
40	1556.7	390.247	1475.795	1.64379	5.11032	1.72665	82.266
41	1600.2	394.945	1475.750	1.65852	5.09894	1.73152	80.028
42	1644.6	399.639	1475.681	1.67319	5.08758	1.73644	77.861
43	1689.9	404.320	1475.586	1.68780	5.07625	1.74142	75.764
44	1736.2	409.011	1475.463	1.70234	5.06495	1.74645	73.733
45	1783.4	413.69	1475.314	1.71681	5.05367	1.75154	71.766

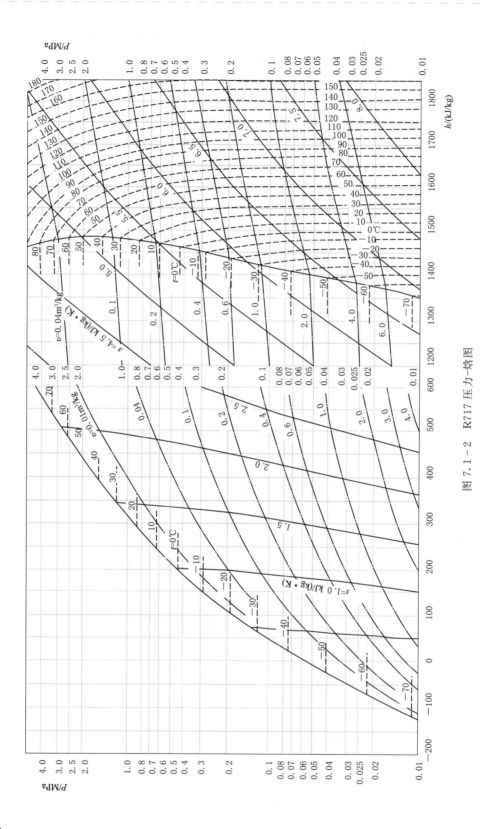

图 7.1-2　R717 压力-焓图

7.1.2.2 载冷剂

载冷剂是在间接制冷系统中，用来传递冷量的中间介质。制冷装置的制冷量，通过载冷剂的循环流动传递给被冷却对象。载冷剂应具有以下主要性能：

（1）在传递冷量过程中，不应凝固与汽化。

（2）比热容大。在传递一定冷量时，比热容大的载冷剂其流量小，减少了循环泵的功率。

（3）密度小，黏性也小，载冷剂的循环流动过程中的阻力小，泵的耗功率也少。

（4）热导率高，可减少热交换器的面积。

（5）稳定性好，与大气接触不分离，不改变其物理和化学性能。

常用载冷剂的种类和性能如下：

（1）水。水的凝固点为0℃，沸点为100℃，比热容大，密度小，化学性能稳定，而且价格极低。在一般的空调制冷系统中，水是一种理想的载冷剂。中央空调大量使用冷水机组，就是用水作为载冷剂，在制冷剂和空气之间传递冷量。

（2）盐水。在工作温度低于0℃时，通常采用不同浓度的盐水作为载冷剂，如：大型冰块的制作等。常用的盐水载冷剂有氯化钠和氯化钙两种溶液。氯化钠溶液的共晶点为－21.2℃，质量分数为23.1%。氯化钙溶液的共晶点为－55.0℃，质量分数为29.9%。为了保证盐溶液在流动过程中不产生析冰现象，通常盐水溶液的凝固点应比制冷剂的蒸发温度低5～8℃。

7.1.3 制冷工艺

单级蒸气压缩制冷系统，是由制冷压缩机、冷凝器、蒸发器和节流阀四个基本部件组成。它们之间用管道依次连接，形成一个密闭的系统。制冷剂在系统中不断地循环流动，发生状态变化，与外界进行热量交换。液体制冷剂在蒸发器中吸收被冷却的物体的热量之后，汽化成低温低压的蒸汽、被压缩机吸入、压缩成高压高温的蒸汽后排入冷凝器、在冷凝器中向冷却介质（水或空气）放热，冷凝为高压液体，经节流阀节流为低压低温的制冷剂，再次进入蒸发器吸热汽化，达到循环制冷的目的。单级蒸气压缩制冷理论循环见图7.1-3（图中1—2为压缩过程，2—2′为冷却过程，2′—3为冷凝过程，3—4为节流过程，4—1为蒸发过程）。

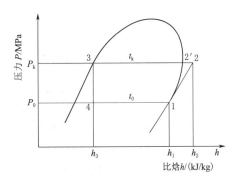

图 7.1-3 单级蒸气压缩制冷理论
循环示意图

1—压缩机吸气点；2—压缩机排气点；
3—冷凝器出液点；4—节流阀出液点

性能指标与热力计算式为

（1）单位质量制冷量
$$q_0 = h_1 - h_4 = h_1 - h_3 \qquad (7.1-1)$$

（2）单位容积制冷量
$$q_v = \frac{q_0}{v_1} = \frac{h_1 - h_4}{v_1} \qquad (7.1-2)$$

（3）制冷剂质量流量
$$M_R = \frac{Q_0}{q_0} \qquad (7.1-3)$$

（4）制冷剂体积流量　　　　　　$V_R = M_R v_1 = \dfrac{Q_0}{q_v}$ 　　　　　　　　（7.1-4）

（5）单位质量冷凝热　　　　　　$q_k = h_2 - h_3$ 　　　　　　　　　　　（7.1-5）

（6）冷凝器负荷　　　　　　　　$Q_k = M_R q_k = M_R (h_2 - h_3)$ 　　　　　（7.1-6）

（7）单位质量耗功率　　　　　　$W_c = h_2 - h_1$ 　　　　　　　　　　（7.1-7）

（8）压缩机理论耗功率　　　　　$P_{th} = M_R W_c = M_R (h_2 - h_1)$ 　　　　（7.1-8）

以上式中　　q_0——单位质量制冷量，kJ/kg；

　　　　　　h_1——制冷剂离开蒸发器的状态，也是进入压缩机的状态，kJ/kg；

　　　　　　h_2——制冷剂离开压缩机的状态，也是进入冷凝器的状态，kJ/kg；

　　　　　　h_3——制冷剂离开冷凝器时的状态，也是进入节流阀的状态，kJ/kg；

　　　　　　h_4——制冷剂离开节流阀的状态，也是进入蒸发器的状态，kJ/kg；

　　　　　　q_v——单位容积制冷量，kJ/m³；

　　　　　　v_1——压缩机吸入蒸气的比体积，m³/kg；

　　　　　　Q_0——制冷装置的制冷量，kW；

　　　　　　M_R——制冷剂质量流量，kg/s；

　　　　　　V_R——制冷剂体积流量，m³/s；

　　　　　　q_k——单位质量冷凝热，kJ/kg；

　　　　　　Q_k——冷凝器负荷，kW；

　　　　　　W_c——单位质量耗功率，kJ/kg；

　　　　　　P_{th}——压缩机理论耗功率，kW。

　　制冷工艺涵盖了制冷系统冷负荷及设备的计算选择、制冷剂的供液方式、流程设计等内容。本章对水电站工程混凝土预冷设计所涉及的预冷方式及其对应的冷负荷和主要制冷设备的计算选择、工艺布置、管路设计保冷、预冷混凝土生产安全以及安装与调试进行叙述。混凝土预冷方式有预冷骨料、预冷拌和水及加片冰拌和。其中：预冷骨料又分骨料堆场降温、风冷骨料、水冷骨料。制冷主要设备有制冷压缩机、冷凝器、蒸发器，辅助设备有高压贮液器、低压循环桶、油分离器、紧急泄氨器、空气分离器、集油器、氨泵、冷却塔、水泵等；首先根据采用的预冷方式进行冷负荷计算，再将设计工况下的冷负荷折算成标准工况（冷凝温度30℃，蒸发温度-15℃）进行压缩机的选择配置。

　　水电站混凝土预冷系统的设计，已知的计算依据通常是由施工组织设计安排的高温季节高峰月预冷混凝土浇筑强度，以及由大坝温控设计工程师提出的温控混凝土出机口温度。依据高温季节高峰月预冷混凝土浇筑强度计算预冷混凝土生产能力；了解预冷混凝土浇筑方法（平铺法、台阶法、碾压混凝土斜层铺筑法），混凝土分层浇筑时，必须在下坯混凝土初凝前覆盖上坯混凝土，需按预冷混凝土初凝条件校核小时生产能力；两个生产能力值，取大者为确定的预冷混凝土生产能力，用于冷负荷计算。依据预冷混凝土配合比及工程所在地的气象条件，计算确定混凝土自然拌和出机口温度。依据采取的温控措施，计算预冷混凝土出机口温度、相应措施的各项冷负荷以及总冷负荷。只有确定了混凝土预冷系统规模的大小，才能计算相对应规模的设备选配。

7.1.3.1 高温季节预冷混凝土生产能力、混凝土自然拌和出机口温度及预冷混凝土出机口温度计算

（1）预冷混凝土生产能力：

$$Q_\mathrm{L} = \frac{K_\mathrm{h} Q_\mathrm{ML}}{M N_\mathrm{L}} \tag{7.1-9}$$

式中　Q_L——预冷混凝土小时设计生产能力，$\mathrm{m^3/h}$；

　　　K_h——不均匀系数，取 1.5；

　　　Q_ML——高温季节各月预冷混凝土浇筑强度，$\mathrm{m^3/月}$；

　　　M——月工作天数，d，取 25d/月；

　　　N_L——预冷系统日工作小时数，h，三班制，取 20h。

（2）按预冷混凝土初凝条件校核小时生产能力 Q_L（$\mathrm{m^3/h}$）：

$$Q_\mathrm{L} = 1.1 \times \frac{SD}{t} \tag{7.1-10}$$

式中　S——最大浇筑仓的仓面面积，$\mathrm{m^2}$；

　　　D——最大浇筑仓的铺料厚度，m；

　　　t——混凝土的初凝时间，h，与所用水泥种类、气温、混凝土的浇筑温度、外加剂等因素有关，在没有试验资料的情况下参照表 7.1-3 选取；有温控要求时，t 值应按设计要求的上坯混凝土允许覆盖时间考虑。

式（7.1-10）适用于平铺法浇筑。对于台阶法、碾压混凝土斜层铺筑法，由施工单位提供需要的混凝土小时最大浇筑强度。

表 7.1-3　　　　　　　　　　混凝土初凝时间（未掺加外加剂）

浇筑温度/℃	初凝时间/h		浇筑温度/℃	初凝时间/h	
	普通水泥	矿渣水泥		普通水泥	矿渣水泥
30	2	2.5	10	4	4.0
20	3	3.5			

（3）混凝土自然拌和出机口温度：

$$T_\mathrm{0L} = \frac{\sum G_i c_i T_i + \sum G_{gi} c_\mathrm{w} i_i T_i + Q_\mathrm{j}}{\sum (G_i c_i + G_{gi} c_\mathrm{w} i_i)} \tag{7.1-11}$$

$$Q_\mathrm{j} = \frac{42 P \tau}{V} \tag{7.1-12}$$

式中　T_0L——高温季节混凝土自然拌和出机口温度，℃；

　　　T_i——每立方米混凝土中第 i 种材料的温度，℃；对于骨料取当地多年月平均气温，加盖遮阳或地弄取料可降低/升高（高温/低温季节）1～2℃。

　　　G_i——每立方米混凝土中第 i 种材料的质量，$\mathrm{kg/m^3}$；

　　　c_i——第 i 种材料的比热容，$\mathrm{kJ/(kg \cdot ℃)}$；

　　　c_w——水的比热容，$\mathrm{kJ/(kg \cdot ℃)}$，一般 c_w 取 4.2$\mathrm{kJ/(kg \cdot ℃)}$；

　　　G_{gi}——每立方米混凝土中第 i 种骨料的质量，$\mathrm{kg/m^3}$；

i_i——每立方米混凝土中第 i 种骨料的含水率，%；

Q_j——每立方米混凝土拌和时的机械热，kJ/m³；

P——搅拌机的电动机功率，kW；

τ——搅拌时间，min；

V——搅拌机容量，m³；按有效出料容积计。

（4）预冷混凝土出机口温度：

$$T_L = \frac{\sum G_i c_i T_{iL} + \sum G_i c_w i_i T_{iL} - 335 \eta_b G_b + Q_j}{\sum\limits_{i=1}^{n} (G_i c_i + G_i c_w i_i)} \tag{7.1-13}$$

式中　T_L——预冷混凝土出机口温度，℃；

T_{iL}——每立方米混凝土中第 i 种材料的温度，℃，对采取预冷措施的材料，取预冷后的温度；

335——冰的溶解热，kJ/kg；

η_b——冰的冷量利用率，以小数计；干燥负温冰可取 1.0，潮湿冰可取 0.9；

G_b——每立方米混凝土的加冰量，kg/m³。

其他符号意义同前。

7.1.3.2　主要制冷设备的计算选择

制冷设备的选择计算是在耗冷量计算的基础上进行的，制冷设备选择的恰当与否将会影响到整个制冷装置的运转特性、经济性指标和管理工作，因此在设计制冷系统时应予以重视。

1. 制冷压缩机选择

制冷压缩机的选择，其制冷量应满足生产工艺不同的蒸发温度冷负荷要求。制冷量包括用户实际所需的制冷量以及系统本身和供冷系统的冷损失。

（1）冷负荷计算。

1）制冷装置制冷量计算式为

$$Q_0 = (1+A) Q \tag{7.1-14}$$

式中　Q_0——制冷装置的制冷量，kW；

Q——用户实际所需的制冷量，kW；

A——冷损失附加系数，空调工况下（冷凝温度 35℃，蒸发温度 0℃），对于间接供冷系统，当制冷量小于 174kW 时，$A=0.15\sim0.20$；当制冷量为 174～1744kW 时，$A=0.10\sim0.15$；当制冷量大于 1744kW 时，$A=0.05\sim0.07$；对于直接供冷系统，A＝0.05～0.07。

2）拌和水冷却冷负荷：

$$Q_{wL} = 0.278 \times 10^{-3} k_{wL} Q_L G_{LW} c_w (t_{wJ} - t_{wC}) \tag{7.1-15}$$

式中　Q_{wL}——设计工况下的拌和冷水冷负荷，kW；

k_{wL}——拌和冷水冷量损耗系数及裕度系数，取 1.1～1.2；

Q_L——预冷混凝土小时设计生产能力，m³/h；

c_w——水的比热容，kJ/(kg·℃)，一般取 4.2kJ/(kg·℃)；

G_{LW}——每立方米混凝土可外加拌和冷水量，kg/m³；

t_{wJ}——制冷水设备的进水温度,℃;

t_{wC}——制冷水设备的出水温度,℃。

3）制冰冷负荷:

$$Q_b = 0.278 k_b G_B [c_w (t_{BW} - 0) + c_B (0 - t_B) + 335] \qquad (7.1-16)$$

式中 Q_b——计算工况下的制冰冷负荷,kW;

k_b——制冰冷量损耗及裕度系数,通常取 $1.20 \sim 1.25$;

G_B——制冰能力,t/h;

t_{BW}——制冰用水水温,℃;

c_B——冰的比热容,kJ/(kg·℃),一般取2.1kJ/(kg·℃);

t_B——冰温,℃。

4）设计工况下第 i 种骨料风冷冷负荷:

$$Q_{gi} = 0.278 \times 10^{-3} \times k_a Q_L G_{gi} c_g (t_{i1} - t_{i2}) \qquad (7.1-17)$$

式中 Q_{gi}——第 i 种骨料风冷冷负荷,kW;

k_a——风冷骨料冷量损耗及裕度系数;

Q_L——预冷混凝土小时设计生产能力,m^3/h;

G_{gi}——每立方米混凝土中第 i 种骨料的质量,kg/m^3;

c_g——骨料的比热容,kJ/(kg·℃);

t_{i1}——第 i 种骨料冷却前的温度,℃;

t_{i2}——第 i 种骨料冷却后的温度,℃。

5）设计工况下风冷骨料冷负荷:

$$Q_{gf} = \sum_{i=1}^{n} Q_{gi} \qquad (7.1-18)$$

式中 Q_{gf}——风冷骨料冷负荷,kW;

n——风冷骨料种类数。

6）水冷骨料冷负荷:

$$Q_{LW} = 0.278 (1 + k_{s1} + k_{s2}) k_{s3} G_{LW} c_{gw} \Delta t_{wg} \qquad (7.1-19)$$

$$k_{s3} = 1 + k_{s4} \left(\frac{T_a}{T_b + \Delta t_w} - 1 \right) \qquad (7.1-20)$$

式中 Q_{LW}——设计工况下的水冷骨料冷负荷,kW;

k_{s1}——冷水在系统中的冷量损耗系数,k_{s1} 可取 $0.20 \sim 0.25$;

k_{s2}——冷却廊道或冷却隧洞或冷却罐或冷却仓的冷量损耗系数,估算时 k_{s2} 可取 $0.10 \sim 0.15$,冷却廊道或冷却隧洞喷淋冷却时取较大值;

k_{s3}——由于水量损失而补充常温水的冷量补偿系数;

G_{LW}——每小时需要冷却的骨料量,t/h;

c_{gw}——含水骨料的比热容,kJ/(kg·℃);

Δt_{wg}——水冷骨料的降温幅度,℃;

k_{s4}——水冷骨料水量损失系数,通常取 $0.05 \sim 0.10$;

T_a——常温水水温,℃;

T_b——水冷骨料冷水水温，℃；

Δt_w——计及冷耗的水冷骨料冷水温升值，℃。

7）设计工况下大体积混凝土冷却水冷负荷可按下式计算：

$$Q_{Dw} = 0.278 \times 10^{-3} k_{Dw} G_{Dw} \rho_w c_w (t_{wJ} - t_{wC}) \qquad (7.1-21)$$

式中 Q_{Dw}——设计工况下大体积混凝土冷却水冷负荷，kW；

k_{Dw}——大体积混凝土冷却水冷量损耗及裕度系数，k_{Dw} 取 1.1～1.2；

G_{Dw}——大体积混凝土冷却水生产能力，m_3/h；

ρ_w——水的密度，kg/m^3，$\rho_w = 1000 kg/m^3$；

c_w——水的比热容，$kJ/(kg \cdot ℃)$，c_w 取 $4.2 kJ/(kg \cdot ℃)$；

t_{wJ}——冷水生产设备的进水温度，℃；

t_{wC}——冷水生产设备的出水温度，℃。

8）总冷负荷

$$Q_{LZ} = \sum_{i=1}^{n} \left(\frac{Q_{Li}}{k_i} \right) \qquad (7.1-22)$$

式中 Q_{LZ}——总冷负荷，kW；

Q_{Li}——冷却拌和水、加冰拌和、风冷骨料、水冷骨料及大体积混凝土冷却水设计工况下的冷负荷，kW；$Q_{Li} = Q_0$，也可按式（7.1-15）～式（7.1-21）方法计算；

k_i——由设计工况转换为标准工况的工况换算系效，k_i 值根据设备生产厂商的相关资料选取。

（2）确定制冷系统设计工况。确定制冷系统设计工况主要指蒸发温度、冷凝温度、过冷温度和压缩机吸气温度等工作参数。

1）蒸发温度即制冷剂在蒸发器中汽化时的温度，用 t_0 表示。蒸发温度关系到压缩机的制冷能力、制冷系数、设备投资等。水电站工程一般对大体积混凝土、强约束区部位进行混凝土预冷，混凝土预冷规模大，使用期短，故选用较低的蒸发温度可减少辅助设备和设施投资。如用空气作冷媒则蒸发温度较冷媒温度低 8～10℃，即 $t_0 = t' - (8 \sim 10)$；如以水或盐水作冷媒时，则蒸发温度较冷媒温度低 4～6℃，即 $t_0 = t' - (4 \sim 6)$，式中 t' 为冷媒所要求的温度（℃）。

2）冷凝温度即制冷剂在冷凝器中液化的温度，用 t_k 表示。冷凝温度与环境温度、所用冷凝器型式、冷却方式及冷却介质有关。

对于立、卧式和淋激式冷凝器，若进、出水温度为 t_1、t_2 时，其冷凝温度为

$$t_k = (5 \sim 7) + \frac{t_1 + t_2}{2} \qquad (7.1-23)$$

对于蒸发式冷凝器，冷凝温度为

$$t_k = (5 \sim 10) + t_{ws} \qquad (7.1-24)$$

式中 t_{ws}——室外计算湿球温度，℃。

3）过冷温度 t_{gl} 在二级压缩制冷中，高压液体过冷温度比中间温度高 5℃。

4）吸气温度 t_{xq} 与制冷系统供液方式、吸气管长短、管径大小、供液多少及隔热等因

素有关。对氨制冷系统，压缩机允许吸气温度及吸气过热度见表 7.1-4。

表 7.1-4　　　　　　　压缩机允许吸气温度及吸气过热度　　　　　　单位:℃

蒸发温度	0	-5	-10	-15	-20	-25	-28
吸气温度	1	-4	-7	-10	-13	-16	-18
过热度	1	1	3	5	7	9	10

活塞式制冷压缩机，二级压缩的中间温度和中间压力，设计工况的冷凝压力与蒸发压力之比 $\frac{P_k}{P_0} \leqslant 8$（以氨为制冷剂）或 $\frac{P_k}{P_0} \leqslant 10$（以 R12 或 R22 为制冷剂）时，则采用单机压缩；若 $\frac{P_k}{P_0} > 8$（以氨为制冷剂）或 $\frac{P_k}{P_0} > 10$（以 R12 或 R22 为制冷剂）时，则采用两机压缩。

螺杆式制冷压缩机，根据其结构特点，它的内容积比是随外界温度的变化而变化的，国内规定有 2.6、3.6 和 5.0 三种。螺杆式制冷压缩机工况适应范围见表 7.1-5。移动滑阀可以进行内容积比的无级调节，能适应不同的工况需要。螺杆式制冷压缩机的单级压缩比大，有较宽的运行条件。带经济器的单级螺杆式制冷压缩机，运行效率更高。在混凝土预冷工程中，一般单级压缩机都能满足低温要求[9]。

表 7.1-5　　　　　　　　　螺杆式制冷压缩机工况适应范围

内容积比	适应压缩比	$t_0/$ ℃	压缩比	$t_0/$ ℃	压缩比	$t_0/$ ℃	压缩比
		$t_k=30$℃		$t_k=40$℃		$t_k=45$℃	
2.6	<4	5	2.2	5	3.2	5	
		0	2.72			0	4.14
		-10	4.0	-3	4.05		4.14
3.6	4~6.3	-10	4.0	-3	4.05	0	4.14
		-20	6.13	-14	6.3	-11	6.37
5.0	6.3~9.7	-20	6.13	-14	6.3	-11	6.17
		-30	9.7	-24	9.8	-21	9.78

（3）选择制冷压缩机。根据制冷系统总冷负荷及系统的设计工况，确定压缩机台数、型号和与其匹配的电动机功率。压缩机台数为

$$m = \frac{Q_{LZ}}{Q_{0g}} \tag{7.1-25}$$

式中　　m——压缩机台数，台;

Q_{LZ}——总冷负荷，kW，标准工况/设计工况;

Q_{0g}——每台压缩机标准工况/设计工况下的制冷量，kW。

注：压缩机台数的选择，Q_{LZ}、Q_{0g} 必须是在同一工况下的取值。

　　一般情况下，厂家可提供压缩机特性曲线，水电站工程最常用的是螺杆式制冷压缩机，现以 LG25Ⅲ（Ⅱ）A 型为例（图 7.1-4）：①在蒸发温度为−20℃，冷凝温度为 35℃时，制冷能力为 $Q_0=900\text{kW}$，轴功率 $P_e=340\text{kW}$，相应制冷能效系数 COP＝900/340＝2.65；②在蒸发温度为−10℃，冷凝温度为 35℃时，制冷能力为 $Q_0=1400\text{kW}$，轴功率 $P_e=370\text{kW}$，相应 COP＝1400/370＝3.78。

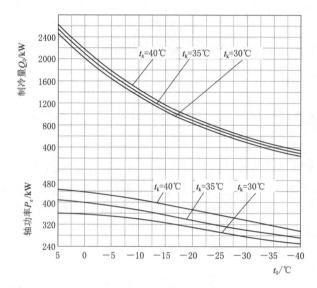

图 7.1-4　LG25Ⅲ（Ⅱ）A 型螺杆式制冷压缩机性能曲线

　　2. 冷凝器的选择

　　(1) 冷凝器的选择原则。冷凝器的选择主要取决于当地的水温、水质、水源、气候条件，以及压缩机房的布置要求等因素：

　　1) 一般水质差、水温较高、水量比较充裕的地区，宜采用立式冷凝器。

　　2) 水质较好、水温较低的地区宜采用卧式壳管式冷凝器。

　　3) 在缺乏水源或夏季室外空气湿球温度较低的地区，可采用蒸发式冷凝器。

　　(2) 冷凝器的热负荷。冷凝器的热负荷是指制冷剂蒸汽在冷凝器中排放出的总热量。其包含制冷剂在蒸发器中吸收的热量及在压缩过程中所获得的机械功，其计算式为

$$Q_k=Q_0+P_e \tag{7.1-26}$$

或

$$Q_k=k_cQ_0 \tag{7.1-27}$$

式中　Q_k——冷凝器的热负荷，kW；

　　　　Q_0——制冷剂在蒸发器中吸收的热量，即设计工况下的制冷量，kW；

　　　　P_e——压缩机在设计工况下的轴功率，kW；

　　　　k_c——冷凝器热负荷系数，它随制冷工况的变化而改变，对于空调用的制冷装置一般取 1.15～1.20。

　　(3) 冷凝器的传热面积。冷凝器的传热面积可按下式计算：

$$Q_k=KA_c\Delta t_m=K\frac{\Delta t_m}{q_c} \tag{7.1-28}$$

式中　A_c——冷凝器的传热面积，m^2；

　　　K——冷凝器的传热系数，$W/(m^2 \cdot K)$，见表 7.1 - 6；

　　　q_c——冷凝器的单位面积热负荷，W/m^2，见表 7.1 - 6；

　　　Δt_m——制冷剂与冷却介质的对数平均温差，℃；

$$\Delta t_m = \frac{t_2 - t_1}{\ln \dfrac{t_k - t_1}{t_k - t_2}} \tag{7.1 - 29}$$

式中　t_1——冷凝器进水温度，℃；

　　　t_2——冷凝器出水温度，℃；

　　　t_k——冷凝温度，℃。

表 7.1 - 6　　　　　　　　　常用冷凝器的 K、q_c 及 Δt_m 值

制冷剂	冷凝器型式	$K/[W/(m^2 \cdot K)]$	$q_c/(W/m^2)$	$\Delta t_m/(m/℃)$
氨	立式壳管式	700~800	4000~4500	5~7
	卧式壳管式	700~900	4000~5000	5~7
	蒸发式	580~760	1400~1800	2~3
	淋激式	700~1000	4000~5800	4~6
氟利昂	卧式壳管式	850~900	4500~5000	5~7
	风冷式（机械通风）	24~28	240~290	8~12
	套管式	1100	3500~4000	4~6

　　冷凝器使用一段时间后，由于污垢的影响，其传热性能会降低，因此，选择冷凝器时，其计算面积应有 10%~15% 的富裕量。此外，若系统不设过冷器时，卧式壳管式冷凝器的传热面积也可再加大 5%~10%，以保证液态制冷剂有 3~5℃ 的过冷度。根据所确定的冷凝器传热面积，并参考压缩机台数及系统布置等因素，确定冷凝器的台数，查阅制冷厂商产品明细选择合适型号的冷凝器。

　　（4）冷凝器冷却水量计算。冷凝器中制冷剂放出的热量等于冷却水所得到热量。冷凝器冷却水量计算式为

$$G_{sh} = 3600 \frac{Q_k}{c_w (t_2 - t_1)} \tag{7.1 - 30}$$

式中　G_{sh}——冷凝器冷却水量，kg/h；

　　　t_1、t_2——进、出水温度，℃。

　　根据计算冷凝器所需的冷却水量，查阅冷却塔厂商产品明细选择合适型号的冷却塔。

　　（5）蒸发式冷凝器计算。蒸发式冷凝器的作用是将机组中蒸发器吸收的热量和压缩机输入的能量排出到环境中。确定总排热量可以为系统选出合适的冷凝器型号。

　　确定设计条件，即冷凝温度和湿球温度。目前，蒸发式冷凝器的排热量尚未统一规定是在哪种条件下而计算的数值，各厂商提供的产品性能参数是在自身确定的名义工况下测出的数值，使用时需根据实际情况，查阅对应制冷剂的排热量校正系数表进行修正。如某厂商设定名义工况排热量是指冷凝温度 $t_0 = 36℃$，空气进口湿球温度 $t_s = 26℃$ 的数据。

R717 排热量校正系数见表 7.1-7。排热量计算式可参考：

$$Q_P = Q_0 + P_e \tag{7.1-31}$$

$$Q_k = k_x Q_P \tag{7.1-32}$$

式中　Q_P——压缩机总排热量，kW；

　　　　Q_0——压缩机在设计工况下的制冷量，kW；

　　　　P_e——压缩机的轴功率，kW；

　　　　k_x——某种制冷剂排热量校正系数。

　　根据修正后的总排热量（冷凝器的热负荷），查阅选定厂商产品资料，结合压缩机选定台数、冷凝器布置情况，确定其型号、数量。

表 7.1-7　　　　　　　　　　　　R717 排热量校正系数

冷凝温度 /℃	空气进口湿球温度/℃																				
	10	12	14	16	17	18	19	20	21	22	23	24	25	26	27	28	29	30
29	0.72	0.78	0.86	0.96	1.01	1.09	1.18	1.30	1.43	1.60	1.84	2.16	2.66					
30	0.68	0.73	0.81	0.88	0.94	1.00	1.07	1.15	1.27	1.40	1.59	1.79	2.13					
31	0.64	0.68	0.74	0.82	0.86	0.91	0.97	1.04	1.12	1.22	1.36	1.52	1.74	2.06				
32	0.61	0.65	0.69	0.74	0.80	0.84	0.89	0.95	1.02	1.10	1.20	1.34	1.49	1.70	2.02			
33	0.57	0.61	0.65	0.70	0.73	0.78	0.82	0.87	0.92	0.99	1.07	1.16	1.29	1.45	1.66	1.96		
34	0.55	0.58	0.62	0.66	0.69	0.72	0.76	0.80	0.85	0.90	0.96	1.04	1.14	1.27	1.42	1.63	1.90	
35	0.52	0.54	0.58	0.62	0.64	0.67	0.70	0.73	0.78	0.83	0.88	0.94	1.02	1.11	1.23	1.37	1.59	1.85
36	0.50	0.52	0.55	0.59	0.61	0.63	0.66	0.69	0.72	0.75	0.81	0.86	0.92	1.00	1.09	1.22	1.35	1.57
37	0.47	0.49	0.52	0.55	0.57	0.59	0.61	0.64	0.67	0.70	0.73	0.79	0.84	0.90	0.97	1.06	1.21	1.33
38	0.45	0.47	0.50	0.53	0.55	0.56	0.58	0.60	0.62	0.65	0.68	0.72	0.76	0.82	0.88	0.96	1.04	1.19
39	0.43	0.45	0.47	0.50	0.52	0.53	0.54	0.56	0.58	0.61	0.63	0.67	0.70	0.74	0.80	0.86	0.95	1.04
40	0.42	0.43	0.45	0.48	0.49	0.50	0.52	0.53	0.55	0.58	0.60	0.62	0.66	0.69	0.73	0.78	0.85	0.93
41	0.40	0.41	0.43	0.45	0.46	0.47	0.49	0.50	0.52	0.54	0.56	0.58	0.61	0.64	0.67	0.71	0.76	0.83
42	0.39	0.40	0.41	0.43	0.44	0.45	0.47	0.48	0.49	0.51	0.53	0.55	0.57	0.60	0.62	0.66	0.70	0.74
43	0.37	0.38	0.39	0.41	0.42	0.43	0.44	0.45	0.46	0.48	0.50	0.51	0.53	0.55	0.58	0.61	0.65	0.69
44	0.36	0.37	0.38	0.39	0.40	0.41	0.42	0.43	0.44	0.46	0.47	0.49	0.50	0.52	0.54	0.57	0.60	0.63
45	0.34	0.35	0.36	0.37	0.38	0.39	0.40	0.41	0.42	0.43	0.44	0.46	0.47	0.49	0.51	0.53	0.56	0.58

　　3. 蒸发器的选择

　　（1）蒸发器的选择原则。蒸发器型式的选择，主要是从生产工艺和供冷方式来考虑。对于自带冷源的空调机组，应采用翅片式蒸发器；对于不挥发载冷剂的开式循环系统，可采用水箱型蒸发器；对具有挥发性的载冷剂循环系统，采用闭式循环的集中空调冷水系统，用卧式壳管蒸发器等。水电站工程混凝土预冷设备冷风机的空气冷却器常采用翅片式蒸发器。

（2）蒸发器传热面积计算：

$$A_c = \frac{Q_0}{K \Delta t_m} = \frac{Q_0}{q_A} \qquad (7.1-33)$$

式中　A_c——蒸发器的传热面积，m^2；

　　　Q_0——压缩机在设计工况下的制冷量，kW；

　　　K——蒸发器的传热系数，$W/(m^2 \cdot K)$，见表 7.1-8；

　　　q_A——蒸发器的单位面积热负荷，W/m^2，见表 7.1-8；

　　　Δt_m——制冷剂与载冷剂的对数平均温差，℃。

其中

$$\Delta t_m = \frac{t_{l1} - t_{l2}}{\ln \dfrac{t_{l1} - t_0}{t_{l2} - t_0}} \qquad (7.1-34)$$

式中　t_{l1}——载冷剂进蒸发器的温度，℃；

　　　t_{l2}——载冷剂出蒸发器的温度，℃；

　　　t_0——蒸发温度，℃。

表 7.1-8　　　　　　　　　　常用蒸发器的 K 与 q_A 值

蒸发器型式		制冷剂	载冷剂	$K/[W/(m^2 \cdot K)]$	$q_A/(W/m^2)$	$\Delta t_m/℃$	载冷剂流速/[W/(m/s)]
满液式	卧式壳管式	氨	水	450～500	2300～3000	5～6	1～1.5
		氨	盐水	400～450	2000～2500	5～6	1～1.5
		氟利昂	水	350～450	1800～2500	5～6	1～1.5
	直立管式冷水箱	氨	水	500～550	2500～3500	5～6	0.5～0.7
		氨	盐水	450～500	2300～2900	5～6	0.5～0.7
	螺旋管式冷水箱	氨	水	500～550	2800～3500	5～6	0.5～0.7
		氨	盐水	400～450	2000～2500	5～6	0.5～0.7
非满液式	干式壳管式	氟利昂	水	500～550	2500～3000	5～6	>4
	直接蒸发式	氟利昂	空气	30～40	350～450	12～14	2～3
	光管冷却排管	氟利昂	空气	14		8～10	自然对流
	肋管冷却排管	氟利昂	空气	5～10		8～10	自然对流

以盐水作载冷剂时，进出蒸发器的盐水温差取 2～3℃；若以淡水作载冷剂时，则取 5℃。计算蒸发器传热面积，应考虑 10%～15% 的富裕量，再参考压缩机台数、系统形式、运行要求等因素，确定蒸发器台数，并查阅制冷厂商产品明细，选择合适型号的蒸发器。

（3）载冷剂水循环量。载冷剂水循环量是根据蒸发器的热负荷和载冷剂水的进出口温差来确定，计算式为

$$G_{zs} = 3600 \frac{Q_0}{c_P (t_{l1} - t_{l2})} \qquad (7.1-35)$$

式中　G_{zs}——载冷剂水的循环量，kg/h；

　　　c_P——载冷剂水的比热容，$kJ/(kg \cdot K)$；

其他符号意义同式（7.1-33）、式（7.1-34）。

4. 冷风机的选择

水电站工程混凝土预冷系统风冷骨料是常用于降低混凝土温度的措施之一。风冷骨料是在粗骨料仓（罐）内以冷空气（冷风）作为冷介质来预冷骨料。当加冷水、加片冰拌和不能满足混凝土出机口温度要求时，可选择风冷粗骨料。风冷粗骨料通常利用混凝土生产系统二次筛洗后的骨料调节料仓或搅拌楼料仓作为冷却仓，对搅拌站而言，因搅拌站自带的配料仓容积有限，可另设骨料预冷仓或对其自带配料仓进行改造成风冷骨料。根据混凝土所需的降温幅度，可考虑采取一次风冷或两次风冷。两次风冷骨料就是采用不同温度的冷风，在不同的料仓内对粗骨料进行冷却。粗骨料在骨料调节料仓中被冷风冷却到一定的温度（通常称为一次风冷），然后由带式输送机输送到搅拌楼料仓或搅拌站料仓，再被冷却至所需骨料终温（通常称为二次风冷）。

风冷骨料主要是依靠冷空气在粗骨料仓、空气冷却器以及连接风管内强制循环，使骨料与冷空气进行换热，从而达到降低骨料温度的目的。冷风机由空气冷却器与风机组成，其循环风量、空气冷却器的冷负荷及冷却面积、风冷骨料料层风阻等参数计算如下。

（1）风冷骨料的冷风循环风量：

$$W_{Li} = \frac{3600 k_s Q_{gi}}{\rho_a (i_{c2} - i_{c1})} \qquad (7.1-36)$$

式中　　W_{Li}——第 i 种骨料的冷风循环风量，m^3/h；

　　　　　k_s——风量损耗系数，k_s 取 1.05；

　　　　　Q_{gi}——第 i 种骨料风冷冷负荷，kW；

　　　　　ρ_a——冷风的密度，kg/m^3；

　　　　　i_{c1}——风冷骨料各分料仓进风的比焓，kJ/kg；

　　　　　i_{c2}——风冷骨料各分料仓出风的比焓，kJ/kg。

（2）空气冷却器的冷负荷：

$$Q_{fi} = 0.278 \times 10^{-3} W_{Li} y_a [(i_{f1} - i_{f0}) + (d_{f1} - d_{f0})(335 - c_B t_0)] \qquad (7.1-37)$$

式中　　Q_{fi}——设计工况下各分料仓空气冷却器的冷负荷，kW；

　　i_{f0}、i_{f1}——风冷骨料各分料仓空气冷却器进、出口冷风的比焓，kJ/kg，按进、出口冷风的温度和相对湿度选取；

　　d_{f0}、d_{f1}——风冷骨料各分料仓空气冷却器进、出口冷风的含湿量，kg/kg；

　　　　　t_0——制冷剂的蒸发温度，当 t_0 大于或等于 0℃时，t_0 取 0℃；

其他符号意义同式（7.1-16）、式（7.1-36）。

根据多个工程统计归纳，进风温度初步可按比骨料终温低 5～15℃选取；回风温度，理论而言，与骨料终温相等时，其热量进行了充分热交换，但实际运行差异较大。一次风冷回风温度在低于骨料终温 3℃至高于骨料终温 5℃之间；二次风冷回风温度在高于骨料终温 0～5℃范围内出现的概率较高。

（3）空气冷却器冷却面积：

$$F_{KL} = \frac{Q_{fi} k_m}{k_k \Delta t_k} \qquad (7.1-38)$$

式中　F_{KL}——风冷骨料各分料仓空气冷却器冷却面积，m^2；

　　　k_m——空气冷却器的冷损耗综合系数，取 1.05；

　　　k_k——空气冷却器的传热系数，$kW/(m^2 \cdot \text{℃})$，按设备技术文件取值；

　　　Δt_k——制冷剂蒸发温度与空气冷却器进出冷风温度的对数平均温差，一般 Δt_k 取 12～16℃。

（4）风冷骨料料层阻力。

1）每米料层阻力：

$$\Delta P_f = k_f v^{1.8} \qquad (7.1-39)$$

式中　ΔP_f——冷风穿透每米料层阻力，Pa；

　　　k_f——与风冷骨料粒径有关的阻力系数，骨料粒径为 80～150mm（G1）时，k_f 取 200；骨料粒径为 40～80mm（G2）时，k_f 取 300；骨料粒径为 20～40mm（G3）时，k_f 取 450；骨料粒径为 5～20mm（G4）时，k_f 取 1040；

　　　v——以风冷骨料各分料仓几何面积计算的全断面风速，m/s；对于 G1、G2、G3、G4 骨料，风速取值分别为 0.9～1.3m/s、0.7～0.9m/s、0.5～0.7m/s、0.4～0.55m/s。

按式（7.1-39）绘制的气流阻力曲线见图 7.1-5。

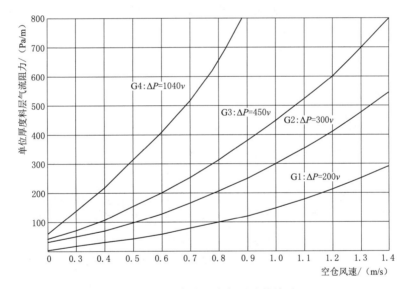

图 7.1-5　气流阻力与风速的关系

2）冷却区料层阻力：

$$P_{Lf} = H_L \times \Delta P_f \qquad (7.1-40)$$

式中　P_{Lf}——冷风穿透料层阻力，Pa；

　　　H_L——风冷骨料各分料仓冷却层高，m。

（5）冷风机风压。冷风机风压除考虑料层阻力外，还需计入空气冷却器、风道、风管及风管附件的阻力。空气冷却器阻力由设备供应商提供，其余风管及附件的阻力可以按采暖通风相关设计手册计算，通常冷风在风管内的流速不大于 20 m/s，因此也可以取工程经验数据。

5. 片冰机、冰库及输冰

加片冰拌和混凝土主要利用冰的溶解热，使混凝土在拌和时得到降温。由于冰能代替部分拌和水加入混凝土中，直接对混凝土进行降温，其工艺简单，冷量利用率高，可灵活调整预冷系统的预冷负荷和混凝土出机口温度，因此，除加冷水拌和外，在加片冰拌和、风冷粗骨料、水冷粗骨料预冷措施中，对常态混凝土，若采取加片冰拌和措施能满足降温要求，一般首选加片冰拌和。

水电站工程加片冰预冷混凝土从 20 世纪 80 年代就开始替代人工破碎的粒冰，加片冰拌和混凝土，相对加粒冰，缩短混凝土搅拌时间约 1 分钟，从而可提高搅拌楼预冷混凝土生产能力。片冰厚度一般为 1.5～2.5mm，呈不规则片状。国产片冰机产能最小 3t/d，最大 60t/d，水电站工程应用最多的为 30t/d、45t/d、60 t/d。混凝土加冰量与混凝土配合比要求的水量、成品骨料含水率、外加剂用水、混凝土预冷方式组合有关。在细骨料含水率小于 6%、粗骨料含水率 0.2%～1% 时，碾压混凝土加冰量为 10～25kg/m³，常态混凝土加冰量为 30～50kg/m³，制冰蒸发温度为 −22～−18℃，冰温为 −10～−8℃。据经验值统计，冷量利用率为 90% 时，每立方米混凝土加 10kg 片冰，降低混凝土出机口温度 1.0～1.3℃。预冷系统制冰能力应根据混凝土需冰量及冰库的储冰调节能力等因素确定。需冰量可按预冷混凝土生产能力和每立方米混凝土加冰量计算。制冰系统宜按每天 24 小时连续生产设计。片冰机产冰量计算式为

$$G_{m} = \frac{\eta G_{b} Q_{ML}}{25 \times 1000} \tag{7.1-41}$$

式中　G_{m}——片冰机产冰量，t/d；

G_{b}——第 i 种级配混凝土的单位加冰量，kg/m³；

η——冰的损耗补偿系数，片冰为 1.1～1.2；

Q_{ML}——高温季节各月预冷混凝土浇筑强度，m³/月；

25——月工作天数，d/月。

冰库一般直接布置于片冰机下方，冰库有圆筒式、长方体式。圆筒式储量为 2～10t，适用于食品、水产、医疗等卫生要求高的场所。长方体式储量为 7～150t，7t、15t、18t、20t 为集装箱式，30～150t 为组合式，水电站工程应用最多的为 20～100t。冰库的储冰调节能力应根据预冷混凝土浇筑强度及环境温度确定。冰库有效库容不应小于系统所配置冰机 4 小时的产冰量。

输冰有 3 种方式，即螺旋机输送、气力输送、胶带机输送。螺旋机单根最长 12m（节之间连接没有箍），最大输送长度不超过 60m，角度小于 35°，输送量为 12～25t/h，常用12～15t/h。气力输送风温宜小于 10℃，风速为 30～32m/s，水平距离小于 200m，垂直高度小于 20m，输送量为 6～45t/h，常用 8～15t/h。胶带机输送，输送量大，不易损坏片冰形状，不和片冰产生机械摩擦，但需做好密封和保温，以隔绝外界气温对片冰的影响；带速宜为 1.2～2m/s，输送距离不超过 50m。

6. 其他辅助设备

其他辅助设备如高压贮液器、低压循环桶等可参考《制冷工程设计手册》等相关资料

进行计算或与主机配套由制冷厂家匹配。

7.1.3.3　供液方式

以氨为制冷剂，采用单级压缩机为例，解述制冷剂的供液方式。向蒸发器（空气冷却器、片冰机）供液方式分3种，即直接供液、重力供液、氨泵供液。

（1）直接供液是指对蒸发器的供液只经过膨胀阀直接进入蒸发器而不经过其他设备（图7.1-6）。直接供液系统简单，操作调试方便，但蒸发器换热效果差，制冷工况变化过大时，易引起制冷压缩机液击。该供液方式一般用于蒸发器（或空气冷却器）与高压贮液器液面之间几何高差不大于12m，同时液体过冷度需能够克服供液管道阻力和供液高差产生的饱和温度差。混凝土预冷系统常用此供液方式制取冷水。

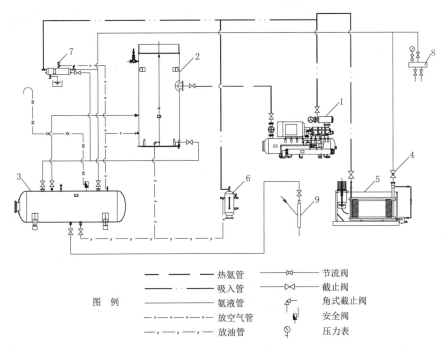

图例
———— 热氨管　　　⊲⊳ 节流阀
—··— 吸入管　　　▷◁ 截止阀
———— 氨液管　　　⨽ 角式截止阀
—·—·— 放空气管　　　⨍ 安全阀
—,—,— 放油管　　　⊘ 压力表

图 7.1-6　直接供液氨制冷系统

1—螺杆制冷压缩机；2—冷凝器；3—贮液器；4—调节阀；5—蒸发器；

6—集油器；7—空气分离器；8—加氨站；9—紧急泄氨器

（2）重力供液是利用制冷剂液柱的重力向蒸发器输送低温的氨液。这种系统是将经调节阀（膨胀阀）的制冷剂先经过氨液分离器，将其中氨汽分离后，使氨液借助氨液柱的重力自氨液分离器经液体调节站而进入蒸发器（蒸发排管）。为了保证制冷压缩机的安全运行，防止湿冲程，蒸发器（蒸发排管）中氨汽用管路先接入氨液分离器，将氨汽中所携带的氨液分离出来再进入螺杆制冷压缩机。在低温系统中，为了对蒸发排管进行热氨冲霜，除了设高压贮液器外，还设有排液桶；排液桶构造与高压贮液器相似，它的作用是对蒸发排管进行热氨冲霜时，将蒸发排管中的氨液收集贮存起来。当蒸发排管表面的温度低于空气露点温度时，空气中的水分就会析出而凝结在管的外壁上。当管壁温度低于冰点时，在管的外表面就会结成霜层。由于霜层的导热系数远比金属小，这样就会影响蒸发排管的传热，使传热系数减小。这种情况对翅片管的影响更大，因为当翅片管外表面结霜时，不但加厚了传热的固体层，使导热热阻增大，而且使翅片间的空气流动受阻，减小了外表面的对流换热系数和换热面积，因此就会使制冷装置工作恶化，制冷量降低，耗电量增加，所以应定期及时除霜。氨制冷系统采用高压过热氨蒸汽冲霜，可从螺杆制冷压缩机的排气管（使用活塞压缩机时，从氨油分离器后的排气管）上引出，接至氨气调节站，再利用蒸发排管的回气管，完成热氨输送，因为该处的排气温度较高，含油量少，这样可缩短冲霜时间和减少油对蒸发排管的污染。重力供液系统供液均匀，是国内中、小型冷库广泛采用的供液方式。但对于大型水电站工程，其蒸发器换热效率虽然较高，但稳定性差，不宜用于冷负荷变化大的水冷和不能连续冷却的风冷系统。该供液方式一般要求氨液分离器的设置高度（指液面）应高于最高层蒸发排管 0.5～2.0m，最好是 1～2m。如果氨液分离器安装过低，当液柱的静压差不能克服管路系统的阻力时，将会影响供液量。重力供液氨制冷系统见图 7.1-7。

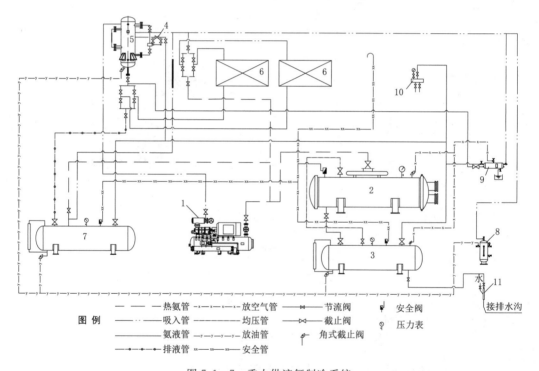

图 7.1-7　重力供液氨制冷系统

1—螺杆制冷压缩机；2—冷凝器；3—高压贮液器；4—调节阀；5—氨液分离器；6—蒸发排管；

7—排液桶；8—集油器；9—空气分离器；10—加氨站；11—紧急泄氨器

（3）氨泵供液制冷系统，是利用氨泵向蒸发排管（空气冷却器）输送低温氨液。这种系统是利用氨泵的机械作用克服管路阻力来输送氨液，其使用设备与工作原理基本同重力供液。水电站混凝土预冷系统氨泵供液方式最为常用，因系统制冷量大，需要的制冷剂量亦大，因此采用存贮量较大的低压循环桶替代氨液分离器；因空气冷却器采用水冲霜，故取消了排液桶。氨泵供液制冷系统具有以下优点：

1) 由于依靠氨泵的机械作用来输送氨液，因而低压循环桶的设置高度可降低。

2) 氨液在蒸发器（空气冷却器）中是强迫流动，蒸发换热效率提高，能保证长距离、大高差供液。

3) 经过调节后容易达到均匀供液。

4) 便于集中控制和实现自动化，方便融霜，操作简单。

氨泵供液，氨泵吸入口静液柱（氨泵中心线与低压循环桶正常液面间距），齿轮泵为1.0～1.5m；离心泵视蒸发温度不同而有差异，−15℃系统为1.5～2.0m，−28℃系统为2.0～2.5m，−33℃系统为2.5～3.0m。负荷稳定，蒸发器组数少，或不易积油的蒸发器氨泵流量按蒸发量的3～4倍计，负荷有波动，蒸发器组数多，或容易积油的蒸发器氨泵流量按蒸发量的4～6倍计。氨泵进液管流速一般可采用0.4～0.5m/s，出液管则为0.8～1.0m/s。氨泵供液氨制冷系统见图7.1−8。根据氨液进入空气冷却器的位置，有"上进下出"和"下进上出"两种形式。上进下出供液方便回油，蒸发器充液量较少，适用空气冷却器频繁冲霜。下进上出，蒸发器充液量较多，利于均匀供液，但易集油。

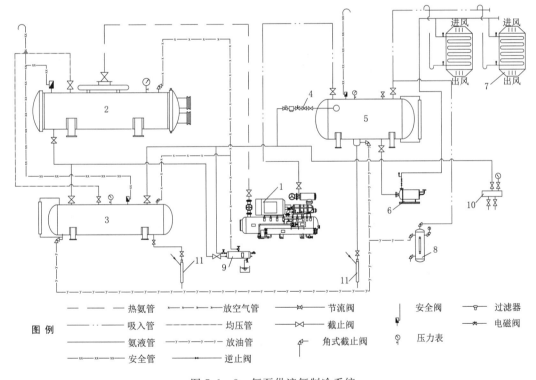

图 7.1−8　氨泵供液氨制冷系统

1—螺杆制冷压缩机；2—冷凝器；3—高压贮液器；4—调节阀；5—低压循环桶；6—氨泵；
7—空气冷却器；8—集油器；9—空气分离器；10—加氨站；11—紧急泄氨器

上述3种供液方式，冷凝器、压缩机一般采用水冷式居多。特点是氨液冷却效果较好，但布置占地较大，耗水量较大，能耗较大。目前在水电站工程中，为减少制冷车间占地面积，应用蒸发式冷凝器逐步取代传统的水冷式冷凝器冷却氨液，并通过热虹吸罐输送氨液至螺杆制冷压缩机，使制冷压缩机降温冷却。该工艺省略了水冷方式的冷却塔，很大程度上降低了循环水泵的功率，此工艺在水电站工程逐步得到推广应用。风冷骨料直接供液和氨泵供液工艺流程简图分别见图 7.1 - 9 和图 7.1 - 10。

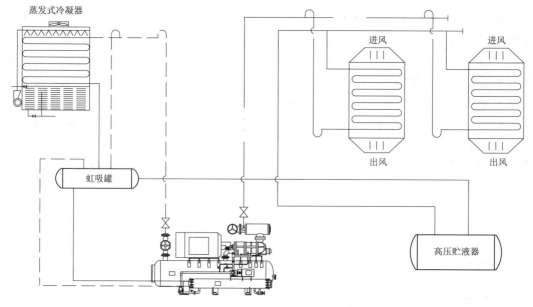

图 7.1 - 9　风冷骨料直接供液工艺流程简图

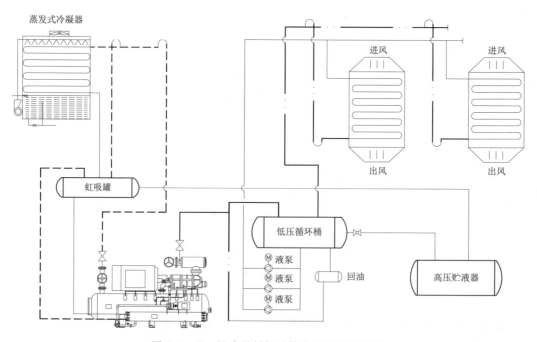

图 7.1 - 10　风冷骨料氨泵供液工艺流程简图

7.1.4 制冷厂的布置

混凝土预冷系统的布置应与常温混凝土生产的主要车间、设施布置相协调，并符合安全及消防有关规定。基于氨的性质，氨制冷机房的布置，同时还需满足《氨制冷企业安全规范》（AQ 7015—2018）的规定。制冷厂应靠近服务对象进行布置。

7.1.4.1 制冷厂机房布置规定

（1）制冷机房宜靠近冷负荷中心，房屋建筑应满足防雨、防火、防震、通风采光、设备安装及维修等要求，同时尽可能使设备布置紧凑，以节省建筑面积。

（2）氨压缩式制冷装置宜布置在建（构）筑物内，制冷机房与其控制室、值班室相邻布置时，应采用耐火极限不低于3h的防火隔墙隔开，并设置独立的安全出口。隔墙上的观察窗应为甲级固定防火窗；当确需设置连通门时，应采用开向机房的甲级防火门。

（3）制冷厂机房应有安全可靠的进出口，通向室外的门应向外开，且不少于2个出口，出口应分散布置在相对两侧。

（4）机房内主要操作通道宽度不应小于1.3m；制冷机与其他设备或分配站之间的距离不应小于1m；制冷机之间的距离不应小于1m，制冷机房非主要通道宽度不应小于0.8m。

（5）机房的设备布置和管道连接应符合工艺流程要求，并便于安装、操作与维修。

（6）氨制冷机房应设置氨气浓度自动监测报警系统、自然通风和事故通风设施，并在高压贮液器、低压循环贮液器上方设置自动喷淋装置。

（7）机房紧邻混凝土系统的配电所、控制室布置时，应采用不开门窗洞口的防火墙分隔，且机房及其控制室、配电所屋顶耐火极限不应低于1h。

7.1.4.2 制冷厂辅助设备布置规定

（1）立式壳管式冷凝器应布置在室外，卧式壳管式冷凝器宜布置在室内，蒸发式冷凝器宜布置在室外通风良好的地方。

（2）冷凝器的安装高度应保证制冷剂液体能自流进入高压贮液器，采用蒸发式冷凝器时，蒸发式冷凝器出液管与热虹吸贮液器的液面距离应大于冷凝器的压力降。

（3）高压储液器布置在室外时，应设置遮阳设施。

（4）低压循环桶（氨液分离器）的布置高度应满足氨泵吸入口需保持的静液柱高度。

（5）氨油分离器宜布置在室外，并靠近冷凝器。洗涤式氨油分离器的进液口应低于冷凝器出液口200～250mm。

（6）水泵机组宜集中布置，采取隔声、减震措施。

（7）紧急泄氨器的布置应便于操作，用于事故排氨或泄氨。

7.1.5 管路设计与保冷

预冷系统的管道设计，应根据其工作压力、工作温度、输送制冷剂的特性等工艺条件，并结合周围的环境和各种荷载条件进行。

预冷系统管道设计应满足下列要求：

（1）应满足工艺流程设计要求，布置合理，操作、维修方便，运行安全，经济适用，兼顾美观；应根据水电站工程建设特点，符合现行国家标准《冷库设计规范》（GB 50072—2010）的规定。

（2）应合理选择管径，缩短管线长度，管道内的介质不产生闪发气体。

（3）润滑油应能顺利排放和回收，不应积聚在制冷系统管道内。

（4）预冷系统部分停机或全部停机时，制冷剂液体不应进入制冷压缩机。

制冷系统管道应采用无缝钢管，制冷剂管道内壁不应镀锌；制冷剂管道的阀门等附件可采用法兰连接，管道应采用焊接。制冷剂管道管径的选择应按其允许压力降和允许制冷剂的流速综合分析确定。制冷回气管的允许压力降相当于制冷剂饱和温度降低 1℃；制冷排气管的允许压力降，相当于制冷剂饱和温度升高 0.5℃。制冷剂在管道内的压力损失与其通过管道的流速相关，以制冷管道氨制冷剂允许流速可以参见表 7.1-9。

表 7.1-9   制冷管道氨制冷剂允许流速   单位：m/s

管道名称	允许速度	管道名称	允许速度
吸气管	10～16	低压供液管	0.8～1.0
排气管	12～25	溢流管	0.2
冷凝器至贮液器的液体管	<0.6	蒸发器至氨液分离器（低压循环桶）的回气管	10～16
冷凝器至节流阀的液体管	1.2～2.0	氨泵系统中低压循环桶至氨泵的进液管	0.4～0.5
高压供液管	1.0～1.5		

预冷系统的管道设计应符合现行国家标准《压力管道规范 工业管道》（GB/T 20801.1—2020～GB/T 20801.6—2020）和《工业金属管道设计规范》（GB 50316—2000，2008 年版）的规定。

制冷厂冷水及循环冷却水吸水管中的流速宜符合表 7.1-10 的规定，冷水及循环冷却水出水、供水干管中的流速宜符合表 7.1-11 的规定。

表 7.1-10   冷水及循环冷却水吸水管中的流速

管径 /mm	$d \leqslant 250$	$d > 250$	备 注
吸水管水流速度/(m/s)	1.5～2.0	2.0～2.5	水泵直接从供水干管中吸水
吸水管水流速度/(m/s)	1.0～1.2		水泵从集水池吸水

表 7.1-11   冷水及循环冷却水出水、供水干管中的流速

管径/mm	$d \leqslant 250$	$250 < d < 500$	$d \geqslant 500$
供水干管水流速度/(m/s)	1.5～2.0	2.0～2.5	2.5～3.0
出水管水流速度/(m/s)	1.5	2.0	2.5

预冷系统管道的敷设方式，宜采用地上架空敷设，也可采用地下敷设。制冷剂管道布置时，供液管应避免形成气囊，回气管应避免形成液囊。低压侧制冷剂管道的直线段大于100m，高压侧制冷剂管道直线段大于 50m，应设置管道补偿装置，并应在管道的适当位

置，设置导向支架和滑动支、吊架。预冷系统管道的走向及坡比，采用氨制冷剂时，应利于制冷剂与冷冻油的分离；采用氟利昂为制冷剂时，应利于系统的回油。

预冷系统中所用的阀门、仪表及测控元件，均应选用与其使用的制冷剂相适应的专用元器件。

预冷系统的所有低温设备、低温管道及其附件、阀门等均应进行保冷。采用热氨融霜方式时，融霜用热氨管应隔热保温。预冷系统中穿过墙体、楼板等处的保冷管道，应采取不使管道保冷结构中断的措施。预冷系统的冷却设施、设备及管道的保冷层厚度应满足保冷层外表面不产生凝结水的要求；保冷层外面应设保护层。保冷层厚度可参考相关设计手册计算。

预冷系统的设备及管道涂色按规定颜色标识，预冷系统设备及管道涂色应符合表 7.1-12 的规定，并标识介质名称且用箭头标出介质流向。

表 7.1-12 预冷系统设备及管道涂色规定

设备及管道	颜色（色标）	设备及管道	颜色（色标）
制冷压缩机及机组、空气冷却器	按产品出厂涂色涂装	制冷高压气体管、安全管、均压管	大红（R03）
气液分离器、低压循环贮液器、低压桶、中间冷却器、排液桶	天酞蓝（PB09）	放空气管	乳白（Y11）
油分离器	大红（R03）	放油管	黄（YR02）
冷凝器	银灰（B04）	各种阀体	黑色
贮液器	淡黄（Y06）	截止阀手轮	淡黄（Y06）
集油器	黄（YR02）	节流阀手轮	大红（R03）
制冷高、低压液体管	淡黄（Y06）	消防水管	大红（R03），并在管道上标识"消防专用"
制冷吸气管	天酞蓝（PB09）		

7.1.6 预冷混凝土生产安全技术

目前，预冷混凝土生产主要采用氨作为制冷剂，依据《危险化学品重大危险源辨识》（GB 18218—2018）中的规定，氨的临界量为10t，超过10t属于重大危险源。鉴于氨的性质，应采用单元内危险化学品实际存在量与其现行国家标准临界量的比值，经校正系数校正后的比值之和作为分级指标。采取相应的安全预防措施。

7.1.6.1 自动化保护装置

安全阀是制冷系统中常用的防止压力过高的安全保护阀件。当系统中的压力过高，此阀开启，系统向外泄放制冷剂，使系统压力下降。预冷系统内所有储存制冷剂且在压力下工作的制冷设备和容器应设安全阀。安全阀应设置泄压管，总泄压管出口应高于周围50m内除制冷车间或制冷楼外的最高建（构）筑物的屋脊5m，并应采取防止雷击及防止雨水、杂物落入泄压管内的措施。除安全阀之外，系统还会使用一些自动安全控制器件，如高低压差控制器、压差保护器、温度控制器、液位控制器等，可按器件厂商说明使用。

7.1.6.2　氨气检测报警装置

氨气检测报警装置是由探测器与报警控制器组成的工业用氨气安全检测仪器。探测器固定在可能有氨气泄漏的室内、设备周边等区域危险场所。当检测报警器探测到环境中氨气浓度达到或超过预置报警值时，报警器通过屏蔽电缆线将信号传到报警控制器，控制器立即发出声光报警，同时可启动排风装置或关闭电磁阀切断气源，以达到安全防护的作用，避免重大事故发生。

7.1.6.3　安全措施

（1）采用氨作为制冷剂时，应设计爆炸危险区域划分图。

（2）混凝土预冷系统应遵循安全设计、事故预防优先、可靠性优先等设计原则。安全设施设计应包括下列内容：①工艺系统设计；②总平面布置；③设备及管道；④电气；⑤自控仪表；⑥其他防范设施；⑦事故应急措施及安全管理机构；⑧采用氨作制冷剂，还包括安全预评价报告。

（3）制冷车间、制冷楼高压和低压区需分别设置紧急泄氨器，布置在便于操作的地方，用于事故排氨或泄氨，在紧急情况下，将氨液溶于水，排至经当地环境保护主管部门批准的消纳缸或水池中。

（4）制冷车间、制冷楼应提供充分的局部排风、全面通风。

（5）预冷系统的制冷车间、制冷楼、变配电室、控制室等的消防设计应符合现行国家标准《建筑设计防火规范》（GB 50016—2014，2018 年版）的规定。

（6）制冷车间、制冷楼应设有防雷接地保护及电气设备防护，避免人体触电事故、短路以及电火花引起火灾。

（7）安全标志应满足下列要求：

1）易发生事故或危及生命的场所和设备，以及需要提醒操作人员注意的地点，均应按现行国家标准《安全标志及其使用导则》（GB 2894—2008）和《消防安全标志　第 1 部分：标志》（GB 13495.1—2015）设置安全标志。

2）需要迅速发现并引起注意以防发生事故的场所、部位均应涂安全色，安全色按现行国家标准《安全色》（GB 2893—2008）选用。

3）预冷系统的设备、管道涂色及介质名称和流向见 7.1.5 节相关内容。

（8）制冷车间、制冷楼的设备操作、运行需制定严格的规章制度，运行、维护人员需持证上岗。

（9）建立明确严格、科学的安全操作规程和规章制度，对氨系统及相关系统进行定期安全和消防演习，加强安全管理与检查。

7.1.7　安装与调试

7.1.7.1　总则

制冷系统的安装和试运行是混凝土预冷系统建设的一个重要环节，其安装和试运行质量的好坏、正确与否将会给整个系统以后的操作管理、安全运行、维护检修、经济效果和使用寿命带来直接影响，所以制冷系统的安装和试运行工作应该严格按照合理的规程进行，安装工作必须与土建、水电等各个环节密切配合，力求高标准、高质量地完成任务。

7.1.7.2 安装

按照设计图纸及设备出厂说明，检查设备和所带附件是否齐全，产品质量、规格、型号是否符合设计要求。检查设备基础的位置、尺寸和土建预埋件及孔洞是否符合设计要求。

（1）螺杆式制冷压缩机的安装：

1）螺杆式制冷压缩机安装施工及验收应执行国家标准《制冷设备、空气分离设备安装工程施工及验收规范》（GB 50274—2010）有关规定。

2）根据螺杆氨制冷压缩机基础图，核实地脚螺栓孔位置和螺栓长度后再浇筑基础混凝土。

3）清理地脚螺栓预埋孔，将氨压缩机整体吊装就位。

4）将氨压缩机调平，使其纵横向水平度不超过 1/1000，固定地脚，用 C30 细石混凝土回填预留孔，待混凝土强度达到 75% 时后再拧紧螺栓，并复查机组精度是否符合要求，再用水泥砂浆填实机器底板与基础之间的空隙并抹光基础。

5）氨压缩机接管前，先清洗吸、排管和阀门，管道做好支承。连接时尽可能自由连接，防止机组变形，而影响电机和螺杆式氨制冷压缩机的对中。

6）氨压缩机安装好后，重新校正电机与压缩机，使电机与主机轴线同心，其不同轴度不大于 0.08mm，端面跳动不大于 0.05mm。

7）氨压缩机安装完成以后，进行气密性试验和真空试验。氨压缩机组的气密性试验采用干燥压缩空气或氮气进行，高压部分气密性试验压力 2.0MPa，低压部分气密性试验压力 1.8MPa。当高、低部分区分有困难时，在检漏阶段，高压部分应按高压系统的试验压力进行，保压时，可按低压系统的试验压力进行。放气时将机组最下端排污阀打开借助机内压力排污。真空试验用真空泵将氨压缩机内的剩余压力抽至小于 8kPa（氟利昂系统应小于 5.3kPa），保持 24h，其压力上升不超过 0.667kPa 为合格[10]。

8）氨压缩机安装过程中，安装人员切实做好安装记录，以便系统调试及投产运行时供操作人员参考。

（2）辅助设备安装。氨制冷辅助设备主要指冷凝器、贮液器、低压循环桶、集油器、氨泵、空气分离器、空气冷却器等压力容器。

1）在安装前进行单体排污、干燥，以 0.5～0.6MPa（表压）压缩空气反复吹污，一般不少于 3 次，直到无污物排出为止。

2）对基础进行找平，所有辅助设备基础和预埋螺栓或支架螺栓施工时与土建施工配合，按实物调整螺栓孔和预埋螺栓位置。

3）调整低压循环贮桶的垂直度，贮液器的水平度，均不大于 1/1000。

4）卧式冷凝器安装时，使设备向出液口的一端呈 1/1000 的倾斜度。

5）卧式冷凝器与贮液器应上下配合安装，防止设备方向、尺寸装错。

6）安装低温设备及管道时，应减少冷桥，低温设备与基础，管道与支架间设置硬垫木。硬垫木预先在热沥青中煮 1h 以上，以防腐朽。

7）氨泵安装前用煤油清洗干净，并以 0.5～0.6MPa（表压）压缩空气作气密性试验，检查氨泵的泵体及轴封有无渗漏现象，以压力恒定持续 15min 无渗漏为合格。

8）注意氨泵的转向与流向，防止倒转或接错。氨泵的进出液管不可强制连接。

9）冷风机等设备安装前，检查工厂试验合格证书并以 0.5～0.6MPa（表压）压缩空气进行单体吹污至净。

10）冷风机安装必须平直，不得歪斜，以防止供液、配水不均匀而影响冲霜效果；轴流风机和电机安装要牢固，螺栓必须加弹簧垫圈，安装完后应进行试运转并进行全面调整。

11）辅助设备安装定位后，与设计施工图进行复核，查对氨制冷管道接口方向位置，确实无误后再继续施工。

（3）风机、泵的安装。风机、泵的安装施工及验收应执行国家标准《压缩机、风机、泵安装工程施工及验收规范》（GB 50275—2010）有关规定。

（4）制冷系统管道及阀门安装：

1）氨制冷系统的管道，均采用无缝钢管，其质量标准按《输送流体用无缝钢管》（GB/T 8163—2018）控制，确保钢管的内外表面无裂缝折叠、轧折、离层、发纹和结疤等缺陷。

2）制作弯管采用煨弯弯头，亦可采用冲弯弯头，其管路弯曲半径不小于 4 倍管道外径，如因位置限制，管路弯曲半径可减少至管道外径的 2.5 倍。

3）制作三通，支管按介质流向弯官成 90°弧形与主管相连。

4）管道安装前彻底清除管内的砂子，铁屑、油污等脏物，并进行除锈干燥处理。

5）氨制冷管道安装，液体管道不得安装成"∩"形，以免形成气囊；气体管道不得向下安装成"∪"形，以免形成液囊；从液体干管引出支管，应从管底部或侧面接出；从气体干管引出支管，应从干管顶部或侧面接出，有两根以上的支管与干管相接，连接相互叉开；压缩机的吸气管道应有 0.003～0.005 的逆向坡度。

6）管道穿过墙、围护结构及楼板时设置钢制套管，焊缝不得置于套管内。钢制套管与墙面或楼板平齐，管道与套管的空隙用隔热或其他阻燃材料填塞，下部用硬垫木支承。

7）氨系统管道之间的连接采用焊接，管壁厚度大于等于 3mm 时采用电焊，所选用焊条成分与管材相适应，管壁厚度小于 3mm 时采用气焊，管道成直角焊接时，应按制冷剂流动方向弯曲，每一焊口的焊接次数最多不得超过两次，超过两次时，应将焊口锯掉另换管子焊接。

8）管道与阀门的连接，一般采用凹凸面法兰连接，在凹凸面内放置 2～3mm 的中压橡胶石棉垫，垫片厚薄均匀，无斜面或缺口。

9）管道与法兰盘焊接时，必须保持平直，其密封面与管道轴心垂直偏差的最大值不超过 0.5mm。

10）氨系统各种阀门必须采用专用产品，安装前除制造厂铅封的安全阀外，将阀门逐个拆卸，清洗油污、铁锈，检查阀门密封线，检查阀门垫料密封效果，安装时应注意流向，一般不得反装并注意安装平直，手柄不得朝下。

11）安全阀在安装时应注意出厂铅封及合格证，不得随意拆启，安全阀的压力通常高压系统调至 1.85 MPa（表压），低压系统调至 1.25MPa（表压）。

12）电磁阀和液面计等安装前进行单体灵敏度及密封性检验。

（5）测量仪表与控制装置的安装：

1）所有测量仪表与控制装置均采用氨专用产品，安装前进行率定。

2）氨制冷系统中高压设备及压缩机排气管上用 $-0.1 \sim 2.4$MPa 的压力表，低压设备、压缩机吸气管及低压管道上用 $-0.1 \sim 1.6$MPa 压力表（现场通常采用 $-0.1 \sim 2.4$MPa，减少备品备件种类）。氨用压力精度等级为 1.6 级。

3）压力表下必须装有截止阀，测量波动压力时，加缓冲弯管。

4）空气冷却器的供液和回气干管上全部安装测温仪表。在干管上开设 $\phi 15$ 孔，埋入 $\phi 14 \times 2$、深度 $80 \sim 100$mm 的盲孔管，盲孔管内灌入冷冻机油并插入 $-30 \sim +50$℃玻璃棒温度计。

5）氨电磁阀垂直安装在水平管路上，阀体上箭头与氨流动方向一致。电磁阀与节流阀之间至少保持 300mm 距离，安装在没有溅水或漏水的地方。

6）低压循环桶的浮子式液位控制器安装位置，确保有效控制氨泵启动时桶内液位不低于正常工作液位，氨系统停止运行时的总回液量不超过桶内报警液位。

7）氨泵进、出液管必须连接的压差控制器，因直接与低温氨液接触，壳体常处于结露潮湿状态，所以安装时确保面板和接线盒盖板密封压紧。

8）所有仪表安装在照明度良好、便于观察、不妨碍操作检修的地方。

7.1.7.3 制冷系统排污、试压、真空和充氨检漏试验

（1）系统排污。

1）制冷系统排污采用压缩空气吹污，按设备管路分段、分系统进行。将空气压缩机出口与制冷系统的充氨阀门相连，开动空气压缩机，调整吹污压力为 $0.5 \sim 0.6$MPa，依次轮流打开需要吹污的系统管路，开启各设备底部的阀门，如放油阀、泄氨阀可另加的排污阀等通往外界的阀门，使气流急剧吹出，以带出残留在系统中的污物、铁屑和杂质。吹污时用手锤轻轻敲打吹污管，以便进一步吹出积存在管子转弯或法兰接头处的污物，吹污次数一般不少于三次。

2）系统吹污结束后，拆下排污系统上的过滤器和阀门的滤芯，用煤油清洗干净后重新装配。

（2）系统试压。制冷系统试压分高压系统和低压系统进行。高压系统以 2.0MPa 压力试压，低压系统以 1.8MPa 压力试压，并在规定的压力下保持 24h。充气 6h 后开始记录压力表读数，再经 24h，再检查压力表读数，其压力降按式（7.1－42）计算，并应不大于试验压力的 1%；若压力降超过以上规定，应查明原因，消除泄漏并重做试验，直至合格[10]。压力降计算式为

$$\Delta P = P_1 - \frac{273 + t_1}{273 + t_2} P_2 \tag{7.1-42}$$

式中　ΔP——压力降，MPa；

　　　P_1——试压开始时系统中的气体压力，MPa；

　　　P_2——试压结束时系统中的气体压力，MPa；

t_1——试压开始时系统中的气体温度,℃;

t_2——试压结束时系统中的气体温度,℃。

1) 高压系统试压:将高压系统管线上的冷凝器、贮液器、氨液分配站等设备上的阀门开启,连通高压部分,将空气压缩机出气口与氨液分配站上的充氨阀门连接,开启空气压缩机,当压力达到 2.0MPa 时,停止空压机运转并关闭充氨阀门。加压采用逐步升压,直至设计值。每隔 1h 记录一次压力变化。

2) 低压系统试压:打开低压系统的阀门,如氨液分配站通向低压系统的阀门和低压循环桶、氨泵、空气冷却器等设备上的阀门,关闭高压系统上的阀门,使空气压缩机与低压系统连通,启动空压机至压力升到 1.8MPa 后,停止空压机运转,并检查各管路系统的泄漏情况。

(3) 制冷系统的真空试验。在制冷系统试压合格后进行。首先打开系统上所连接的阀门,关闭与大气相连通的阀门。然后将真空泵的吸入管道与氨液分配站上的充氨阀门连接,启动真空泵,抽真空。抽真空分多次进行。最后将系统内真空度抽至 86.7kPa,并保持 24h,系统升压不超过 0.667kPa 为合格。

(4) 充氨检验。系统真空试验合格后,进行充氨检漏试验。将装有合格氨液的钢瓶与氨液分配站上的充氨阀连通,利用系统的真空度,使氨液注入系统。氨试漏应分段进行,当系统内的压力升到 0.1~0.2MPa 时,停止充氨,将酚酞试纸用水浸湿后,放在各焊口、法兰接头及阀门接口等处进行检漏,如试纸变红,即说明是漏氨,做好记录。任何管道在充氨后如有渗漏,一定先将该管道与系统通过阀门断开,再用压缩空气将管道中的氨气完全置换,然后在良好的通风条件下焊接,焊接完毕还需重复进行打压、抽真空,确保无误方可投入使用。

7.1.7.4 设备及管道保冷

氨制冷系统设备及管道保冷在系统试压、真空试验和充氨检漏合格,并在系统正式充氨之前进行。某工程系统低温设备及管道中,除氨泵、过滤器、法兰不保冷外,其余均须按设计要求进行保冷隔热,其保冷结构中:防锈层为红丹防锈漆两道,保冷层为阻燃橡塑海绵,防潮层、保护层为铝箔玻璃纤维布。保冷层厚度为:当管外径小于 100mm 时其厚度为 50mm,管外径大于等于 100mm 时为 100mm;低压部分设备为 75mm。保冷结构施工执行《工业设备及管道绝热工程设计规范》(GB 50264—2013)中相关规定。室外管道、设备保冷结构中的保护层采用铝箔玻璃纤维布(室内管道、设备可不设保护层),施工时,将玻璃布裁成幅宽为 120~150mm 的长条,(根据所缠绕的设备或管道直径,选用不同幅宽的玻璃布条),在管道、设备上呈螺旋状缠绕,一般应搭接其幅宽的一半,边缠、边拉、边平整,对于较大设备及管路同时可用铁丝加固。

7.1.7.5 制冷系统设备及管道的油漆施工

为防止管道外表面的腐蚀,在管道外表面刷红丹防锈漆两道,再根据管道内流动的介质种类和其状态的不同,刷以下不同颜色的磁性调和漆,管路外表面颜色按《冷库设计规范》(GB 50072—2010)中规定执行。

7.1.7.6 制冷系统充氨

系统充氨必须在系统试压、试漏和系统保冷后进行。充氨前先将冷凝器的进出水阀打开，向冷凝器供水。利用槽车中的压力向系统内注入氨液，待槽车和氨系统内压力相等时，即关闭贮液器的出液阀，启动氨压缩机使低压系统中的压力保持在低压状态，使氨液能继续注入系统。系统充氨应分段进行，当系统内氨量达设计充氨量的 60% 时停止充氨，运行并观察液面和各部位结霜情况，如无其他异常现象，可根据需要再充加，但充氨量不宜过大，否则贮液器、低压循环桶液位控制难度增大，容易发生主机"带液"事故，如发现渗漏时，仍须按试压、试漏规定的程序进行检漏后方能重新充氨。

充氨安全措施如下：

（1）充氨过程中不允许停水、停电。

（2）充氨时，现场配有救护车、消防车。

（3）充氨地点准备防氨安全设备。如水、毛巾、防毒面具、橡皮口眼镜、橡胶手套等。操作人员戴口罩、眼镜，操作人员不得直接对着氨液罐车出液口。

（4）机房内或充氨场地空气中如含有大量氨时，向室内或充氨地喷射冷水或弱酸溶液。

（5）充氨时，机房内和充氨场地严禁吸烟和明火工作，易燃物搬离氨液罐车 20m 以外。

7.1.7.7　单机试运行

1. 螺杆式制冷压缩机

（1）运行前的准备工作包括以下内容：

1）检查安全保护继电器的整定值。

2）检查冷凝器、油冷却器的水路畅通，给冷凝器、油冷却器供水正常。

3）检查油箱油面的油量位置高度，油面位置应在上视油镜中间位置偏上。

4）开启系统中相应的阀门，尤其注意开启排气截止阀、吸气截止阀的开启度，应在电机正常运转后根据低压高压的压差慢慢开启。

5）滑阀应在（能量指示器的指针应在）0% 的位置，如不在 0 位，应单独启动油泵，油压上升后，用手动控制将滑阀卸至 0 位，然后停泵，用手将联轴节按逆时针方向旋转数转使机内油向分离器排出。

6）完成上述工作后，观察压力情况，当高低压不平衡时，开启平衡阀使高低压平衡，然后关闭平衡阀。

（2）启动运转。压缩机的启动程序是先启动油泵，并立即检查油压，当油压上升至比排气压力高 0.196～0.29MPa 时，再启动主机。主机启动运转正常后，慢慢开启吸气截止阀，然后，再将能量逐渐调大。先运转 10～30min 后停车，检查各摩擦部位的润滑和温升情况，待一切正常后，再开机，继续运转 2h。运转过程中，应进行下列各项检查，并做好以下记录：①油箱油面的高度和各部位的供油情况（加油时必须用磅称量，并记录）；②润滑油的压力和温度；③吸排气的压力和温度；④进排水温度和冷却水供应情况；⑤运动部件有无异常声响，各连接部位有无松动、漏气、漏油、漏水现象；⑥电动机的电流、电压和温升；⑦能量调节装置动作是否灵敏；⑧机组的噪声和振动。

（3）停车：

1）将能量调节阀手柄转到减载位置，关闭供液阀，关小吸气截止阀。

2）待滑阀回到 40％～50％位置时，按下主机停止按钮，主机停止运转后，关闭吸气截止阀。

3）待减载至零位后按下油泵停止按钮，继后关闭水泵，停止向油冷却器供水。

4）切断机组电源。

2．氨泵

（1）氨泵启动前检查泵的旋转方向是否正确，电机接线是否符合铭牌规定，压差控制器的调定值是否合适，低压循环桶的液面是否达到氨泵运行高度要求。

（2）打开氨泵前后的截止阀，打开氨泵抽气阀，让氨液充入泵体后关闭抽气阀，启动氨泵，检查氨泵进出液管道的氨压力表指针变化情况。

（3）系统中所有氨泵必须逐一作单机试运行，若氨泵处于空转，压差继电器跳闸，必须查出原因并加以消除，才能再启动试运行。

3．空气冷却器及风机

（1）空气冷却器、风机、风冷骨料仓与风管等连接的封闭冷风循环系统中，重点检查空气冷却器及风机设备的运行准备情况，认真清除风管内残留杂物。

（2）逐台检查离心风机、轴流风机的电机接线及叶轮转向是否正确。

（3）启动风机进行常温风通风试运行，检查风机有否较大的震动或叶轮擦壳现象，同时根据风机电动机的电流电压表指示，检查风机负荷情况。

（4）风机停机后，开启空气冷却器冲霜水阀、检查淋水充霜运行情况，排水是否通畅，空气冷却器是否有渗漏水现象。

4．片冰机及冰库

（1）检查片冰机及冰库的电气接线和水循环系统无误后，即可作空载单机运转调试。

（2）启动片冰机制冰筒，检查转向是否正确；启动冰机制冰用淋水系统，检查冰机承水槽有无渗漏或其他水流入冰库。

（3）分别启动冰库内输冰螺旋机，出冰口门执行器等，作空载运行检查。

（4）启动冰库内冷风机，使冰库降温。检查库温稳定情况，冰库隔热保温效果。

（5）对片冰机逐一作单机制冰试运行，按冰机制冰工况运行 2～3h，检查出冰质量、产冰量、冰机的冰水分离效果等。

（6）待冰库平均贮冰高度达到冰库作有载荷调试运行时、检查贮冰和输出片冰质量及库内各机械设备负荷运行情况。

7.1.7.8　系统试运转

对整个氨制冷系统，有组织有计划分步进行试运行，从单机试运转到系统负荷调试。系统负荷试运行依次为冷凝器的运行、制冷压缩机运行、氨泵供液系统运行、冷风机运行。

1．冷凝器运行

（1）检查冷凝器管路和各阀的开闭状态，运行中冷凝器的进出水管路，氨进气和出液、均压阀，安全阀前的截止阀等必须全部处于开启状态，放空气阀应关闭。

（2）冷凝器的冷却水量必须符合设备运行要求，且不得间断供水。

（3）经常检查有关阀门的开启度，根据运行情况及时调整，进出水阀除满足单台冷凝器供水要求，同时考虑多台冷凝器的配水均匀性。

（4）制冷压缩机停车后，冷凝器应继续通冷却水 15min，然后切断水源。

（5）运行过程应密切关注冷凝温度，本系统一般不高于 40℃。

2．制冷压缩机运行

（1）制冷压缩机的运行逐台进行，第一台压缩机正常运行后，才能开始第二台压缩机启动。

（2）压缩机达到设计制冷工况运行时，检查机组运行参数，并作好记录。

（3）压缩机负荷应结合空气冷却器、片冰机的负荷进行调整，使之达到稳定，满足预冷要求，并检查运行参数。

3．氨泵运行

（1）氨泵开机前，开启进液管路阀门（全开），以保证进液管路压损最小，开启抽气管路阀门，充分抽气，然后逐台开启运行，并注意每台泵的运行情况，记录运行电流电压和氨泵出口压力值。

（2）比照空气冷却器、片冰机开机台数合理控制氨泵开启台数。

（3）检查氨泵供液时低压循环桶的液位变化及电磁阀启动补液工作情况。

4．片冰机、冰库、冷风机运行

（1）片冰机、冰库、冷风机等设备运行均采用逐台（组）开启，不得集中启动运行。

（2）必须在贮冰库具备低温贮冰条件下，片冰机进行制冰运行。

（3）冷风机进行风冷骨料运行以每组骨料仓单独形成封闭循环风系统，系统运行中分别检查各组冷风机配置的氨管进出液阀门的启闭状态。

5．水泵运行

（1）水泵运行采用逐台开启，不得集中启动运行。

（2）根据冷凝负荷，确定开启台数，循环水量需确保冷凝温度处于较低值。

（3）吸水管路阀门全开，以保证吸水管路压损最小。

（4）若水泵电流超过额定值，则减少水泵出口阀门开度以降低电流。

6．系统停机顺序

（1）高压贮液器停止向低压循环桶供液。

（2）停氨泵。

（3）停泵 10min 后停压缩机。

（4）停冷风机。

（5）停止供水。

制冷系统试运行后，拆洗吸气过滤器、滤油器和氨液过滤器，并更换润滑油，为制冷系统正常投产运行做准备。

7.1.7.9　系统验收与投产

系统负荷试运行中，最后一次连续运转时间不少于 24h，累计运转时间不得少于 48h，当系统负荷试运转正常后，提请验收。

制冷工艺安装全部竣工、负荷试运转合格后，按《制冷设备、空气分离设备安装工程施工及验收规范》（GB 50274—2010）的有关规定进行验收。未经验收，一律不准擅自局部或全部投产。

7.2 供热系统

7.2.1 传热

热交换现象在自然界中是普遍存在的,只要有温度差存在,就会有热交换。物体的热交换,是热能由高温物体转移到低温物体的过程。热交换是一个非常复杂的热能转移过程,人们常把它看作是由三种完全不同的基本过程——导热、对流和辐射所组成。

1)导热也叫热传导,是发生在物体本身各部分之间,也可以发生在直接接助的物体与物体之间的能量交换现象。这种现象是由于构成物质的质点热运动所引体的。在导热过程中,较热的分子把动能传递给较冷的分子。导热现象可以发生在固体中,也可以发生在液体和气体中,但在气体和液体中常和对流现象同时存在,而单纯的导热现象仅发生在密实的固体中。

2)对流是由流体质点的移动和互相混合所引起的热量转移。在对流过程中,流体的状态及其运动性质起者很重要的作用。对流现象只能在液体和气体中出现,它总是和导热现象同时发生。

3)辐射是一种由电磁波来传播能量的过程。在辐射体内,热能转变为辐射能;在受热体内辐射能转变为热能。可见,辐射过程不仅要产生能量的转移,而且还伴随着能量形式之间的转化。所有物体均放射辐射能,两物体辐射热交换的数值是两者互相辐射能量的差。

实际上,上述三种热交换方式很少单独遇到,在多数情况下,常常是一种形式伴随着另一种形式而同时出现。例如,采暖系统中的热媒通过对流和导热方式将热量传递给散热器壁内表面,在靠导热方式将热量由内表面传至外表面,然后通过对流和辐射将热量传给室内。可见,这一热交换过程既包含导热过程,也包含对流和辐射过程,而且各种过程很难明显地划分开来。在生产实践中经常遇到上述换热过程,常把它当作一个整体来看待,叫作传热过程。

7.2.2 热媒

热媒是用以传热的媒介物质。采暖系统常用的热媒是热水和蒸汽。目前,在民用和大多数工业建筑中多采用热水采暖系统,而在部分工业建筑中尚有应用蒸汽采暖系统。热水供热系统热能利用效率高,由于热水供热系统中,没有凝结水和蒸汽泄漏以及二次蒸汽的热损失,因而热能利用率比蒸汽供热系统高,实践证明,一般可节约燃料$20\%\sim40\%$;以水作为热媒用于供热系统时,可以改变供水温度来进行供热调节,既能减少热网热损失,又能较好地满足卫生要求;热水供热系统的蓄热能力高,由于系统中水量多,水的比热大,因此,在水力工况和热力工况短时间失调时,也不会引起供热状况的很大波动。

水电站工程混凝土预热系统的辅助设施如试验室、办公室、值班室、空压机房、供配电室等用房可采用汽-水热交换器加热热水,用热水进行供暖;混凝土原材料的预热以及保温设施供暖采用蒸汽为热媒居多,比如骨料预热在搅拌楼或搅拌站料仓采取热风加热,即采用蒸汽通过空气换热器加热空气,被加热的空气经过风机加压、在骨料仓内与骨料进行热交换，从而达到骨料被加热的目的。蒸汽在加热排管（散热器）或热交换器中，因热媒温度和传热系数都比水高，蒸汽在管内流速较大，散热器（排管）表面温度也高，系统所需的散热面积少，热效率高；由于蒸汽密度小，所以本身产生的净压力也小；蒸汽不需任何外来压力，依靠本身压力克服系统阻力向前流动，作用半径大，凝结水靠其管道坡度及疏水器余压流至凝结水池，节省了输送介质的动力设备投资和运行中能耗费用，易于管理；蒸汽采暖的热惰性小，供热过程热得快，停气过程冷得也快，很适合用于间歇供热的用户。饱和蒸汽物理特性见表7.2-1。

表 7.2-1   饱 和 蒸 汽 物 理 特 性

绝对压力/MPa	饱和温度/℃	蒸汽密度/(kg/m³)	比焓/(kJ/kg)		汽化热/(kJ/kg)
			水	蒸汽	
0.01	45.45	0.067	190.30	2583.38	2393.08
0.02	59.67	0.128	249.75	2608.92	2359.17
0.03	68.68	0.188	287.48	2624.41	2336.93
0.04	75.42	0.246	315.74	2635.72	2319.98
0.05	80.86	0.303	338.56	2644.51	2305.95
0.06	85.45	0.360	357.86	2652.46	2294.60
0.07	89.45	0.415	374.69	2659.16	2284.47
0.08	92.99	0.471	389.60	2664.60	2275.00
0.09	96.18	0.526	403.04	2669.63	2266.59
0.1033	100.00	0.620	418.68	2676.62	2256.69
0.2	119.60	1.109	502.42	2704.67	2203.93
0.3	132.90	1.621	556.84	2725.61	2164.58
0.4	142.90	2.124	602.90	2738.17	2135.27
0.5	151.10	2.620	636.81	2747.80	2110.15
0.6	158.10	3.111	666.96	2756.17	2088.79
0.7	164.20	3.600	693.75	2762.87	2069.12
0.8	169.60	4.085	717.62	2768.31	2050.69
0.9	174.50	4.568	738.97	2772.92	2033.95
1.0	179.00	5.051	759.07	2777.10	2018.46
1.1	183.20	5.531	777.49	2780.45	2002.97
1.2	187.10	6.013	794.65	2783.80	1989.15
1.4	194.00	6.974	826.06	2789.25	1963.19
1.5	197.00	7.450	841.55	2792.60	1951.05
2.0	211.00	9.850	904.35	2800.97	1842.19

7.2.3　供热设计

供热系统是由锅炉房及供热对象组成。水电站工程混凝土预热系统供热对象主要指混凝土原材料即骨料、水的加热及其配套的辅助设施的供暖和保温。

供热系统涵盖了其系统供热对象热负荷的计算、设备设施的计算选择、供热方式、锅炉房的布置、供热管路设计与保温、预热混凝土生产安全技术、锅炉房的工艺设计及施工说明等内容。本书根据水电站工程混凝土预热设计所涉及的预热方式，针对预热对象进行热负荷计算、主要供暖设备设施选型计算及设计。

水电站工程混凝土预热系统常采用的加热方式如下：

（1）粗骨料宜采用热风加热、蒸汽间接加热和热水间接加热的方法，也可采用电加热、地面辐射盘管加热等方法。

（2）细骨料宜采用蒸汽间接加热、热水间接加热的方法，也可采用电加热、地面辐射盘管加热等方法。

（3）混凝土预热系统可设置专用暖房、骨料预热仓，对粗骨料及细骨料进行加热和保温。

（4）水加热可采用在水箱内蒸汽直接加热、蒸汽间接加热、高温热水间接加热和电加热的方法，也可采用热水锅炉直接加热等方法。

（5）为保证上述预热措施的功效，避免不了一些辅助设施亦需要供暖，协助混凝土原材料预热达到最佳效果，确保低温季节温控混凝土的出机口温度在温控允许范围内。

混凝土预热系统设计，已知的计算依据通常是由施工组织设计安排的低温季节各月混凝土预热强度，以及由大坝温控设计工程师提出的温控混凝土出机口温度。低温季节气温最低的一般出现在 1 月，11 月与翌年 1 月相比，温差较大，如我国西北地区温差在 5℃以上，东北地区温差在 10℃以上。系统供热容量的大小取决于各月预热混凝土强度及当月气温条件。气温最低月份通常施工组织设计安排不一定是生产预热混凝土强度最高月，这样就需对低温季节各月的混凝土温控措施进行热负荷计算。依据低温季节各月混凝土预热强度计算其相应月份预热混凝土生产能力；依据预热混凝土配合比及工程当地的气象条件，计算确定混凝土自然拌和出机口温度；依据采取的温控措施，计算预热混凝土出机口温度、相应措施的各项热负荷及总热负荷值。比对各月计算的总热负荷值，取最大值月份的总热负荷进行锅炉设备的计算配置；取各项措施的最大热负荷进行单项的设备计算并配置。

7.2.3.1　低温季节预热混凝土生产能力、混凝土自然拌和出机口温度及预热混凝土出机口温度计算

（1）预热混凝土生产能力：

$$Q_R = \frac{K_h Q_{MR}}{M N_R} \tag{7.2-1}$$

式中　Q_R——预热混凝土小时设计生产能力，m^3/h；

K_h——不均匀系数，取 1.5；

Q_{MR}——低温季节各月预热混凝土浇筑强度，$m^3/$月；

M——月工作天数，d，取 25d/月；

N_R——预热系统日工作小时数，h，三班制，取 20h/d；两班制，取 14h/d。

（2）混凝土自然拌和出机口温度：

$$T_{0R} = \frac{\sum(G_ic_iT_i + bG_{gi}i_iT_i - BG_{gi}i_i) + Q_j}{\sum(G_ic_i + G_{gi}c_wi_i)} \quad (7.2-2)$$

式中　T_{0R}——低温季节混凝土自然拌和出机口温度，℃；

T_i——每立方米混凝土中第 i 种材料的温度，℃；

b——不同温度条件下水或冰的比热容，$kJ/(kg \cdot ℃)$；当骨料温度大于 0℃ 时，水的 b 取 $4.2kJ/(kg \cdot ℃)$；当骨料温度小于等于 0℃ 时，冰的 b 取 $2.1kJ/(kg \cdot ℃)$；

B——不同温度条件下冰的溶解热，kJ/kg；当骨料温度大于 0℃ 时，B 取 0；当骨料温度小于等于 0℃ 时，B 取 $335kJ/kg$；

其他符号意义同式（7.1-11）。

（3）预热混凝土出机口温度可按式（7.2-2）计算，其中 T_i 为每立方米混凝土中第 i 种材料的温度（℃），对采取预热措施的材料，取预热后的温度。

7.2.3.2　供热系统热负荷

确定混凝土各组成材料的加热温度时，主要考虑加热的可能性、有效性和经济性，因此，首先选择拌和水加热，因水的比热容比骨料大（水的比热容比骨料大 5 倍），将水加热是最经济、最有效的方法。在气温不太寒冷的季节和地区施工，一般用热水拌和，砂石骨料解冻并加热到 5℃ 左右，即可满足所需的混凝土出机口温度要求。只有在严寒季节和地区施工，才设专门的设施加热砂石骨料，并采取相应的隔热保温措施。

依据低温季节混凝土出机口温度控制计算，在已确定混凝土预热方式的基础上，逐项进行热负荷计算。

1. 混凝土原材料加热计算

（1）预热系统粗骨料、细骨料、拌和水的预热强度：

$$U_1 = \frac{Q_RG_g}{\rho_1} \quad (7.2-3)$$

$$U_2 = \frac{Q_RG_s}{\rho_2} \quad (7.2-4)$$

$$U_3 = \frac{Q_RG_w}{\rho_3} \quad (7.2-5)$$

式中　U_1、U_2、U_3——粗骨料、细骨料、拌和用水的预热强度，m^3/h；

Q_R——预热混凝土小时设计生产能力，m^3/h；

G_g、G_s——每立方米混凝土中粗骨料、细骨料的质量，kg/m^3；

ρ_1、ρ_2、ρ_3——粗骨料、细骨料、拌和用水的密度，kg/m^3；

G_w——每立方米混凝土中拌和用水的质量，kg/m^3。

（2）预热系统拌和水、外加剂稀释液加热以及空气换热器冲洗用水加热。粗骨料加热时，进入搅拌楼或搅拌站搅拌机的混凝土拌和水及骨料最高允许温度按表 7.2 - 2 取值。

表 7.2 - 2　　　　　　　　　　混凝土拌和水及骨料最高允许温度　　　　　　　　　　单位：℃

序号	水泥品种	进入搅拌机温度		备　注
		骨料	水	
1	硅酸盐水泥、普通硅酸盐水泥和矿渣硅酸盐水泥	40	60	
2	矾土水泥	—	40	

粗骨料不加热时，拌和水的加热温度可超过最高允许值，如果将水加热到最高允许温度还不能满足温控混凝土出机口温度的要求，水的加热温度还可以继续提高，考虑到泵送吸程中的汽化影响，水的温度最高可以加热到 95℃。但应改变向搅拌机投料的顺序：先投入拌和水、全部或部分骨料，然后再投入胶凝材料和剩余的骨料。混凝土预热系统运行交接班时，需对空气换热器翅片上沉积的粉尘进行冲洗，冲洗宜用 40℃ 热水，水压为 0.2～0.3MPa，冲洗延续时间按每次 15～20min 计算，换热面积每 100m² 耗水量为 1.5～2m³。该项热水热负荷可参考拌和热水热负荷计算方法计算。

拌和水或外加剂稀释液加热热负荷可按式（7.2 - 6）计算：

$$Q_{wR} = 0.278 \times 10^{-3} k_{wR} U \rho_w c_w \ (t_w - t_y) \tag{7.2 - 6}$$

式中　Q_{wR}——拌和水或外加剂稀释液加热总热负荷，kW；

k_{wR}——拌和热水损耗系数，k_{wR} 取 1.1～1.2；

U——水的预热强度，m³/h；当加热的水为拌和水时，U 值取式（7.2 - 5）中的 U_3；若为空气换热器冲洗水、搅拌楼冲洗水或其他需加热的水，该公式均适用，此时 U 值取需加热水的用量（m³/h）即可；

ρ_w——拌和用水或外加剂稀释液的密度，1000kg/m³；

c_w——拌和水或外加剂稀释液的比热容，若稀释液的质量热容未知，可将水和外加剂的耗热量分开计算，水的比热容 c_w 取 4.2kJ/(kg · ℃)，外加剂的比热容 c_w 取 0.92kJ/(kg · ℃)；

t_w——拌和水或外加剂稀释液加热的最终温度，℃；

t_y——拌和水或外加剂稀释液的初始温度，℃。

（3）骨料加热。

1）成品料堆及骨料预热仓加热骨料。骨料加热通常在成品料堆及骨料预热仓或暖房加热，骨料预热料堆或的骨料预热仓形式应根据当地气温条件确定。当地最低月平均气温在 -10℃ 以上的地区，可采用露天料堆内埋设蒸汽排管的形式。最低月平均气温在 -10℃ 以下的地区，最好采用仓式地面预热料仓、半地下式预热料仓、地下式预热料仓、暖房等设施。对于有冻块的骨料，其拌和料选择加热顺序是骨料应加热使冻块融化，一般加热达到 5℃ 左右，如果这时混凝土拌和温度仍达不到要求，则应加热水给予补充；如果水加热到极限，还达不到混凝土拌和温度要求，则可以提高骨料的温度。粗骨料或细骨料加热热负荷，应根据其不同的初始温度及要求的最终加热温度计算。

有冻块和冰层时：
$$Q_{gs}=0.278\times10^{-3}k_sQ_RG_{gi}[c_g(t_{ki}-t_{hi})+i_i(B-bt_{hi}+c_wt_{ki})] \quad (7.2-7)$$
无冻块和冰层时：
$$Q_{gs'}=0.278\times10^{-3}k_sQ_RG_{gi}[c_g(t_{ki}-t_{h'i})+i_ic_w(t_{ki}-t_{h'i})] \quad (7.2-8)$$

式中 Q_{gs}——有冻块和冰层时，粗骨料或细骨料加热热负荷，kW；

k_s——预热料堆或骨料预热仓热耗系数，取 1.20～1.30。露天堆场堆高 6m 以上时可取 1.20，堆高小于 6m 时可取 1.3。对于设在暖房内的骨料预热料仓，可按下限取值；

Q_R——预热混凝土小时设计生产能力，m^3/h；

G_{gi}——每立方米混凝土中第 i 种骨料的质量，kg/m^3；

c_g——骨料的比热容，kJ/(kg·℃)；

t_{ki}——第 i 种骨料预热后的温度，℃；

t_{hi}——第 i 种骨料预热前的温度，℃；

i_i——每立方米混凝土中第 i 种骨料的含水率，%；

c_w——水的比热容，kJ/(kg·℃)；

$Q_{gs'}$——无冻块和冰层时，粗骨料或细骨料加热热负荷，kW；

$t_{h'i}$——第 i 种骨料在露天堆场或骨料堆存暖房、骨料预热料仓预热后温度，℃；

其他符号意义同式（7.2-2）。

2）热风加热粗骨料。热风加热粗骨料应充分结合搅拌楼或搅拌站料仓，对暖风机进行布置。对既有预冷又有预热要求的混凝土生产系统，热风加热粗骨料配置时应统筹规划风冷骨料的设备配置。采用热风加热粗骨料的热负荷，应根据其不同的初始温度及要求的最终加热温度计算：
$$Q_{fi}=0.278\times10^{-3}\times k_RQ_RG_{gi}c_g(t_{ki}-t_{hi}) \quad (7.2-9)$$
式中 Q_{fi}——热风加热第 i 种粗骨料的热负荷，kW；

k_R——热风加热粗骨料裕度系数；

其他符号意义同式（7.2-7）、式（7.2-8）。

国内大型、中型水电站工程骨料预热一般分两个阶段，第一阶段是在料堆解冻和升温，第二阶段是在搅拌楼（站）料仓升温到热平衡计算要求的温度。如果单独计算第二阶段排管加热骨料热负荷，采用式（7.2-8）计算，此时，$t_{h'i}$ 为第 i 种骨料预热前的温度（℃），可按骨料的初始温度取值规定取值（℃）。

热风加热骨料将使骨料达到热平衡计算要求的终温值。所需的热负荷采用式（7.2-9）计算。

骨料采取热风加热一般是在搅拌楼（站）料仓进行。第 i 种骨料预热前的温度取值分两种情况：第一种为骨料已在露天堆场或骨料预热料仓、带式输送机廊道或栈桥初步预热、保温，此时 t_{hi} 可按 $t_{h'i}$ 取值，即在露天堆场或骨料堆存暖房、骨料预热料仓预热后温度（℃）；第二种为骨料未在露天堆场进行排管加热，此时 t_{hi} 可按骨料的初始温度取值规定取值（℃）。

3）地面辐射盘管加热。地面辐射盘管加热骨料，适用于含水量相对较大的细骨料和小石料仓，防止骨料冻结。排管顶部覆盖的填充物及面层混凝土强度需满足堆存于地面上部骨料及装运设备荷载的要求。小石、细骨料地面辐射盘管加热保温，散热量可按下列公式计算。

a. 采用埋管构造时地面散热量。

（a）混凝土填充的等效厚度：

$$a=h+\frac{d_0}{2} \qquad (7.2-10)$$

$$L=\sqrt{a^2+\left(\frac{S}{2}\right)^2} \qquad (7.2-11)$$

式中　a、L——混凝土填充的等效厚度，m；

h——地面辐射盘管上部混凝土填充层的厚度，m；

d_0——地面辐射盘管的外径，m；

S——地面辐射盘管的管间距，m。

a、L、h、d_0 及 S 如图 7.2-1 所示。

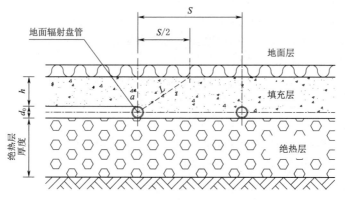

图 7.2-1　地面辐射盘管构造图

（b）地面传热系数：

$$k_u = \cfrac{1}{R_u + \displaystyle\sum_{i=1}^{n} R_i + \cfrac{a+L}{2\lambda_h}} \qquad (7.2-12)$$

式中　k_u——地面传热系数，W/（m²·K）；

R_u——地面室内侧的热阻，R_u 取 0.15（m²·K）/W；

R_i——混凝土填充层以上各层材料热阻的总和，（m²·K）/W；

λ_h——混凝土填充层的导热系数，W/（m·K）。

（c）构造条件下单位地面散热量：

$$q_u = k_u \left(\frac{t_a+t_b}{2}-t_n\right) \times 10^{-3} \qquad (7.2-13)$$

式中　q_u——构造条件下单位地面散热量，kW/m²；

t_a——地面辐射盘管的进水温度，℃；

t_b——地面辐射盘管的出水温度，℃；

t_n——冬季采暖室内计算温度，℃。

b. 地面向下热损失计算。

（a）地面向下传热系数：

$$k_d = \frac{1}{\dfrac{\delta_p}{\lambda_p} + \dfrac{\delta_i}{\lambda_i} + \dfrac{1}{\lambda_d}}$$ (7.2－14)

式中 k_d——地面向下传热系数，W/(m² · K)；

δ_p——地面辐射盘管的壁厚，m；

λ_p——地面辐射盘管的导热系数，W/(m · K)；

δ_i——绝热层的厚度，m；

λ_i——绝热层的导热系数，W/(m · K)；

λ_d——土壤的导热系数，λ_d 取 1.51W/(m · K)。

（b）地面向下热损失：

$$q_d = k_d \left(\frac{t_a + t_b}{2} - t \right) \times 10^{-3}$$ (7.2－15)

式中 q_d——地面向下热损失，kW/m²；

t——土壤温度，一般 t 可取 3℃。

c. 单位地面总热负荷[11]：

$$Q_z = q_u + q_d$$ (7.2－16)

式中 Q_z——单位地面总热负荷，kW/m²；

其他符号意义同前。

2. 供热系统辅助设施热负荷计算

供热系统辅助设施是混凝土预热系统的设备正常运行、对加热后原材料的保温、降低热损的有效保障设施。辅助设施包括混凝土搅拌楼（搅拌站）、外加剂间、带式输送机廊道/栈桥、锅炉房等建（构）筑物的采暖。辅助设施基本为临时建（构）筑物，有极个别为临时兼永久建筑物。其热负荷可按下式计算。

（1）辅助车间采暖热负荷：

$$Q_s = q_s V_s (t_n - t_o) \times 10^{-3}$$ (7.2－17)

式中 Q_s——辅助车间采暖热负荷，kW；

q_s——建（构）筑物热特性指标，W/(m³ · ℃)，按表 7.2－3 的规定确定；

V_s——建（构）筑物体积，m³；

t_o——采暖室外计算温度，℃。

表 7.2－3   建（构）筑物热特性指标

建（构）筑物名称	室内采暖计算温度 t_n/℃	建（构）筑物体积 V_s/m³	热特性指标 q_s/[W/(m³ · ℃)]
骨料预热仓或暖房	5～15	10000 以下	0.7
混凝土搅拌楼（站）	10～18	10000 以下	1.0
外加剂间	16	1000 以下	1.4
空压机房	15	5000～10000	0.7～1.4
水泵房	16	5000～10000	1.0～1.4

续表

建（构）筑物名称	室内采暖计算温度 t_n/℃	建（构）筑物体积 V_s/m³	热特性指标 q_s/[W/(m³·℃)]
搅拌罐冲洗房	10	1000 以下	2.9
带式输送机廊道	5	5000 以下	2.9
带式输送机转载站	10	1000 以下	2.9
锅炉房	16	5000 以下	0.8
试验室、办公室、值班室	18	1000 以下	1.2
浴室	25	1000 以下	1.2
材料库	5	5000 以下	0.7
检修间、机修间	16	5000 以下	1.0
汽车库、机车库	10	5000 以下	1.0～1.2

（2）临时兼永久建筑物采暖热负荷：

$$Q_B = KF(t_n - t_o)\alpha \times 10^{-3} \qquad (7.2-18)$$

式中　Q_B——建筑物采暖热负荷，kW；

　　　K——围护结构的传热系数，W/(m²·℃)；

　　　F——围护结构的传热面积，m²；

　　　α——透风系数，一般建筑物 α 取 1.00；框架式建筑或建筑在不避风高地上的建筑物，风速小于 4m/s、风力缓和之处，α 取 1.25～1.50；风速大于 4m/s、风力强劲之处，α 取 1.50～2.00。

7.2.3.3 供热设备设施的计算选择

供热设备的选择计算是在热负荷计算的基础上进行的，供热设备、设施选择得恰当与否将会影响到整个供热系统的运转特性、经济性指标和管理工作，因此在设计供热系统时应予以重视。

1. 骨料预热仓

采用加热排管预热骨料时，骨料预热料仓的总容积按细骨料、粗骨料的预热强度和相应的加热要求确定。一般情况，各级粗骨料加热终温取同一值计算，因料仓长条布置居多，取同一值料仓之间不存在温度梯度（多采用钢板仓），从而简化计算过程。各级粗骨料料仓容积可按混凝土典型配合比各级粗骨料所占比例分仓。有条件时，每种规格的骨料仓可设 2 仓。据调研，近几年低温季节预热混凝土强度普遍偏低，各级骨料均设 1 个预热仓居多，适当扩大仓容，加大骨料即时补给量。从仓上部进骨料，下部出骨料，骨料视为连续预热状态。设有预热仓的工程，预热仓基本都设在保温房内，减少了热损失。

采用加热排管预热骨料时，加热骨料预热料仓容积计算式为

$$V_R = k_k k(U_1\tau_1 + U_2\tau_2) \qquad (7.2-19)$$

式中　V_R——骨料预热料仓总容积，m³；

　　　k_k——骨料预热料仓扩大系数，考虑料仓内加热排管、仓体骨架及死容积占用的体积，k_k 取 1.3～1.4；

k——料仓仓格间依次工作的系数，料仓的作业顺序是进料、加热、出料，随作业组织严密程度 k 取 1.1～1.4；

τ_1——粗骨料的加热时间，h；根据已施工工程的实际加热时间选取；

τ_2——细骨料的加热时间，h；根据已施工工程的实际加热时间选取；

其他符号意义同式（7.2-3）、式（7.2-4）。

公式中系数 k_k 主要是计入无效容积占用骨料预热料仓的多少，若不考虑扩大系数，则算出的仓容为有效容积；系数 k 为分仓调度所需要的裕度。公式中的骨料加热时间，指的是为达到要求的加热温度，骨料在料仓内必须停留的最短加热时间。我国 HR、BS、PJK 等工程的骨料预热料仓，每立方米料仓有效容积内布置排管传热面积在 0.4～0.52m² 之间，加热时间达到 16h，在搅拌楼料仓内的保温预热时间为 2h。

2. 热交换器

预热混凝土拌和的热水温度不宜高于 60℃，拌和热水可在锅炉房采用热交换器加热，泵送至搅拌楼储水箱。热交换器的设计计算是在换热量和结构已经确定，热交换器出入口的热媒和被加热介质温度已知的条件下，确定热交换器必需的换热面积或校核已选定的热交换器是否满足需求。热媒宜选用 0.15～0.4MPa 的饱和蒸汽或 95～110℃ 热水。蒸汽或热水间接加热，选用汽—水热交换器或水—水热交换器，热交换器主要参数计算如下。

（1）热交换器传热面积：

$$F_{nj} = \frac{Q_{wR}}{K_{nj} B_w \Delta t_{pj}} \times 10^{-3} \qquad (7.2-20)$$

式中 F_{nj}——热交换器传热面积，m²；

Q_{wR}——热交换器传热量，kW，在数值上等于公式（7.2-6）中的 Q_{wR}；

K_{nj}——热交换器传热系数，W/(m²·℃)，对于波节管式热交换器，当采用汽-水热交换器时，K_{nj} 取 2500～4000W/(m²·℃)；采用水-水热交换器时，K_{nj} 取 2000～3500W/(m²·℃)；水电站工程常采用水箱内设置蒸汽排管或热水排管加热拌和用热水，K_{nj} 值可以根据工程测试值取，或取下限；

B_w——水垢影响系数；当采用汽-水热交换器时，B_w 取 0.9～0.85；采用水-水热交换器时，B_w 取 0.8～0.7；

Δt_{pj}——对数平均温度差，℃。

（2）对数平均温度差：

$$\Delta t_{pj} = \frac{\Delta t_a - \Delta t_b}{\ln \dfrac{\Delta t_a}{\Delta t_b}} \qquad (7.2-21)$$

式中 Δt_a、Δt_b——热媒入口及出口处的最大、最小温度差，℃。

当 $\dfrac{\Delta t_a}{\Delta t_b} \leqslant 2$ 时，对数平均温度差 Δt_{pj} 可近似按算术平均温差计算，这时的误差在 4% 以内，即

$$\Delta t_{pj} = \frac{\Delta t_a - \Delta t_b}{2} \qquad (7.2-22)$$

3. 蒸汽或热水间接加热骨料排管

蒸汽或热水间接加热骨料的加热排管一般为非标准件设计，为便于夏季检修和拆除，加热排管设计成片状组装体。组装体片间距，粗骨料仓不应小于 0.6m，细骨料仓不应小于 0.5m。加热排管应结实光滑，采用 57～133mm 的厚壁无缝钢管，竖向分组排列。热媒宜选用 0.4～0.5MPa 的饱和蒸汽或选 90℃ 以上的热水。排管主要参数计算如下。

（1）蒸汽或热水间接加热骨料的排管放热面积：

$$F_{np} = \frac{Q_n}{K_{np}(t_m - t_p)} \times 10^3 \tag{7.2-23}$$

$$t_m = \frac{t_{ap} + t_{bp}}{2} \tag{7.2-24}$$

$$t_p = \frac{t_{hi} + t_{ki}}{2} \tag{7.2-25}$$

式中　F_{np}——加热排管的放热面积，m^2；

Q_n——加热排管的计算放热量，kW，在数值上等于式（7.2-7）、式（7.2-8）中的 Q_{gs} 和 $Q_{gs'}$；

K_{np}——加热排管传热系数，加热时间为 0～8h 时，对于细骨料 K_{np} 取 10.9W/（$m^2 \cdot$℃），对于砾石 K_{np} 取 14.8W/（$m^2 \cdot$℃）；加热时间为 8～16h 时，对于细骨料 K_{np} 取 10.1W/（$m^2 \cdot$℃），对于砾石 K_{np} 取 10.5W/（$m^2 \cdot$℃）；

t_m——热媒的平均温度，℃，当热媒为蒸汽时，t_m 为饱和蒸汽的温度；当热媒为热水时，t_m 按式（7.2-24）计算；

t_{ap}——加热排管的进水温度，℃；

t_{bp}——加热排管的出水温度，℃；

t_p——骨料的平均温度，℃；

t_{hi}——第 i 种骨料预热前的温度，℃；

t_{ki}——第 i 种骨料预热后的温度，℃。

（2）加热排管的长度：

$$L = \frac{F_{np}}{\pi d} \tag{7.2-26}$$

式中　L——加热排管的管道总长度，m；

d——管道外径，m。

4. 空气换热器

热风是空气换热器内通入热媒蒸汽或热水间接加热空气，由离心风机或轴流风机提供动力产生的热气流。热风由风管通向搅拌楼或搅拌站料仓、与进料逆向流动，充分进行热交换后降温的冷空气，通过风管再次被抽回到空气换热器进行下次循环。骨料最高允许加热温度为 40℃，一般热风温度高于粗骨料加热终温 10℃ 左右。热风温度过高，加热的骨料表面温度会升高，在混凝土拌和时，如果骨料、水、水泥同时投入搅拌机会使水泥发生"骤凝"。介于上述原因，热风温度取值不宜高于 50℃。如已竣工的拉西瓦工程热风温度取值 40℃。水电站工程粗骨料预热空气换热器常用钢管—钢片型，其传热系数厂商测试值 $K_n = 20～25$W/（$m^2 \cdot$℃）。空气换热器主要参数计算如下。

（1）热风加热骨料的循环风量：

$$W_{Ri} = \frac{3600 k_a Q_{fi}}{\rho_R (i_{R2} - i_{R1})} \tag{7.2-27}$$

式中　W_{Ri}——第 i 种骨料的热风循环量，m^3/h；

ρ_R——热风的密度，kg/m^3；

i_{R2}——料仓进风的比焓，kJ/kg；

i_{R1}——料仓出风的比焓，kJ/kg；

k_a——风量损耗系数，k_a 取 1.05；

Q_{fi}——热风加热第 i 种粗骨料的热负荷，kW。

（2）加热空气热负荷：

$$Q_k = 0.278 \times 10^{-3} k_R W_{Ri} \rho_R (i_{R2} - i_{R1}) \tag{7.2-28}$$

式中　Q_k——加热空气热负荷，kW；

k_R——裕度系数；空气换热器运行一个时期后，换热器传热系数因管内结垢，翅片松动、换热器表面积灰等原因而降低，考虑 5%～15% 富裕量，取 k_R 为 1.05～1.15。

（3）空气换热器面积：

$$F_{nK} = \frac{Q_k}{K_n \Delta t_p} \tag{7.2-29}$$

式中　F_{nK}——空气换热器面积，m^2；

K_n——传热系数，空气换热器为钢管-钢片时，K_n 取 20～25$W/(m^2 \cdot ℃)$；

Δt_p——热媒与空气之间的平均温差，℃。

当热媒为热水时，Δt_p 按下式计算：

$$\Delta t_p = \frac{t_{w1} + t_{w2}}{2} - \frac{t_1 - t_2}{2} \tag{7.2-30}$$

当热媒为蒸汽时，Δt_p 按下式计算：

$$\Delta t_p = t_z - \frac{t_1 + t_2}{2} \tag{7.2-31}$$

式中　t_{w1}、t_{w2}——热水的初、终温度，℃；

t_z——蒸汽温度，℃，压力小于 30kPa 时，t_z 取 100℃；压力大于 30kPa 时，t_z 取该压力下蒸汽的饱和温度；

t_2——加热后空气温度，℃；

t_1——加热前空气温度，℃。

近年来，水电站工程高温季节混凝土预冷强度高于低温季节混凝土预热强度实例颇多，风冷骨料配置的冷风机设备，其风量、风压均可满足热风加热骨料的参数要求，此时，风机的风量、风压不另计算，可按式（7.2-29）计算空气换热器面积，此时 Q_k 可按式（7.2-9）Q_{fi} 取值，与混凝土预冷系统共用风机。对于仅有热风加热骨料的预热系统，暖风机计算参数按式（7.2-27）～式（7.2-31）计算，热风加热骨料料层阻力参考式（7.1-41）、式（7.1-42）计算。风压除考虑料层阻力外，还需计入空气换热器、风道、风管及风管附件的阻力，空气换热器阻力由设备供应商提供，其余风管及附件的阻力可以按采暖通风相关设计手册计算，也可以取工程经验数据。

173

7.2.3.4　供热方式

按热媒种类的不同，采暖系统分热水采暖和蒸汽采暖。

1. 热水采暖系统的分类

（1）按系统循环动力的不同，可分为重力（自然）循环系统和机械循环系统：靠重力的密度差进行循环的系统称为重力循环系统；靠机械（水泵）力进行循环的系统称为机械循环系统。

（2）按供、回水方式的不同，可分为单管系统和双管系统。

（3）按系统管道敷设方式的不同，可分为垂直式和水平式。

（4）按热媒温度不同，可分为低温水供暖系统（供水温度低于 100℃，供水一般为 95℃，回水一般为 70℃）和高温热水供暖系统（供水温度高于 100℃，国内一般供水为 110~150℃，回水一般为 70℃）。

2. 蒸汽采暖系统的分类

（1）按照供汽压力的大小，将蒸汽采暖分为三类：供汽的表压力大于 70kPa 时称为高压蒸汽；表压力小于等于 70kPa 时称为低压蒸汽；供汽的压力小于大气压的系统称为真空。

（2）按蒸汽干管布置形式的不同，可分为上供式、中供式和下供式。

（3）按立管的布置特点，可分为单管式和双管式，目前国内大多数蒸汽供暖系统采用双管式。

（4）按凝结水回流动力的不同，可分为重力回水、余压回水和加压回水系统。

水电站工程混凝土预热系统的试验室、办公室、值班室、空压机房、供配电室等用房常采用高压蒸汽供暖，少数采用机械循环热水供暖；拌和水加热、骨料加热、栈桥廊道保温、辅助设施厂房供暖等常采用高压蒸汽供暖。

3. 常用供暖系统的特点

机械循环热水供暖系统，机械循环热水靠水泵提供动力，强制水在系统中循环流动。循环水泵一般设在锅炉入口前的回水干管上，该处水温最低，可避免水泵出现气蚀现象；机械循环系统膨胀水箱设在系统的最高处，水箱下部接出的膨胀管连接在循环水泵入口前的回水干管上。其作用除了容纳水受热膨胀而增加的体积外，还能恒定水泵入口压力，保证水泵入口压力稳定；机械循环中的空气通过设置在供水干管末端最高处的集气罐排除。

高压蒸汽供暖系统多采用上供下回的系统形式，在每个环路凝结水干管末端集中设置疏水器，在每组散热器（排管）的进出口支管上均安装阀门，为使各组散热器供汽量均匀，最好采用同程式管路布置形式。比如料堆（料仓）内埋设的蒸汽排管，供汽干管从每组加热排管顶部贯通，排管并行布置，凝结水从每组加热排管底部接出到凝结水干管，凝结水干管同程式布置，也可异程式布置；上供上回的高压蒸汽供暖系统，供汽干管和凝结水干管均设在房间上部，凝结水靠疏水器后的余压上升到凝结水干管。系统中每组散热器凝结水出口处除安装疏水器外，还应安装止回阀并设置泄水管和排空气管。一般在生产厂房使用散热量较大的暖风机时采用此布置。

4. 高压蒸汽供暖系统的凝结水回收方式

（1）余压回水和加压回水：

1）余压回水。从散热设备流出的凝结水克服疏水器阻力后的余压足以把凝结水送回车间或锅炉房内的高位凝结水箱，这种回水方式称为余压回水。

2）加压回水。当余压不足以将凝水送回锅炉房时，可在用户处设置凝水箱，处理二次蒸汽后，将凝结水用水泵加压送回锅炉房，这种回水方式称为加压回水。

（2）开式凝结水回收系统和闭式凝结水回收系统：

1）开式凝结水回收系统。各散热设备排出的高温凝结水靠疏水器后的余压送入开式高位水箱，再通过高位水箱与锅炉房凝结水箱之间的高差，将凝结水送回锅炉房凝结水箱。该方式一般只适用凝结水量小于 10t/h，作用半径小于 500m，且二次蒸汽量不多的厂区。水电站工程混凝土预热系统，一般是根据地形高差，靠余压尽可将供热系统的凝结水回收。不便于回收的部位，基于供热系统的服务工期，通过经济分析决定是否建加压设施，或就地排入排水系统。

2）闭式凝结水回收系统。在系统中设置了闭式二次蒸发箱，从散热设备排出的高温凝结水先进入闭式二次蒸发箱，将二次蒸汽与凝结水分离，二次蒸汽重新得到利用，而凝结水再返回锅炉房凝结水箱。该方式可避免室外余压回水管中汽水两相流动时产生的水击现象，减少高低压凝结水合流时相互干扰，缩小外网的管径；但系统中设置了二次蒸发箱，设备增多，运行管理复杂。

7.2.4 锅炉房设计及工艺布置

7.2.4.1 锅炉房供热容量的确定

在寒冷地区低温季节混凝土施工中，混凝土预热措施选择得合理与否，直接影响到工程投资。在保证搅拌楼（站）混凝土出机口温度的前提下，热功率利用得优劣及锅炉房设计容量的大小，是确定锅炉房供热容量的基本依据。

水电站工程混凝土预热，因各地的气候条件不同，混凝土预热措施也不完全相同。常采用的预热措施见 7.2.3 节内容，根据选定的预热措施，分项计算各供热对象的热负荷。预热系统总热负荷应为系统内同时出现的各类热负荷之和。各类热负荷主要包括下列项目：

（1）加热粗骨料热负荷。

（2）加热细骨料热负荷。

（3）拌和用水和外加剂稀释液加热热负荷以及空气换热器冲洗用水。

（4）加热骨料保温热负荷。

（5）混凝土生产系统建（构）筑物采暖热负荷。

除此之外，大坝仓面浇筑的热负荷需由混凝土预热系统提供时，该项热负荷应计入预热系统总热负荷；当混凝土生产系统与砂石加工系统联合布置，且砂石加工系统的热负荷需由混凝土预热系统提供时，该项热负荷也应计入预热系统总热负荷。

锅炉房设计容量，应按预热系统总热负荷，并计入其同时使用系数、热力管道的热损失及锅炉房自用热负荷确定。锅炉房设计容量计算式[11]为

$$Q_{Sj} = K_0 \sum K_i Q_i + K_{zy} Q_{zy} \qquad (7.2-32)$$

式中　Q_{Sj}——锅炉房设计容量，kW；

　　　K_0——热力管网热损失及漏损系数，按表 7.2-4 取值；

K_i——各供热对象同时使用系数，按表 7.2-5 取值；

Q_i——各供热对象最大热负荷，kW；按 7.2.3 节相关公式计算；

K_{zy}——锅炉房自用汽同时使用系数，按表 7.2-5 取值；

Q_{zy}——锅炉房自用热负荷，kW；主要由锅炉给水除氧和汽动给水泵耗汽组成，采用大气式热力除氧器时其耗汽量按表 7.2-6 取值，采用蒸汽喷射式真空除氧，当进水温度 61℃、真空度 0.0774MPa 时，喷射器的耗汽量取 5 [kg（汽）/(t·h)（水）]；采用汽动给水泵耗汽按产品说明书计算，当缺乏资料时，可按锅炉房总蒸发量的 3%～4% 考虑。

表 7.2-4　　　　　　　　　　热力管网热损失及漏损系数

管道种类	敷　设　方　式		
	架空	地沟	直埋
蒸汽管网	1.1～1.15	1.08～1.12	1.12～1.15
热水管网	1.07～1.10	1.05～1.08	1.02～1.06

表 7.2-5　　　　　　　　　　同　时　使　用　系　数

项目	采暖	通风或空调	生产	生活	锅炉自用
推荐值	1.0	0.7～0.9	0.7～1.0	0.5	0.8～1.0

注　生活用热负荷同时使用系数采取 0.5，若生活用热和生产用热时间不重叠则取 0。

表 7.2-6　　　　　　　　　　大气式热力除氧器耗汽量

进除氧器的水温/℃	50	60	70	80	90
耗汽/ [kg（汽）/(t·h)（水）]	125	100	75	55	35

7.2.4.2　锅炉选择

锅炉选择应满足下列要求：①能满足供热参数的要求；②能有效地燃烧所采用的燃料；③具有较高的热效率；④能有效地适应热负荷变化；⑤有利于环境保护；⑥基建和运行管理费用低；⑦优先选用快装锅炉。

锅炉数量应根据锅炉房的设计容量，同时兼顾热负荷的调度、锅炉检修等工况，按所有运行锅炉在额定工况工作时，能满足锅炉房的最大热负荷的原则确定。对于水电站工程，在低温季节才生产预热混凝土，锅炉的检修可在非低温季节进行，当需要的供热容量较小时，可设 1 台锅炉。通常情况下，锅炉数量不宜少于 2 台，采用机械加煤的锅炉数量不宜超过 4 台；采用手工加煤的锅炉数量不宜超过 3 台。燃油锅炉及辅助设施配置应符合现行国家标准《锅炉房设计标准》（GB 50041—2020）的规定。工程所在地燃料运距远、运输成本高，且当地电力供应充足，用于预热混凝土生产系统的场地受限时，应优先采用电锅炉。

7.2.4.3　锅炉房工艺布置

1. 锅炉房的组成

随着电力事业快速发展，电锅炉有了其存在和发展的空间。首先，白天高峰时段的用电量不断增加，而夜晚的用电量又很小，用电的峰、谷差值很大，这给电网的运行、管理带来了直接的困难和经济损失，采取"移峰填谷"，蓄热是有效的手段。比如，可在夜间生产热水，并进行保温贮存，用于混凝土拌和及辅助设施的采暖。其次，以提高环境质量为核心，实施最严格的环境保护制度是国家的重大举措。燃煤锅炉使用逐年在减少，取而代之的是燃气、燃油、电锅炉。燃气炉在城市供暖已应用得较普及，因受气源限制，水电站工程未能推广。近年来，燃油炉在抽水蓄能水电站工程中应用较广，用于沥青混凝土系统。此外，对于燃煤供应不经济、电力供应不足的工程，可采用燃油炉作为热源供暖；对于电力充足，燃煤、燃油运输费用相对较高的水电站工程，可采用电锅炉作为热源供暖。十多年前，水电站工程采用燃煤炉较多，近几年，燃油炉、电锅炉在逐步取代燃煤炉。

燃煤锅炉房主要由锅炉本体及其辅助设备组成。辅助设备包括运煤、除灰系统，送、引风系统，水、汽系统，以及仪表控制系统。

燃油锅炉房主要由锅炉主体、燃烧器、汽水系统、阀门仪表及自控系统组成。燃烧系统根据所用燃料配置相应的燃烧器、燃料供应系统。一般情况下锅炉采用鼓风机进行微正压燃烧，特殊情况下需要增加引风机进行平衡通风；汽水系统配置锅炉本体、尾部节能设备、水处理装置、给水泵以及分气缸等设备；锅炉控制系统也是燃油锅炉设备组成的重中之重。

电锅炉房主要由锅炉主体、控制柜、蓄热水箱、蓄热水泵、循环水泵、补水泵、控制箱及软水器组成。目前，电锅炉基本上都是采用电阻式管状电热元件加热的。电锅炉的电热元件在整个电锅炉运行过程中起到了十分重要的作用，是实现电锅炉自动控制功能的必备元件。

2. 锅炉房工艺布置

水电站工程混凝土预热系统的目的是保证大坝混凝土低温季节浇筑温度控制在允许温控范围内。热源锅炉房的布置要求如下：

（1）预热设施应靠近混凝土搅拌楼或搅拌站布置，并符合安全及消防的有关规定。

（2）锅炉房位置的选择应靠近热负荷比较集中的地方，利于凝结水回收；锅炉房位于常年主导风向的下风侧；锅炉房的地面标高应高于现行行业标准《水电工程混凝土生产系统设计规范》（NB/T 35005—2013）规定的相应洪水位 0.5m 以上。

（3）锅炉房的锅炉间、水处理间、化验间、修理间均可布置在同一建筑物内，化验间应布置在光线充足，噪声和振动影响较小的地方。

（4）锅炉房内设置的回水池及储水箱，容量宜满足总蒸发量 40～60min 的需要。

（5）锅炉房建筑物设计应符合锅炉房工艺布置要求，并应符合土建工程中通用的建筑物模数和标准。

（6）燃煤锅炉房除满足（1）～（5）款外，还需满足下列要求：

1）便于燃料贮运和灰渣排送。

2）锅炉的操作地点和通道的净空高度不应小于2m；并应符合起吊设备操作高度的要求；在锅筒、省煤器及其他发热部位的上方，当不需要操作和通行时，其净空不应小于0.7m。

3）锅炉与建筑物的净距不应小于表 7.2-7 的规定。

4）煤场的总储煤量应根据煤源远近、供应的均衡性和交通运输方式等因素确定。对煤场（库）和灰渣场（库）作出合理的规划，并保证煤场的总储煤量满足锅炉房最大计算耗煤量的要求。煤场一般露天布置，根据环境保护要求，对煤场需进行覆盖。对雨水较多的地区，需设置干煤库，其储煤量，根据当地的气象条件，锅炉燃烧设备，对煤的含水量要求等因素确定。采用火车和船舶运煤，煤场（库）的总储煤量不宜小于 10 天的锅炉房最大计算耗煤量；采用汽车运煤，煤场（库）的总储煤量不宜小于 5 天的锅炉房最大计算耗煤量；干煤库储煤量应不小于 3～5 天的锅炉房最大计算耗煤量。

5）灰渣可以作为建筑材料，也能铺筑公路。需重视灰渣的综合利用，变废为宝，保护环境。灰渣储存设施应设置成封闭形式。灰渣库的储量不宜小于 3 天的锅炉房最大计算排灰渣量。灰渣量可根据所采用燃料煤的灰分进行计算。

（7）燃油锅炉房除满足（1）～（5）款外，还需满足下列要求：

1）贮油罐的总容量与油的运输方式有关，当采用火车或船舶运输，为 20～30 天的锅炉房最大计算耗油量；当采用汽车油槽车运输，为 3～7 天的锅炉房最大计算耗油量。

2）油库内供应重油的贮油罐不应少于 2 个，供应轻油的贮油罐不宜少于 2 个。

3）地上、半地下贮油罐或贮油罐组区应设置防火堤，防火堤的设计应符合现行国家标准《建筑设计防火规范》（GB 50016—2014，2018 年版）的有关规定；轻油贮油罐与重油贮油罐不应布置在同一个防火堤内。

4）油泵房至贮油罐之间的管道及接入锅炉房的室外油管道宜采用地上敷设；当采用地沟敷设时，地沟与建筑物外墙连接处应填砂或用耐火材料隔断。

（8）电锅炉房除满足（1）～（5）款外，还需满足下列要求：

1）电锅炉供暖宜采用编程控制器实现如温度、压力等参数的采集和处理，并实现加热、循环等控制。

2）电锅炉控制柜、水泵控制柜及自动化控制台等宜设在控制室内。

3）电锅炉控制柜应离墙安装，正面操作，双面开门维修。正、背面离墙距离应符合现行国家标准《供配电系统设计规范》（GB 50052—2009）和《20kV 及以下变电所设计规范》（GB 50053—2013）的规定。

上述内容仅给出了主要的工艺布置要求，在做锅炉房设计时，应遵循《锅炉房设计标准》（GB 50041—2020），并结合工程现场实际情况，进行经济分析和投资估算，确定锅炉房的工艺及其布置。

表 7.2-7　　　　　　　　　　　　　锅炉与建筑物的净距

单台锅炉容量		炉前/m		锅炉两侧和后部通道/m
蒸汽锅炉/(t/h)	热水锅炉/MW	链条锅炉	燃油锅炉	
1～4	0.7～2.8	3.00	2.50	0.80
6～20	4.2～14.0	4.00	3.00	1.50

7.2.5　管路设计与保温

预热系统的热力管道设计应综合分析热负荷分布、热源位置，结合各种电缆、给排水管沟的布置，考虑水文地质条件，经技术经济比较确定。

预热系统的热力管道布置宜采用枝状管网和辐射状管网，且应满足下列要求：

（1）管道布置应规划整齐、有序、便于识别。

（2）管道布置应合理选择管径，缩短管线距离，管道主干线应通过热负荷集中区域，其走向宜平行于混凝土生产系统主要建筑物。

（3）管道走向应根据地形特点因地制宜布置，避开地质不良地段及洪水对管线的影响。

（4）管道不宜穿越水泥库、砂石骨料堆场、交通主干道及其他易引起管道破坏漏损的构筑物或设施。

热力管道的坡比应符合下列规定：①供热水管，不应小于 0.2%；②坡比与蒸汽流动方向相同的蒸汽管，不应小于 0.2%；③坡比与蒸汽流动方向相反的蒸汽管，不应小于 0.5%；④凝结水管的坡比与凝结水流动方向一致时，不应小于 0.2%，宜取 0.3%。

热力管道分支处应设置检查井或进人孔，管道主干线分出的支管处设置的截止阀应布置在检查井或进人孔内；管道应在最低点设置放水阀，最高点设置放气阀。管道上应设置管道补偿装置。

热力管道的敷设方式可采用地上架空敷设和地下敷设。受地下构筑物、地下水位、年降雨量、土壤性质等因素影响，或遇不良地质地段，管道宜采用地上架空敷设。

预热系统的管道材料应依据管道的使用条件、经济性和加工性能，以及工程性质、施工条件、使用年限和代用材料等选用。在影响钢管选择的各种因素中，起决定作用的是管道设计压力、设计温度、介质类别。所选用的管材应满足所输送介质的作用，保证管道运行的安全可靠性。

热力管道主干管的最小管径不应小于 40mm；为建（构）筑物供热的支管，最小管径不应小于 25mm。管道中热媒的允许流速宜符合下列规定：饱和蒸汽主管，30～40m/s；饱和蒸汽支管，20～30m/s；需加压的凝结水管，0.5～2m/s；可重力自流的凝结水管，小于 0.5m/s；热水管道，0.5～2.5m/s，可取 1.5m/s。

预热系统骨料暖房、骨料预热仓及带式输送机地面廊道或栈桥、室外预热管道等均应保温；保温材料的允许使用温度应高于预热管道运行时的最高温度；合理选择热力管道保温材料及保温层厚度，能降低热力管道散热损失，达到降低能耗的目的。在设计过程中，根据各地区气候条件、材料性能、保温效果等方面综合考虑，选择合理的保温材料和经济的保温层厚度。保温层的厚度可以按相关设计手册进行计算。

热力管道保温层外面均应设保护层，保护层需具有良好的防水性，不易燃烧，化学性能稳定，耐压强度高，在温度变化和振动情况下不易开裂，容重小、导热系数小，结构简单施工方便、经济指标好等。对直接埋地敷设的管道应加设防腐措施。

预热系统的设备及管道涂色按规定颜色标识，预热系统设备及管道涂色应符合表 7.2 - 8 的规定，并标识介质名称且用箭头标出介质流向。

表 7.2 - 8　　　　　　　　　预热系统设备及管道涂色规定

设备及管道	颜色（色标）	设备及管道	颜色（色标）
锅炉及辅机	按产品出厂涂色涂装	水蒸气	大红（R03）
水	绿色（G03）	消防水管	大红（R03），并在管道上标识"消防专用"

7.2.6　预热混凝土生产安全技术

（1）混凝土预热系统应做好防冻、防滑、防烫、防火、防爆五项工作。建筑防火、防爆设计应符合现行国家标准《建筑设计防火规范》（GB 50016—2014，2018 年版）、《锅炉房设计标准》（GB 50041—2020）和《爆炸危险环境电力装置设计规范》（GB 50058—2014）的规定。

（2）预热系统锅炉房的耐火等级不应低于二级，当为燃煤锅炉房且锅炉的总蒸发量不大于 4t/h 时，可采用三级耐火等级的建筑。

（3）锅炉房应有安全可靠的进出口，通向室外的门应向外开，且不少于 2 个出口，出口应分散布置在相对两侧。

（4）温度不超过 100℃ 的采暖管道，通过可燃构件时，与可燃构件的距离不应小于 5cm；温度超过 100℃ 的采暖管道，距离不应小于 10cm 或采用阻燃材料隔热。锅炉和热力干管表面未做防火保护时，与木材等可燃物的距离不应小于 1m；当距离小于 1m 时，应用阻燃材料隔热。

（5）为保障人身安全和人身健康，防止操作人员被烫伤，对 60℃ 以上可能被触及的蒸汽（热水）管路、钢制烟道，如锅炉房内的分汽缸、分水器、集水器、锅炉取样管、钢制烟道等应进行隔热处理。

（6）锅炉房应做防雷接地保护，以及电气设备防护，避免人体触电事故、短路以及电火花引起火灾。

（7）安全标志应满足下列要求：

1）易发生事故或危及生命的场所和设备，以及需要提醒操作人员注意的地点，均应按现行国家标准《安全标志及其使用导则》（GB 2894—2008）和《消防安全标志　第 1 部分：标志》（GB 13495.1—2015）设置安全标志。

2）需要迅速发现并引起注意以防发生事故的场所、部位均应涂安全色，安全色按现行国家标准《安全色》（GB 2893—2008）选用。

3）预热系统的设备、管道涂色及介质名称和流向见 7.2.5 节相关内容。

（8）锅炉运行操作人员应取得有效资格证书后方可上岗，严禁无证人员操作。

7.2.7　锅炉房设计和施工说明

本书锅炉房设计主要是指水电站混凝土预热系统热源及其按供热对象的需求进行的设计布置及安装试运行等设计内容。水电站混凝土预热系统常采用的锅炉形式有燃煤炉、燃油炉、电锅炉。以下就××水电站蒸汽电锅炉为例说明。

7.2.7.1　工程概况

（1）工程名称：××水电站混凝土系统锅炉房。

（2）建设规模：锅炉房建筑面积×××m²，锅炉蒸发量 2×4t/h。

（3）主要功能：混凝土骨料预热、拌和水加热、辅助设施供暖。

7.2.7.2　设计依据

（1）甲方提供的设计任务书及要求。

（2）乙方提供的由建设单位确认的设计方案。

（3）当地有关的气象资料。

（4）国家现行有关设计规程、规范。

1）《工业建筑供暖通风与空气调节设计规范》（GB 50019—2015）。

2）《建筑设计防火规范》（GB 50016—2014，2018 年版）。

3）《公共建筑节能设计标准》（GB 50189—2015）。

4）《锅炉房设计标准》（GB 50041—2020）。

5）《建筑给水排水及采暖工程施工质量验收规范》（GB 50242—2016）。

6）《通风与空调工程施工质量验收规范》（GB 50243—2016）。

7）《工业金属管道工程施工质量验收规范》（GB 50184—2011）。

……

7.2.7.3　供热系统说明

（1）锅炉房。锅炉房内设 2 台 WDR4-1.25 电热蒸汽锅炉、分汽缸、板式汽水换热器、加压泵、软化水系统、控制室、化验室、维修室。蒸汽通过分汽缸分 4 路供给用热对象，即一次预热料仓及联通的胶带机栈桥保温、成品料堆及联通的胶带机栈桥保温、搅拌楼及生产辅助车间供暖、板式汽-水换热器加热生产用热水，制取热水温度 60℃。锅炉房仅低温季节运行，不考虑备用锅炉。

（2）锅炉房及供热图纸，按专业分类编号，装订成册，供施工及验收整编用。

（3）锅炉、水泵、软化水及换热等设备的安装，应符合设计图纸和设备制造厂提供的安装使用说明书的规定，并应符合相关的国家标准和行业标准规定。

（4）设备基础应待到货设备与结构基础图核对无误后方可施工。水泵采用隔震基础，管道与振动设备连接处均设软接头。

（5）锅炉房设有排污降温池，电锅炉定期排放的污水经排污管道排至排污降温池，降温后排至混凝土生产系统排水沟。

（6）水箱、水泵底部与混凝土基础接触面，在安装前应刷沥青漆两道。

（7）锅炉间应设置泄爆措施，泄爆面积为锅炉间面积的 10%。

（8）管道安装：

1）管道施工应与土建密切配合，在土建施工中，应配合预埋和校核土建的预埋件、预留孔洞。

2）所有管道安装前，应按设计要求核对规格、型号，并应有出厂合格证。安装前对管道内壁要清楚其铁锈、污垢等杂物。

3）阀门安装前应核对型号、规格，并应有出厂合格证。同时还应逐个进行壳体压力试验和密封试验，管道阀门试验介质为清洁水，试验压力为工程压力的 1.5 倍。阀门安装应注意阀件标示的介质流向，操作手轮应设在便于操作的位置。

4）管道的连接，除与设备、阀门附件采用法兰或螺纹连接外，其他均采用焊接。焊接时严防铁锈、焊渣等掉入管内。

5）管道焊缝不应设在穿墙、楼板的套管内，焊缝与支吊架或套管边缘的距离不应小于 200mm。

6）所有穿墙的管道均应事先预埋钢套管，套管直径比穿墙管直径大 2～3 号。套管与管道间的缝隙用石棉绳填塞，套管与墙之间的缝隙用水泥砂浆填实。管道穿越墙身时保温层不能间断。

7）管道弯头：蒸汽管道宜采用煨制弯头，弯曲半径大于等于 4D（D 为外径），其他管道可采用压制弯头。

8）管道安装坡度：顺坡取 $i=0.3\%$，逆坡取 $i=0.5\%$。蒸汽管道最低点应设疏水和放水装置。热水管道最高点应设放气，最低点设排水。

9）当管径小于 DN50 时采用焊接钢管，管径大于等于 DN50 时采用无缝钢管。管道固定支架位置，活动支、吊架的具体形式和位置根据现场情况由安装单位确定，做法参见《室内管道支吊架》（05R417-1）。管道支架最大允许间距见表 7.2-9。

10）管道穿屋面应设防雨装置，做法见国标图集《管道穿墙、屋面防水套管》（01R409）。

表 7.2-9　　　　　　　　　　　　　管道支架最大允许间距

管径 DN/mm		≤25	32	40	50	70	80	100	125	150	200	>300
间距/m	保温管	2.0	2.5	3.0	3.0	4.0	4.0	4.5	5.0	6.0	7.0	8.5
	非保温管	4.0	4.0	5.0	5.0	6.0	6.0	6.5	7.0	8.0	8.0	8.5

（9）试验验收。锅炉的汽、水系统安装完毕后，必须进行水压试验。水压试验压力应符合《建筑给水排水及采暖工程施工质量验收规范》（GB 50242—2016）的规定：

1）在试验压力下 10min 内压力降不大于 0.02MPa，然后降至工作压力进行检查，压力不降、不渗、不漏。

2）观察检查，不得有残余变形，受压元件金属壁和焊缝上不得有水雾和水珠。

3）经试压合格后，应对系统进行反复冲洗，直至排出的水不夹带泥沙、铁屑等杂质，且水色不浑浊时方为合格，在进行冲洗之前，应先除去过滤器的滤网，待冲洗工作结束后再行装入。管路系统冲洗时，水流不得经过所有设备。

4）试运转前必须用水彻底冲洗管道，直至流出的水中无污物为止（用白色滤纸进行检验）。

（10）保温：

1）试压合格后，方可进行保温。在保温前应刷红丹防锈漆两遍；

2）蒸汽管、凝结水、锅炉给水管及其供热水管道应加保温，保温材料就地取材，或采用工程所在地可供应的成型制品。管道表面的明显位置标明管道名称及流向指示。保温层厚度 δ 的规定：管道 DN≥200mm，δ=80mm；管道 200>DN≥80mm，δ=60mm；管道 DN<80mm，δ=40mm；钢制的热风管 δ=40mm；分汽缸及人员活动区内裸露的排污管，δ≥60mm。

3）保温管道的支吊架滑动部分应裸露，不得被保温层覆盖。

4）管道拐弯处，保温层应留有膨胀缝，然后用边角碎料填实。在垂直管道上应焊有防止保温层下坠的托架或设施。

5）凡管道、管道上的测量仪表的插孔处，其保温层均要留出圆形孔。

（11）油漆、涂色：

1）所有平台、扶梯、管道、所有设备（锅炉及厂家已做防腐处理的设备除外）及其支、吊架等金属部位或构件，安装完毕（试验合格）后均在外表面应刷红丹防锈漆两遍。

2）所有管道表面或其保温层表面，应根据介质种类涂刷色漆及介质流动方向的箭头，油漆及管道标示规定：①蒸汽管，红色；②锅炉给水管，绿色黄环；③凝结水管，绿色红环；④软化水管，绿色白环；⑤自来水管，绿色；⑥泄压管，黄色；⑦排污管、溢水管、下水管，黑色。

（12）节能设计：

1）一般情况在热力系统锅炉房水处理间安装自来水表。

2）锅炉及换热机组设置气候补偿器，控制一次侧热媒流量。

3）锅炉热水循环泵耗电输热比（EHR 值）应满足《公共建筑节能设计标准》（GB 50189—2015）。

（13）其他：

1）所有设备调试及运转必须按产品说明书的规定和程序进行，管理人员必须经过严格培训。

2）为了保证设备安全可靠，经济合理地运行，锅炉房各工种运行人员均应经过认真培训，考试合格并熟悉本锅炉房运行流程，方可担任运行值班工作。

3）未说明之处，按国家现行规范《建筑给水排水及采暖工程施工质量验收规范》（GB 50242—2016）、《通风与空调工程施工质量验收规范》（GB 50243—2016）、《工业金属管道工程施工质量验收规范》（GB 50184—2011）及制造厂有关技术标准要求进行施工。

第8章 水电站混凝土预冷/预热系统设计及工程实例

8.1 混凝土预冷/预热系统简述

温控混凝土出机口温度决定了预冷/预热系统的投资大小。混凝土预冷/预热出机口温度的确定在数值上等于设计混凝土浇筑温度减去或加上混凝土在运输、浇筑过程中的温度升高/降低损失值。

混凝土预冷/预热系统设计是以混凝土自然出机口温度、温控出机口温度为基本参数。其中混凝土品种、级配、配合比原材料用量可依据试验获得,并须收集坝址区多年月平均气温、水温等资料,进行整理分析,作为混凝土温控计算的基础依据。绝大部分工程水工大体积每立方米混凝土(常态四级配)中骨料的重量约占混凝土重量的 88% 以上,其中细骨料约占骨料总量的 24% 以上。目前细骨料主要采取遮阳隔热措施,避免阳光直射;而粗骨料除遮阳隔热措施外,还有风冷、水冷两种冷却措施。对于 7℃ 混凝土工程,粗骨料的终温一般须冷却到 0～−2℃,骨料的冷却温度对温控混凝土的出机口温度控制起决定性的作用。另外,胶凝材料约占混凝土重量的 8%～12%,高温季节水泥温度可在 35～60℃ 范围内取值,低温季节在 10～15℃ 范围内取值。水泥、掺合料温度与出厂温度、出厂时间、运输及储存方式有关,高峰施工时段刚出厂的水泥运达工地有时温度达到 65℃ 以上,给预冷混凝土出机口温度的控制带来相当大的难度,运行时应严格按规范要求,控制水泥入机温度,降低必要的冷耗量。温控混凝土高峰浇筑强度直接影响到预冷系统规模与拌和系统生产能力的大小。混凝土的降温幅度、生产能力是制约预冷系统制冷设备配置的主要指标,决定着预冷系统一次性的投资成本,直接体现预冷系统的运行成本。

混凝土预冷方式主要包括预冷粗骨料、预冷拌和水及加片冰拌和。预冷骨料可采用骨料堆场喷雾降温、风冷骨料、水冷骨料。预冷方式可采用前述一项或多项预冷措施组合使用。

混凝土预热方式主要包括加热水拌和、搅拌楼粗骨料仓热风加热骨料、搅拌楼粗细骨料仓埋设加热排管、粗细骨料堆埋设加热排管、设置暖房、骨料预热仓、地面辐射加热。预热方式可采用前述一项或多项预热措施组合使用。

混凝土预冷/预热系统设计包括下列主要内容:

(1) 确定混凝土组成材料的预冷/预热方式。

(2) 确定混凝土预冷/预热系统的生产规模。

(3) 进行预冷/预热系统的工艺流程、设备选型、工艺布置等设计和工程量计算。

本章根据不同地理位置（如华中、西南、西北、东北、非洲）的不同混凝土应用类型（如混凝土重力坝、碾压混凝土重力坝、混凝土面板堆石坝、抽水蓄能电站碾压式沥青混凝土心墙坝/钢筋混凝土面板堆石坝、水利枢纽船闸混凝土工程等），列举一些典型工程混凝土预冷/预热系统设计和应用实例（按预冷、预冷和预热、预热系统的顺序），便于工程设计者参考。

8.2 三峡水利枢纽 120m 高程混凝土预冷系统

三峡大坝位于湖北省宜昌市境内的三斗坪，距下游葛洲坝水利枢纽工程 38km；是世界上规模最大的混凝土重力坝。坝顶高程 185m，装机容量 22500MW。

三峡水利枢纽二期工程左岸高程 120m 混凝土拌和系统，位于左非 10 号～13 号坝段下游，距坝轴线 50～600m，总占地面积 34000m²。系统主要承担三峡大坝左非 12 号～18 号坝段及左厂 1 号～10 号坝段的混凝土生产供应任务，混凝土总量约 310 万 m³。混凝土系统高峰月浇筑强度为 10 万～11 万 m³，夏季 7℃预冷混凝土月浇筑强度为 9 万 m³。系统配置 2 座 HL240－4F3000LB 型自落式混凝土搅拌楼，铭牌生产能力为 2×240 m³/h，预冷混凝土生产能力为 2×180m³/h。系统于 1997 年 10 月动工，1998 年 6 月单线投产，1999 年夏季全线运行。

气象资料：工程设计依据 1952—1982 年的资料，三峡地区 4—10 月月平均气温见表 8.2－1。

表 8.2－1　　　　　　　　　　　宜昌站气温统计表　　　　　　　　　　　单位：℃

月份	4	5	6	7	8	9	10
多年月平均气温	16.9	21.5	25.6	28.4	27.6	23.2	18.4

骨料情况：混凝土粗骨料采用古树岭人工骨料，岩性为微新闪云斜长花岗岩，由于云母含量高达 10%～15%，超出规范要求，因此，该骨料加工系统只加工人工碎石料供拌和系统；细骨料来自下岸溪骨料加工系统，岩性为震旦系斑状花岗岩。

混凝土预冷系统工艺设计特点：

(1) 混凝土预冷以常态四级配为主，粗骨料由高程 115m 公用粗骨料堆供给，因粗骨料经胶带机多次转运，为提高风冷骨料效果，在混凝土系统设置两组粗骨料二次冲洗筛分车间，筛分脱水能力 2×500t/h。筛分机上下两层为"品"字形布置，上层采用 2YKR2052 圆振筛，下层大于 40mm 采用 2YKR2052 圆振筛，下层小于 40mm 采用 2ZKR2452 直线振动筛。为解决骨料超逊径现象，筛分车间的筛网进料段保持原聚氨酯筛网，网孔比相应的骨料粒径大 5～8mm；出料段改为钢筛网，网孔与相应的骨料粒径相同。

(2) 三峡工程在施工高峰期，夏季水泥温度有时达 65℃以上，加大了混凝土预冷难度，冷耗指标相对较高。

(3) 制冷设施由一次风冷车间、二次风冷车间（包含制冰主机及辅机、拌和及制冰的冷水生产）、冰库间、循环水系统及大坝冷却水 5 部分组成。混凝土预冷措施采取两次风冷粗骨料＋加片冰＋加冷水拌和。一次风冷、二次风冷、制片冰均采用氨泵供液，制大坝冷却水采用直接供液，生产拌和冷水用氨泵机组。一次风冷立面见图 8.2-1，二次风冷平面及立面图分别见图 8.2-2、图 8.2-3；高程 120m 混凝土预冷系统主要技术指标见表 8.2-2。

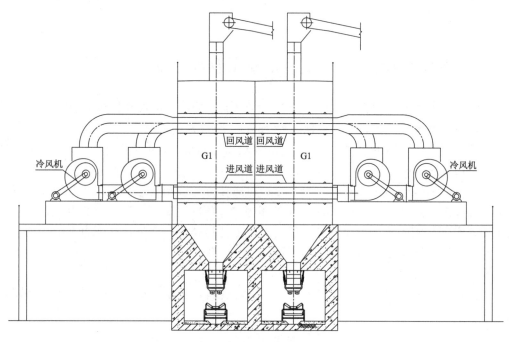

图 8.2-1　一次风冷立面图

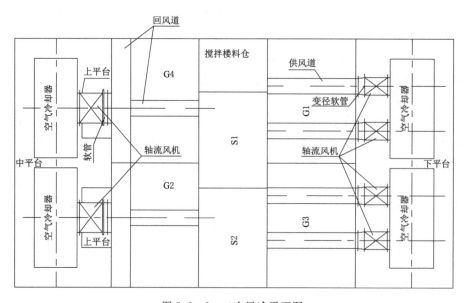

图 8.2-2　二次风冷平面图

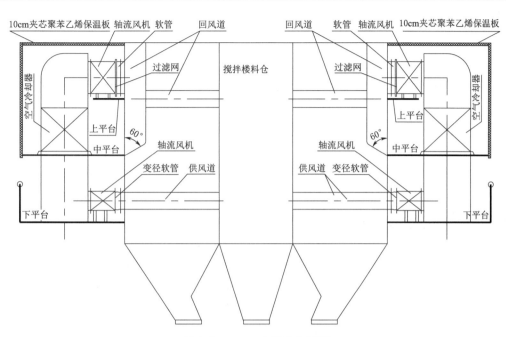

图 8.2 - 3 二次风冷立面图

（4）混凝土系统布置在苏罩一路与栈桥路之间，场地平均长度约550m，宽度约36m，制冷车间布置在二次筛分与搅拌楼之间。一次风冷车间配置主机5台LG25A450Z螺杆式制冷压缩机（单台标准工况制冷量为1163kW），5台WN400型卧式冷凝器，1台LSL-GF500螺杆式冷水机组，10台LZL270螺旋管式蒸发器。二次风冷车间（含制冰）配置主机6台JZ₃KA25，2台JZKA20C螺杆式制冷压缩机（单台标准工况制冷量分别为1163kW、582kW），2台JABLGⅢ110螺杆氨泵机组，单台标准工况制冷量为291kW，匹配1台DZA270螺旋管式蒸发器生产冷冻水，水温由25.9℃降至2℃；共配7台DWN420型卧式冷凝器。二次风冷车间氨泵供液水平距离最长达90m，垂直高度约25m，设计中充分考虑了氨泵供液的循环量以及氨泵扬程，氨泵进出口阀件、仪表较多，更换易产生泄漏等因素，配置12台50P-40型氨泵（其中2台备用），确保供液畅通。对车间内、外管道采用聚苯乙烯材质保温，其保温层厚度分别为75mm、100mm。

（5）紧邻搅拌楼分别匹配1号、2号冰库间。两座冰库间布置基本相同：每座冰库间分两层布置，上层布置6台30t/d片冰机，下层布置1座60t冰库，库内设冷风循环系统，冷风温度-10～-15℃。旁侧布置气力输送间，采用气力输冰方式分别向1号、2号搅拌楼供冰，片冰温度要求为-8～-15℃。

（6）一次、二次风冷车间的冷却水循环系统，采用加大冷却塔集水盘容量来保证循环水系统正常运行，省去了常规采用的循环水池。循环水量共计4600m³/h，两车间匹配的冷却塔出水管路连通，水量可互相调用。

（7）大坝冷却水系统由两部分组成，即大坝冷却水和大坝天然冷却水。10月温控需求6～8℃的大坝冷却水600m³/h，冷源利用一冷车间非制冷季节闲置螺杆式制冷压缩机、冷凝器、高压贮液器5台套，匹配10台LZL270螺旋管式蒸发器生产大坝冷却水。在夏季，制冷主机及配套辅机需服务于一次风冷骨料，则大坝冷却水由一冷车间专设的 1 台 LSLGF500 螺杆式冷水机组来生产，水量为 70m³/h。

表 8.2－2　　　　　　　　　　高程 120m 混凝土预冷系统主要技术指标

序号	项　目		单　位	指　标				备　注
				G1	G2	G3	G4	
1	预冷混凝土生产能力		万 m³	9.0				
			m³/h	360				实际运行为 300 m³/h
2	二次筛分能力		t/h	2×500				
3	预冷混凝土出机口温度		℃	7				
4	混凝土自然出机口温度		℃	31.8				
5	混凝土降温幅度		℃	24.8				
6	骨料初始温度		℃	28.7				
7	一次风冷骨料终温		℃	8	8	8	8	
8	二次风冷骨料终温		℃	－1	－1	0	1	
9	标准工况制冷容量	总容量	kW	14538				
		一次风冷	kW	5815				
		二次风冷	kW	4652				
		制冰	kW	3489				
		制冷水	kW	582				
10	制冷剂			R717				
11	冷凝器面积		m²	4940				
12	最大加冰量		kg/m³	50				
13	空气冷却器面积	一次风冷	m²	2×2000	2×2000	2×1800	2×1800	
		二次风冷	m²	2×1800	2×1800	2×1600	2×1600	
14	冷风循环量	一次风冷	万 m³/h	76				2 座楼的风量
		二次风冷	万 m³/h	67.2				2 座楼的风量
15	片冰产量		t/d	360				冰温 －8～－15℃
16	冰库		t	2×60				气力送冰
17	冷水产量		t/h	70				
18	冷却水循环量		t/h	4600				冷却塔冷却
19	设备电机总功率		kW	8315				
20	单位冷量冷凝器面积		m²/(10³kW)	339				
21	单位冷量冷却水循环量		t/(10³kW·h)	316				
22	冷耗指标		kW·h/(m³·℃)	1.95				按 300 m³/h 强度折算
23	能耗指标		kW·h/(m³·℃)	1.12				按 300 m³/h 强度折算

8.3 云南某工程混凝土预冷系统

云南某工程位于××江中游河段，距昆明 455km，属大（1）型一等工程，永久性主要水工建筑物为Ⅰ级建筑物。该工程为混凝土双曲拱坝，坝高 294.5m，装机容量 4200MW。

左岸混凝土拌和系统，主要承担全部双曲拱坝混凝土和部分水垫塘、坝肩处理混凝土的生产供应任务。承担的混凝土总量 860 万 m^3，其中大坝混凝土 842.7 万 m^3，水垫塘混凝土 4.2 万 m^3，坝肩处理混凝土 13.1 万 m^3。混凝土以四级配为主，高峰月混凝土浇筑强度 23.0 万 m^3，预冷高峰月混凝土浇筑强度 23.0 万 m^3，预冷混凝土出机口温度为 7℃。工程于 2002 年 1 月 20 日开工，2004 年 10 月大江截流，2005 年 12 月 12 日首仓混凝土浇筑，2010 年 8 月全部机组投产运行。

气象资料：云南某工程工程区多年平均气温 19.1℃，绝对最高气温 38℃，绝对最低气温 0.2℃。多年平均风速 2.0m/s，最大风速 18m/s。多年月平均水温 16.4℃，月最高水温 23.4℃，月最低水温 8.2℃。主要实测水文气象统计资料见表 8.3-1、表 8.3-2。

表 8.3-1 云南某工程工程区气温统计表 单位：℃

月份	1	2	3	4	5	6	7	8	9	10	11	12	年平均值
月平均气温	12.9	14.8	18.4	20.7	23.1	23.5	22.9	23.1	21.8	19.6	15.8	12.8	19.1
平均最低气温	6.4	8.2	11.5	14.4	17.8	19.9	19.8	19.5	18.2	15.4	10.9	7.1	14.1
平均最高气温	20.8	22.8	26.6	28.6	30.1	28.9	27.6	28.7	27.6	25.7	22.4	20.2	25.8
绝对最低气温	1.3	2.9	0.2	8.9	12.6	11.8	14.4	16.2	10.8	8.8	4.6	0.7	0.2
绝对最高气温	26.6	28.7	32.5	35.1	38.0	38.0	35.0	34.0	34.1	32.2	29.6	25.8	38.0

表 8.3-2 云南某工程工程区水温统计表 单位：℃

月份	1	2	3	4	5	6	7	8	9	10	11	12	年平均值
月平均水温	9.9	11.6	13.7	15.8	17.2	19.5	20.0	20.3	19.1	16.8	13.5	10.5	15.7
绝对最高水温	11.6	14.0	15.5	19.0	20.2	22.4	22.2	22.6	21.7	19.4	16.0	12.2	22.6
绝对最低水温	8.6	9.5	11.7	14.2	13.8	15.8	17.8	17.8	14.5	14.2	11.4	8.4	8.4

骨料情况：采用孔雀沟石料场开采的黑云花岗片麻岩及角闪斜长片麻岩。成品骨料通过胶带机经过地下隧洞运输约 750m 到达电站左岸混凝土系统地下储料井。

混凝土预冷系统工艺设计特点如下：

（1）云南某工程左岸混凝土系统是目前国内设计、施工难度最大的混凝土系统之一。其部分工艺措施较为领先，系统设计充分利用地形、地貌，以空间换平面，将骨料贮运系统、外加剂间布置在地下，制冷系统、二次筛分布置在边坡马道上，保证场内交通顺畅。胶凝材料气力输送自上向下 106m 高落差，国内尚未有先例。

（2）受左岸 2 号山梁堆积体的影响，左岸混凝土拌和系统大部分建筑物布置在 4 号山梁及其地下洞室，并充分利用地形，由高到低从高程 1380m 到高程 1245m 呈台阶形布置，缩短了骨料的运输时间，节省了土建工程量。为满足温控混凝土入仓快、温升小的要求，在高程 1245m 和高程 1240m 左坝肩推力墩位置设置钢栈桥和低台，从而形成宽度达 60m 的混凝土拌和及缆机供料平台，确保了混凝土的受料、水平运输及卸料快速高效。

（3）用于布置混凝土系统的场地狭窄，仅 4.05 万 m^2。系统配置 4 座 HL240 - 4F3000L 型自落式搅拌楼，常态混凝土铭牌产量为 $4 \times 240 m^3 / h$，预冷混凝土铭牌产量 $4 \times 180 m^3 / h$，满足预冷混凝土生产强度 $690 m^3 / h$ 要求。搅拌楼两座为一组，坝肩上、下游（A、B）系统各布置一组，二冷制冷楼靠近搅拌楼架空布置，底层为混凝土运输车道。充分利用平面及空间，缩短制冷剂输送距离，减少冷损耗。一冷楼、一冷低循间布置于高程 1274m 马道上，缩短与一次风冷料仓的距离。

（4）调节料仓布置在 4 号山梁地下山体内，节省外部场地，有利于其他建筑物的布置施工，降低设计难度，骨料从左岸砂石加工系统至左岸拌和系统运输、储存，均在地下，避免骨料受到日照，降低了骨料初始温度，从而降低一次风冷降温幅度。

（5）搅拌楼进料具有独特性，输送 5 种骨料的胶带机平行敷设，同时可向 2 座搅拌楼供料，保证搅拌楼料仓及时补给，减少搅拌楼料仓二次冷风漏损，克服了场地狭小及施工干扰大的矛盾。搅拌楼进料层平面布置详见图 8.3 - 1，进料胶带机布置图及其 B 向图见图 8.3 - 2、图 8.3 - 3。

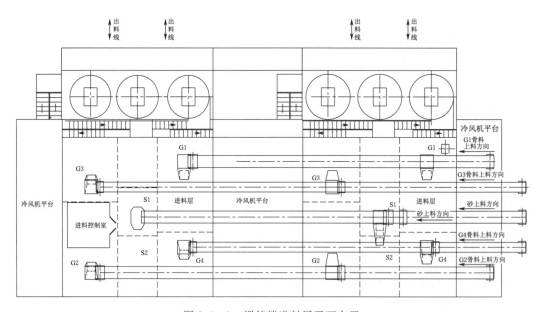

图 8.3 - 1　搅拌楼进料层平面布置

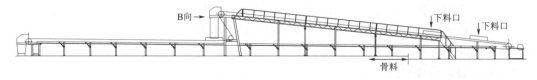

图 8.3 - 2　进料胶带机布置

(6) 为保证混凝土骨料质量，骨料经多次转运、储存，逊径及裹粉在所难免，系统设二次筛分去除粗骨料表层石粉，提高骨料的预冷效率。在 A、B 系统各设一组二次筛分楼，分四层，最上层为进料层，第三层布置 2 台 2YKR2052 型圆振动筛，并在筛入端架设喷水管，第二层布置 2 台 2YKR2060 型圆振动筛，底层布置 1 条排水槽。分级脱水后的骨料，通过胶带机分别送入一次风冷料仓对应的仓位；冲洗污水经 SCD－300 型砂处理单元处理。

(7) 每座一次风冷料仓分为 2×4 个格仓，每种料占 2 个仓位，其中 G1、G2 单仓 270 m^3，G3、G4 单仓 180 m^3，满足高峰 1.8h 混凝土生产用量。一次风冷料仓出料采用变频振动给料机卸到 4 条胶带机上，各级粗骨料连续同时运至搅拌楼对应的料仓。

(8) 预冷混凝土以常态四级配为主，依据气温及水温资料，全年混凝土自然出机口温度均高于温控要求的 7℃ 出机口温度，详见表 8.3－3。为此，需对混凝土采取温控措施。即 "一次风冷＋片冰＋冷水＋二次风冷"。一次风冷、二次风冷、制片冰均采用氨泵供液。混凝土预冷系统主要技术指标见表 8.3－4。

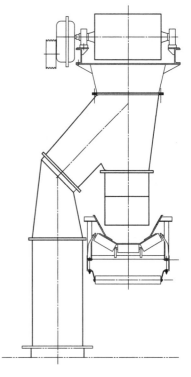

图 8.3－3　进料胶带机 B 向图

表 8.3－3　云南某工程混凝土自然拌和出机口温度

月份	1	2	3	4	5	6	7	8	9	10	11	12
出机温度/℃	15.2	17.4	19.7	21.8	24.4	24.8	24.3	24.5	22.9	20.9	18.3	15.6

(9) 一次风冷系统由一冷车间、低循间、一次风冷冷风机、风冷料仓、冷风循环系统组成。一次风冷需对 4 种粗骨料进行冷却。一次风冷系统布置于左岸缆机开挖边坡的高程 1274m 马道上，A、B 系统标准工况制冷量均为 3489kW（300 万 kcal/h），两个系统一冷车间均布置于龙潭干沟的下游侧，车间分三层，一层布置 3 台 LG25ⅡA450 型螺杆制冷压缩机，单台标准工况制冷量为 1163kW，2 台 10sh－9 型循环水泵；二层布置 3 台 ZA5.0 型高压贮氨器；三层布置 4 台 WN350 型卧式冷凝器。在车间的后边坡高程 1290.0m 马道上对应布置 2 台 DBNL₃－600 型冷却塔。低循间靠近 A、B 系统一次风冷料仓布置，内设 3 台 DX10.0 型卧式低压循环贮氨器，6 台 CNF－40－200 型氨泵；对应于一组搅拌楼的风冷料仓，采取 "背靠背" 的布置形式，每组风冷料仓分设 4 个小仓，分别装 G1、G2、G3、G4 粗骨料。冷风机相应布置在一次风冷料仓外侧，G1、G2 仓均配备 GKL－2000 冷风机，G3、G4 仓均配备 GKL－1300 冷风机。冷媒通过氨泵强制式循环向冷风机供液，生产冷风；冷风循环由布置在料仓外侧的冷风机、一次风冷料仓及其送、回风道组成；骨料自上而下进仓，冷风流向自下而上，料、风逆向热交换，骨料冷却为连续风冷，冷风为闭路循环，运行过程要求冷风仓料位不低于风冷区，以防冷风短路而影响骨料冷却效果。

表 8.3－4 云南某工程混凝土预冷系统主要技术指标

序号	项　　目		单　位	指标				备　注
				G1	G2	G3	G4	
1	预冷混凝土生产能力		m³/h	690				
2	二次筛分脱水能力		t/h	2×630				A、B 系统
3	预冷混凝土出机口温度		℃	7				
4	混凝土自然出机口温度		℃	24.8				
5	混凝土降温幅度		℃	17.8				
6	骨料初始温度		℃	22				
7	一次风冷骨料终温		℃	7	7	7	8	
8	二次风冷骨料终温		℃	0	0	0	1	
9	标准工况制冷容量	总容量	kW	19655				
		一次风冷	kW	2×3489				
		二次风冷	kW	2×3489				
		制冰及制冷水	kW	2×2850				
10	制冷剂			R717				
11	冷凝器面积	一冷	m²	2×1260				
		二冷	m²	2×2350				
12	最大加冰量		kg/m³	30				
13	空气冷却器面积	一次风冷	m²	4×2000	4×2000	4×1300	4×1300	
		二次风冷	m²	4×1200	4×1200	4×750	4×750	
14	冷风循环量	一次风冷	万 m³/h	4×23.3				4 座楼风量
		二次风冷	万 m³/h	4×19.7				4 座楼风量
15	片冰产量		t/d	4×120				冰温－10℃
16	冰库		t	4×60				螺旋送冰
17	冷水产量		t/h	2×25				
18	冷却水循环量	一冷	t/h	2×1200				
		二冷	t/h	2×1800				
19	设备电机总功率		kW	9760				
20	单位冷量冷凝器面积		m²/(10³ kW)	367				
21	单位冷量冷却水循环量		t/(10³ kW·h)	305				
22	冷耗指标		kW·h/(m³·℃)	1.60				按 690m³/h 强度折算
23	能耗指标		kW·h/(m³·℃)	0.80				按 690 m³/h 强度折算

（10）二冷车间及二次风冷、制冰、制冷冻水。二冷车间为二次风冷、制冰、冷冻水生产车间，A、B 系统二冷车间均布置于相对应的搅拌楼下游侧，冷源配备标准工况制冷容量为 6338kW（545 万 kcal/h），建筑物、设备配置相同，建筑面积均为 1950m²。二冷车间布置于高程 1245m 混凝土供料平台上，车间由主楼、辅楼构成。主楼分六层：一层

为混凝土出料行车道；二层布置 5 台 ZA5.0 型高压贮氨器，主机及泵的控制柜；三层布置 5 台 WN350 型卧式冷凝器，1 台 LSLGF500Ⅱ型螺杆冷水机组，3 台 IS50 - 32 - 200 型冷冻水输送泵；四层布置 4 台 DX10.0. 型卧式低压循环贮氨器，12 台 CNF - 40 - 200 型氨泵，3 台 10sh - 9 型循环水泵；五层布置 2 座 BK60 卧式冰库；六层布置 8 台 PB125 - 6S 型片冰机。辅楼分三层：一层为混凝土出料行车道；二层布置 5 台 LG25ⅡA450 型螺杆制冷压缩机（单台标准工况制冷量为 1163kW，其中 3 台用于制二次冷风，2 台用于制片冰），1 台 LG16ⅢDA85 型螺杆制冷压缩机（单台标准工况制冷量为 291kW，在片冰机停止生产时，维持冰库低温才开启，用于生产冰库冷风）；三层布置系统高低压配电柜；屋顶布置 3 台 DBNL₃ - 600 型冷却塔[12]。

二次风冷也需对四种粗骨料进行冷却，并在搅拌楼料仓中进行，G1、G2 仓均配备 GKL - 1200 冷风机，G3、G4 仓均配备 GKL - 750 冷风机。采用氨泵强制式循环向附壁于搅拌楼料仓上的冷风机供液，生产冷风。流程同一次风冷。

制冰及制冷冻水冷源采用螺杆冷水机组，提供 4℃冷冻水，水经加压送至搅拌楼上的水箱和主楼六层片冰机，分别用于拌和混凝土和生产片冰；采用氨泵强制式循环向片冰机供液。一座搅拌楼对应配置 4 台 PB125 - 6S 型片冰机，产片冰量为 120t/d；1 座冰库，贮冰 60t；用于调节片冰机生产与混凝土拌和用冰的不平衡。采用螺旋机向搅拌楼内的贮冰仓输送片冰，再经称量进入搅拌机生产预冷混凝土。二冷车间布置见图 8.3 - 4。

（11）混凝土系统 2007 年 9 月至 2009 年 3 月持续 18 个月达到生产预冷混凝土 20 万～22 万 m³/月的高强度，7℃混凝土达到率 95％以上。

8.4　HD 水电站工程混凝土预冷系统

HD 水电站位于云南省某县境内，以发电为主，上游与 TB 水电站、下游与 DHQ 水电站相衔接，坝址距下游 G320 国道约 170km；拦河大坝为碾压混凝土重力坝，最大坝高 203m，电站装机容量 1900MW。工程于 2008 年 12 月筹建，2010 年 3 月导流洞开工，2013 年 11 月大江截流，2015 年 3 月开始大坝混凝土浇筑，2018 年 7 月首台机组发电，2019 年 1 月电站全部机组投入发电。

该电站混凝土系统设 MC 河、DW 两处，承担的混凝土总量 347 万 m³。MC 河混凝土系统位于坝址上游 MC 河出口附近，系统承担混凝土总量约 111 万 m³，其中碾压混凝土 48 万 m³，常态混凝土 63 万 m³。DW 大坝混凝土生产系统布置于大坝下游左岸进厂公路内侧，与 DW 导流洞、厂房混凝土生产系统相邻，主要担负本工程常态混凝土约 10 万 m³、碾压混凝土约 226 万 m³ 混凝土生产任务。根据施工单位进度安排，MC 河混凝土系统按满足预冷碾压混凝土生产能力 450m³/h，预冷常态混凝土生产能力 360m³/h，出机口温度分别为 12℃、10℃的要求设计；DW 混凝土系统按满足预冷碾压混凝土生产能力 600m³/h，预冷常态混凝土生产能力 390m³/h，出机口温度分别为 12℃、10℃的要求设计。

气象资料：气象资料采用 HD 专用气象站修正以后的要素，水温资料采用坝区混凝土温控分区图中各月平均水温资料，分别见表 8.4 - 1、表 8.4 - 2。

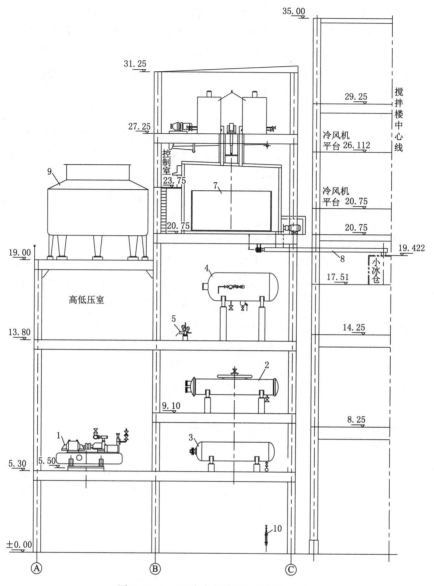

图 8.3－4　二冷车间布置（单位：m）

1—螺杆制冷压缩机；2—冷凝器；3—高压贮液器；4—低压循环桶；5—氨泵；6—片冰机；

7—冰库；8—螺旋输冰机；9—冷却塔；10— 紧急泄氨器

表 8.4－1　　　　　　　　　　　HD 水电站多年月平均气温及相对湿度

月份	1	2	3	4	5	6	7	8	9	10	11	12	年平均值
月平均气温/℃	10.6	12.3	14.9	17.8	21.1	23.3	23.5	23.1	21.8	18.6	14.2	11.2	17.7
极端最高气温/℃	28.9	29.2	33.7	35.4	39.4	37.6	36.7	35.8	35.0	33.3	30.3	28.2	39.4
极端最低气温/℃	−3.0	−2.2	0.4	4.4	6.7	12.3	13.9	12.1	9.5	4.8	0.4	−3.4	−3.4
平均相对湿度/%	50.7	48.3	55.0	61.3	58.0	67.3	70.0	80.0	78.3	74.0	61.7	51.0	63.0

表 8.4－2					HD 水电站坝址各月平均水温						
月份	1	2	3	4	5	6	7	8	9	10	11	12
水温/℃	6.6	8.4	10.9	13.0	15.3	17.6	19.5	19.4	17.2	14.4	9.8	7.0

骨料情况：HD 水电站和 DHQ 水电站砂石加工系统以大格拉石料场开采的灰岩料为料源，生产的砂石骨料主要供 HD 水电站大坝、引水发电系统等主体工程混凝土施工以及 DHQ 水电站主体工程混凝土施工。砂石加工系统生产的成品骨料向大坝混凝土生产系统、厂房混凝土生产系统、下游 DHQ 水电站成品骨料转料仓的供料均采用胶带输送机输送。

混凝土预冷系统工艺设计特点如下：

（1）MC 河混凝土系统场地狭窄，混凝土生产强度高，配置 2 座 HL320－2S4500L 型强制式搅拌楼，常态混凝土铭牌产量为 $2\times320\text{m}^3/\text{h}$，预冷混凝土铭牌产量为 $2\times250\text{m}^3/\text{h}$。2 座楼南北错位布置，汽车出料。制冷楼布置于搅拌楼上料胶带机下方，缩短了向二次风冷输送制冷剂的距离。

（2）DW 混凝土系统配置 2 座 HL360－2S6000L 型强制式搅拌楼，常态、碾压混凝土铭牌产量分别为 $2\times360\text{m}^3/\text{h}$、$2\times300\text{m}^3/\text{h}$，预冷混凝土铭牌产量 $2\times300\text{m}^3/\text{h}$。2 座搅拌楼平行布置，混凝土采用汽车、胶带机两种出料形式。胶带机出料在每座搅拌楼下料口设置一条悬挂式胶带机，2 条悬挂式胶带机各对应一条相对固定式胶带机，当汽车出料时，将悬挂式胶带机滑动到一侧露出下料口，下料口距地面净空高度控制在 5.5m；二冷楼紧邻搅拌楼布置，减少制冷剂的输送距离，使制冷效果充分发挥，布置见图 8.4－1。

（3）MC 河混凝土系统预冷碾压、预冷常态混凝土均以三级配为主，DW 混凝土系统预冷碾压混凝土以三级配为主。因成品骨料从砂石加工系统经胶带机运输到 HD 水电站 2 个混凝土系统的距离超过 10km，且经多次转运，骨料难免产生逊径，为此在混凝土系统设置二次筛分，去除粗骨料表层石粉，避免出现裹粉现象，提高骨料的预冷效率。

（4）合理配置二次筛分楼的骨料输送量，MC 河、DW 两个混凝土系统二次筛分骨料筛洗能力均按 $2\times620\text{t}/\text{h}$ 配置，两系统均选配 2 台 3YKR3075H 型三层重型圆振动筛，经筛分后的 3 种骨料同时进入一次风冷料仓，确保风冷料仓的料位，达到粗骨料预冷的目的。

（5）MC 河混凝土系统制冷设施由制冷楼、一次低循间组成；DW 制冷设施由一冷车间、二冷楼组成。对两处混凝土系统温控碾压混凝土、温控常态混凝土分别进行计算，按最不利情况确定预冷方案，进行制冷设备配置，温控措施均为"一次风冷＋片冰＋冷水＋二次风冷"。一次风冷、二次风冷、制片冰均采用氨泵供液。MC 河、DW 混凝土预冷系统主要技术指标分别见表 8.4－3、表 8.4－4。

（6）一次风冷料仓，预冷骨料输送线栈桥分别采用 100mm、50mm 厚聚苯乙烯保温板保温，减少冷量损失。

（7）因受场地限制，MC 河混凝土系统一次及二次风冷主要设备、制冰、制冷水全部设备集中安装在制冷楼内，制冷设备以翻修设备为主，考虑额定出力折减，设备配置富余量比配置新设备要大一些。一次风冷主机安装 4 台 LG25BMZ 螺杆制冷压缩机，单台标准

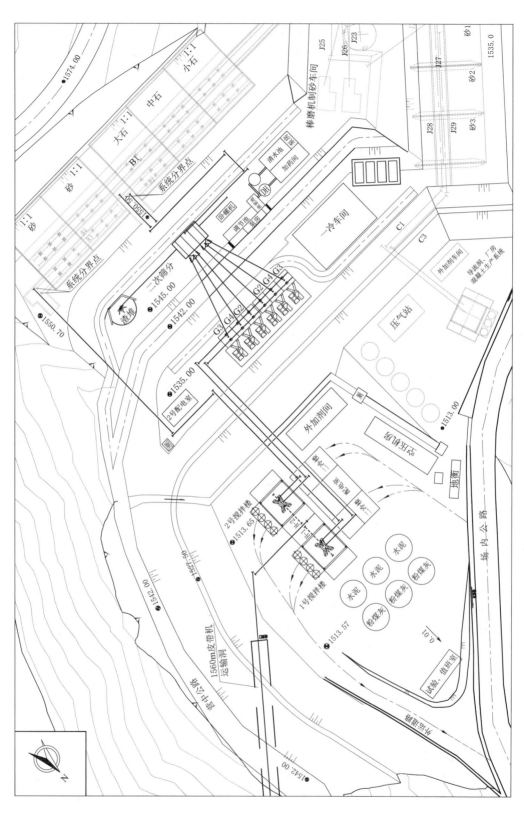

图8.4-1 DW混凝土系统平面布置图

工况制冷量为1163kW；二次风冷及制冰安装5台LG25BMZ螺杆制冷压缩机，单台标准工况制冷量为1163kW；制冷水安装1台LSLGF800M型螺杆式冷水机组，单台标准工况制冷量为442kW；片冰机F450S、F600S型各2台、匹配AIS50冰库2座；冷凝设备安装9台WN-500型卧式冷凝器，冷却塔安装4台DFN-1050组合式于制冷楼屋顶。

(8) DW混凝土系统制冷设备以翻修为主，一冷车间为单层厂房，主机安装4台KA25CBL/630螺杆制冷压缩机，单台标准工况制冷量为1605kW。冷凝设备为新购4台ZNX/MK-3450蒸发式冷凝器，减少了占地面积及土建工程量；二冷、制冰及制冷水设备集中在二冷楼，主机安装6台LG25BMZ螺杆制冷压缩机，单台标准工况制冷量为1163kW，1台LSLGF580M型螺杆式冷水机组，单台标准工况制冷量为291kW；匹配片冰机F450S型4台、AIS50冰库2座；匹配6台ZNX/MK-2620蒸发式冷凝器。蒸发式冷凝器总电机容量为310kW，若采用卧式冷凝器＋冷却塔＋循环泵组合冷却方式，总电机容量为654kW，此项氨液冷却方式节省装机容量52.6%。

(9) MC河混凝土拌和系统采用HL320-2S4500L型强制式搅拌楼，实际运行三级配预冷常态混凝土、预冷碾压混凝土生产能力分别为130m³/h、150m³/h。DW混凝土拌和系统采用HL360-2S6000L型强制式搅拌楼，实际运行三级配预冷常态混凝土、预冷碾压混凝土生产能力分别为200m³/h、260 m³/h。两系统预冷混凝土出机口温度均达到温控要求（常态10℃、碾压12℃）。

(10) 两处混凝土预冷系统都存在制冰供液量不均衡现象，参考风冷供液方式，增设分配器将会改善供液量不均情况。

(11) 二次筛分用三层筛冲洗及分级，脱水效果不理想，骨料含水率偏高，影响混凝土拌和加冰量，有待以后设计中改进。

表 8.4-3   MC河混凝土预冷系统主要技术指标

序号	项　　目		单　位	指　　标			备　注
				G2	G3	G4	
1	预冷混凝土生产能力	常态	m³/h	260			常态/碾压
		碾压	m³/h	300			
2	二次筛分能力		t/h	2×620			
3	预冷混凝土出机口温度	常态	℃	10			
		碾压	℃	12			
4	混凝土自然出机口温度	常态	℃	26.5			
		碾压	℃	26.0			
5	混凝土降温幅度	常态	℃	16.5			
		碾压	℃	14			
6	骨料初始温度		℃	23.5			
7	一次风冷骨料终温		℃	6	6	7	
8	二次风冷骨料终温		℃	0	1	3	

序号	项	目	单 位	指 标			备 注
				G2	G3	G4	
9	标准工况 制冷容量	总容量	kW	10909			
		一次风冷	kW	4652			
		二次风冷	kW	2326			
		制冰及制冷水	kW	3931			含1163kW备用
10	制冷剂			R717			
11	冷凝器面积		m²	4500			
12	最大加冰量（常态/碾压）		kg/m³	25/10			
13	空气冷却器 面积	一次风冷	m²	2×3000	2×3000	2×2200	
		二次风冷	m²	2×(2×1100)	2×800	2×800	
14	冷风循环量	一次风冷	万m³/h	41			2座楼风量
		二次风冷	万m³/h	34			2座楼风量
15	片冰产量		t/d	2×105			冰温−10℃
16	冰库		t	2×50			气力送冰
17	冷水产量		t/h	25			
18	冷却水循环量		t/h	4400			冷却塔冷却
19	设备电机总功率		kW	5982			
20	单位冷量冷凝器面积		m²/(10³kW)	413			
21	单位冷量冷却水循环量		t/(10³kW·h)	403			
22	冷耗指标	常态	kW·h/(m³·℃)	2.54			按260m³/h强度折算
		碾压	kW·h/(m³·℃)	2.60			按300m³/h强度折算
23	能耗指标	常态	kW·h/(m³·℃)	1.39			按260m³/h强度折算
		碾压	kW·h/(m³·℃)	1.42			按300m³/h强度折算
24	冷耗指标 （不含备用容量）	常态	kW·h/(m³·℃)	2.27			按260m³/h强度折算
		碾压	kW·h/(m³·℃)	2.32			按300m³/h强度折算
25	能耗指标 （不含备用容量）	常态	kW·h/(m³·℃)	1.29			按260m³/h强度折算
		碾压	kW·h/(m³·℃)	1.32			按300m³/h强度折算

表8.4−4　　　　　　　　　DW混凝土预冷系统主要技术指标

序号	项	目	单 位	指 标			备 注
				G2	G3	G4	
1	预冷混凝土 生产能力	常态	m³/h	400			常态/碾压
		碾压	m³/h	520			
2	二次筛分脱水能力		t/h	2×620			

续表

序号	项目		单位	指标			备注
				G2	G3	G4	
3	预冷混凝土出机口温度	常态	℃	10			
		碾压	℃	12			
4	混凝土自然出机口温度	常态	℃	26.5			
		碾压	℃	26.0			
5	混凝土降温幅度	常态	℃	16.5			
		碾压	℃	14			
6	骨料初始温度		℃	23.5			
7	一次风冷骨料终温		℃	7	7	8	
8	二次风冷骨料终温		℃	0	0	3	
9	标准工况制冷容量	总容量	kW	13689			
		一次风冷	kW	6420			
		二次风冷	kW	4652			
		制冰及制冷水	kW	2617			
10	制冷剂			R717			
11	蒸发式冷凝器排热量		kW	29520			冷凝温度36℃，湿球温度29℃
12	最大加冰量常态/碾压		kg/m³	25/10			
13	空气冷却器面积	一次风冷	m²	2×2700	2×3300	2×2200	
		二次风冷	m²	2×1600	2×(2×1600)	2×1200	
14	冷风循环量	一次风冷	万m³/h	45			2座楼风量
		二次风冷	万m³/h	45			2座楼风量
15	片冰产量		t/d	2×90			冰温−10℃
16	冰库		t	2×50			螺旋机送冰
17	冷水产量		t/h	200			
18	冷却水循环量		t/h	2300			蒸发式冷凝器
19	设备电机总功率		kW	4381			
20	单位冷量冷凝器排热量		kW/kW	2.16			
21	单位冷量冷却水循环量		t/(10³kW·h)	168			
22	冷耗指标	常态	kW·h/(m³·℃)	2.07			按400 m³/h 强度折算
		碾压	kW·h/(m³·℃)	1.88			按520 m³/h 强度折算
23	能耗指标	常态	kW·h/(m³·℃)	0.66			按400 m³/h 强度折算
		碾压	kW·h/(m³·℃)	0.60			按520 m³/h 强度折算

8.5　广西西津水利枢纽二线船闸混凝土预冷系统

西津水利枢纽工程位于广西横县郁江干流的中上游，上游距南宁市 167km，下游距横县 5km。二线船闸位于西津水利枢纽工程范围内，布置在已建一线船闸的右侧，两线船闸中心距为 120m，按 3000t 级船舶标准建设。混凝土拌和系统承担西津水利枢纽二线船闸工程混凝土的生产任务，目前处于服务期。

二线船闸工程混凝土总量约 88.22 万 m^3，混凝土生产系统及砂石料加工系统联合布置在船闸右岸船下 0+855 至西竹冲之间与新、旧公路相交的地块，地面高程约 60.50m。总占地面积约 4.7 万 m^2。混凝土系统设计生产能力 8.0 万 m^3/月，预冷混凝土设计生产能力 3.0 万 m^3/月，高温季节要求混凝土出机口温度 22℃。混凝土系统配置 3 座 HZ120－2S2000 强制式搅拌站，单座站铭牌混凝土生产能力 120m^3/h，预冷混凝土生产能力 90m^3/h。

气象资料：郁江流域属亚热带季风气候区，气候温和，雨量充沛。流域受季风控制，每年降雨量分配不均匀，多集中在 6—9 月（约占年雨量的 65%），在此期间常出现暴雨天气，主要成因是台风及热带低压。根据横县气象站 1961—2003 年资料统计，多年平均气温 21.5℃，最高气温一般出现在 7 月、8 月，最低气温一般出现在 12 月、1 月，气象特征值见表 8.5－1。

表 8.5－1　　　　　　　　横县气象站多年逐月平均气温及相对湿度

项　　目	1 月	2 月	3 月	4 月	5 月	6 月	7 月	8 月	9 月	10 月	11 月	12 月	年平均值
多年平均气温/℃	12.3	13.5	17.1	22.1	25.8	27.6	28.5	28.1	26.6	23.2	18.5	14.3	21.5
平均最高气温/℃	17.0	18.1	20.7	26.6	30.1	31.7	32.4	32.6	31.2	28.3	24.3	19.5	26.0
平均最低气温/℃	9.8	11.4	14.3	19.8	22.6	24.7	25.2	24.9	23.0	19.4	15.0	11.0	18.4
极端最高气温/℃	29.6	33.8	33.1	34.8	36.9	37.5	39.2	38.0	38.0	34.7	32.8	30.3	39.2
极端最低气温/℃	−1.0	0.6	2.7	7.5	13.9	18.1	20.1	18.9	15.1	8.1	4.2	−0.5	−1.0
相对湿度/%	77	81	83	82	81	82	81	82	80	76	74	73	79

骨料情况：混凝土骨料采用二线船闸开挖料中弱风化花岗石，开采中一部分直接运输至砂石加工系统加工成骨料，另一部分运至船闸右岸毛料备料场堆放，作为砂石加工系统毛料储存。

混凝土预冷系统工艺设计特点如下：

（1）工程预冷混凝土以三级配为主，有部分二级配预冷混凝土，预冷需满足两种级配混凝土的温控要求。

（2）考虑当地台风的影响（6 月最大风速 19.8m/s），混凝土的生产选配搅拌站，相配套的预冷设备均安装于地面，降低事故发生率。

（3）《水利水电工程混凝土预冷系统设计规范》（SL 512—2011）规定，成品骨料堆场表面湿润、堆高保持在 6m 以上、地弄取料时，骨料温度按当地多年月平均气温取值，即取值

28.5℃。根据横县气象资料分析，4—10月平均最高温度均在26℃以上，最高为8月，气温高达32.6℃。考虑高温时段预冷混凝土生产时间较长，以及同时兼顾预冷三级配、二级配混凝土的生产，骨料预冷初始温度按7月平均最高温度取值，即32.4℃。工程需要预冷混凝土90m³/h，若对1座HZ120－2S2000强制式搅拌站配置，则预冷混凝土生产负荷率为100％，考虑有提高预冷混凝土强度的可能性，因此本工程按2座站进行了预冷配置。

（4）混凝土预冷措施采取风冷骨料加冷水拌和。风冷骨料、制冷水均采用直接供液。预冷车间选用集装箱模块，一模块对应一料仓，减少了土建工程量以及大量的管道、阀件、仪表的现场安装及检漏测试工序，缩短了设备安装、调试工期。本工程预冷系统采用了环保制冷剂R507，实例见图8.5－1，主要技术指标见表8.5－2。

图8.5－1 广西西津二线船闸骨料预冷系统

（5）现场外界气温在30℃以上，冷风在生产预冷混凝土前2h开启，骨料终温测试为4～5℃，加10℃冷水拌和混凝土，出机口温度为20℃，低于温控要求的22℃。后期运行可将冷风提前开启时间缩短，将骨料终温适当提高到5～6℃，减少冷耗、能耗。

（6）在以后的工程设计中，可将单个模块的制冷剂供液、回气管路之间分别相连，采取阀门隔开，以备某一模块出现故障，其他模块可兼顾供冷，提高供冷的保证率。

表8.5－2 广西西津二线船闸混凝土预冷系统主要技术指标

序号	项 目	单 位	指 标			备 注
			G2	G3	G4	
1	预冷混凝土生产能力	m³/h	90			常态
2	预冷混凝土出机口温度	℃	22			
3	混凝土自然出机口温度	℃	35.5			
4	混凝土降温幅度	℃	13.5			
5	骨料初始温度	℃	32.4			
6	风冷骨料终温	℃	5	5	6	

续表

序号	项目		单位	指标			备注
				G2	G3	G4	
7	标准工况制冷容量	总容量	kW	2151			
		风冷	kW	1887			
		制冷水	kW	264			
8	制冷剂			R507			
9	蒸发式冷凝器排热量		kW	5820			冷凝温度 36℃，湿球温度 24℃
10	空气冷却器面积		m²	2525	2150	2950	
11	冷风循环量		万 m³/h	10～16			2 座站共用 1 个料仓
12	冷水产量		t/h	15			5℃
13	冷却水循环量		t/h	492			蒸发式冷凝器
14	设备电机总功率		kW	1266			
15	单位冷量冷凝器排热量		kW/kW	2.71			
16	单位冷量冷却水循环量		t/(10³kW·h)	229			
17	冷耗指标		kW·h/(m³·℃)	1.77			按 90 m³/h 强度折算
18	能耗指标		kW·h/(m³·℃)	1.04			按 90 m³/h 强度折算

8.6　赞比亚下凯富峡水电站混凝土预冷系统

下凯富峡水电站位于赞比亚赞比西河左岸一级支流凯富河上，距首都卢萨卡 90km，距上游已建成的上凯富峡水电站 17km，坝型为碾压混凝土重力坝，最大坝高 120m。电站装机容量 750MW，年发电量 30 亿 kW·h。

砂石及混凝土系统联合布置在大坝下游垭口处，垭口处利用工程弃渣回填至高程 545m，作为系统布置场地。系统承担混凝土总量约 192.2 万 m³，其中碾压混凝土 141 万 m³，常态混凝土 47 万 m³。碾压混凝土按生产能力 450m³/h，预冷碾压混凝土生产能力 330 m³/h，最低出机口温度 21.5℃ 设计，配置 2 座 HL320－2S4500L 型强制式搅拌楼，满足碾压混凝土高峰月浇筑强度及最大仓号浇筑的需要。常态混凝土按生产能力 170m³/h，预冷常态混凝土 80 m³/h，最低出机口温度 18℃ 设计，配置 1 座 HL240－2S3000L 型强制式搅拌楼，满足常态混凝土高峰月浇筑强度的要求。电站于 2011 年 7 月 20 日开工，总投资约 20 亿美元，采用 BOOT 方式建设，由中国水电、中非发展基金、赞比亚国家电力公司合作投资，中国国家开发银行提供融资。2020 年 4 月 16 日，大坝最后一仓碾压混凝土顺利收盘，大坝碾压混凝土全线封顶。

气象资料：多年月平均气温、水温见表 8.6－1，多年平均相对湿度为 62.6%。

表 8.6-1　　　　　　　　下凯富峡水电站坝址多年月平均气温、水温

月份	1	2	3	4	5	6	7	8	9	10	11	12	多年平均值
气温/℃	26.8	26.5	28.1	24.9	24.5	20.5	20.4	22.9	26.5	28.9	28.4	27.2	25.1
水温/℃	28	26.5	26.5	26	24	22.2	20.3	22	23	26	28	28	25.2

骨料情况：料源采用进水口上游方向的片麻岩料场开采的弱风化石料，系统细骨料偏多，常态混凝土用砂采用人工砂。

砂石粉含量：碾压砂按照不超过骨料总量的 6% 控制，石粉指粒径小于 0.075mm 颗粒，执行美国标准；常态砂按照不超过骨料总量的 10% 控制，石粉指粒径小于 0.15mm 颗粒，执行英国标准。人工砂细度模数 2.6~2.9，天然砂细度模数 2.6~3.0。

混凝土预冷系统工艺设计特点如下：

（1）碾压混凝土以三级配为主，常态混凝土以二级配为主。骨料粒径与国内工程有所区别，国内骨料粒径大石为 40~80mm，中石为 20~40mm，小石为 5~20mm，碾压砂及常态砂为 0~5mm；该水电站骨料粒径大石为 37.5~75mm，中石为 19~37.5mm，小石为 4.75~19mm，碾压砂及常态砂为 0~4.75mm。

（2）制冷设施由风冷车间、3 座集装箱式制冰站、2 套集装箱式冷水机组组成，混凝土预冷措施为搅拌楼料仓风冷粗骨料＋片冰＋冷水拌和，风冷骨料采用氨泵供液，制冰及冷却水生产采用直接供液，混凝土预冷系统主要技术指标见表 8.6-2。

表 8.6-2　　　　　　　下凯富峡水电站混凝土预冷系统主要技术指标

序号	项　　目		单　位	指标			备　注
				G2	G3	G4	
1	预冷混凝土生产能力	常态	m³/h	80			常态/碾压
		碾压	m³/h	330			
2	预冷混凝土出机口温度	常态	℃	18			
		碾压	℃	21.5			
3	混凝土自然出机口温度	常态	℃	32.3			
		碾压	℃	31.9			
4	混凝土降温幅度	常态	℃	14.3			
		碾压	℃	10.4			
5	骨料初始温度		℃	28.9			
6	风冷骨料终温		℃	15	14	14	
7	标准工况制冷容量	总容量	kW	7592			
		风冷	kW	4652			
		制冰	kW	1890			含冰库冷风
		制冷水	kW	1050			

续表

序号	项　目		单　位	指　标			备　注
				G2	G3	G4	
8	制冷剂	风冷		R717			
		制冰及冷水		R22			
9	蒸发式冷凝器排热量	风冷	kW	7860			冷凝温度36℃，湿球温度29℃
		制冰及冷水	kW	6814			冷凝温度36℃，湿球温度24℃
10	最大加冰量常态/碾压		kg/m³	45/20			
11	空气冷却器面积	1号、2号楼	m²	1800	2×1600	1600	单座楼设计值
		3号楼	m²		2×800	2×800	
12	冷风循环量	1号、2号楼	万m³/h	26～43			2座楼风量
		3号楼	万m³/h	11～18			1座楼风量
13	片冰产量	1号楼	t/d	4×35			冰温−10℃
		2号楼	t/d	2×35			
		3号楼	t/d	2×35			
14	冰库	1号楼	t	50			螺旋机送冰
		2号楼	t	23			
		3号楼	t	23			
15	冷水产量		t/h	60			
16	冷却水循环量	风冷	t/h	920			蒸发式冷凝器
		制冰	t/h	520			
		冷水	t/h	480			水冷式冷凝器
17	设备电机总功率		kW	3740			
18	单位冷量冷却水循环量		t/(10³kW·h)	253			
19	冷耗指标	常态	kW·h/(m³·℃)	1.29①			按80m³/h强度折算
		碾压	kW·h/(m³·℃)	1.78			按330m³/h强度折算
20	能耗指标	常态	kW·h/(m³·℃)	0.64①			按80m³/h强度折算
		碾压	kW·h/(m³·℃)	0.88			按330m³/h强度折算

①按常态与碾压混凝土所占的比例，对冷耗指标、能耗指标进行推算，会产生一定误差。
②制冰采用的是蒸发式冷凝器，电功率比传统的"水冷式冷凝器＋冷却塔＋水泵水循环"能耗低。

　　（3）混凝土预冷系统风冷车间布置于3座搅拌楼南侧，每座集装箱式制冰站紧邻对应的搅拌楼布置，2套集装箱式冷水机组紧贴2号冰站布置。1号、2号搅拌楼型号为HL320－2S4500L，生产碾压混凝土。3号搅拌楼型号为HL240－2S3000L，生产常态混凝土。风冷车间配置 4 台 LG25ⅢA 螺杆式制冷压缩机,单台标准工况制冷量 1163kW,制冷剂采用 R717,供 3 座搅拌楼制冷风;1 号搅拌楼匹配 2 座 FIP73＋AIS50 制冰站,产冰量 4×35t/d,冰库贮量 50t;2 号、3 号搅拌楼均匹配 FIP73＋AIS23 制冰站,单座制冰站产冰量 2×35t/d,冰库贮量 23t;3 座制冰站标准工况制冷量均为 630kW,采用螺旋机向搅拌楼送冰。冷水配标准工况制冷量 1050kW 冷水机组,产水量 30m³/h,水温 4℃。制冰站及冷水机组制冷剂采用 R22。搅拌楼输冰立面图见图 8.6-1。

(4)工程地处非洲,制冷设备配置基本采用同型号,在保证设备正常运行的情况下,减少备品备件的种类及数量;考虑工程投资,制冰站采用钢架支撑,高度约 15m。

(5)制冰、制冷水的制冷设备,采用集装箱模块化,便于国内外运输、快速安装。

(6)风冷车间距离搅拌楼位置较远,平均水平距离约 50m,制冷剂供给采用氨泵强制供液,保证骨料达到冷却效果。

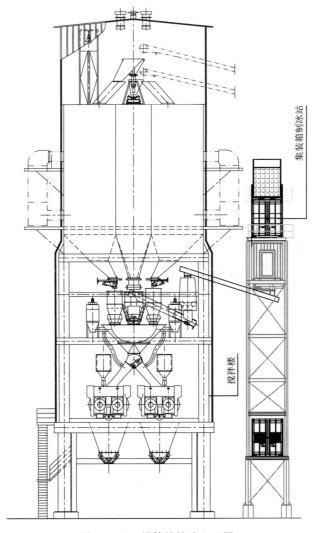

图 8.6-1 搅拌楼输冰立面图

8.7　二滩水电站混凝土预冷系统

二滩水电站位于四川省西南部的雅砻江下游，坝址距雅砻江与金沙江的交汇处33km，距攀枝花市46km，系雅砻江梯级开发的第一个水电站，属Ⅰ等大（1）型工程。大坝为混凝土双曲拱坝，坝高240m，电站总装机容量3300MW。大坝混凝土总量约415万 m^3。1991年9月电站主体工程正式开工，1999年12月26日，电站全面建成投产。

左岸混凝土拌和系统承担的混凝土总量约415万 m^3，高峰月混凝土浇筑强度17.8万 m^3。系统预冷混凝土生产强度540 m^3/h，高温季节出机口温度为8℃；系统配置2座4× 4.5 m^3 自落式搅拌楼，铭牌产量2×360 m^3/h。

气象资料：夏季最高月平均气温19.2℃。

料源情况：料源采用洞挖料及左坝肩上方部分高程1330～1555m的石料，混凝土骨料岩性为正长岩。

混凝土预冷预热系统工艺设计特点如下：

（1）混凝土以四级配为主。骨料粒径与国内其他混凝土双曲拱坝所需骨料粒径有所不同，该工程特大石为76～152mm，大石为38～76mm，中石为19～38mm，小石为4.8～19mm，细骨料为1.2～4.8mm和细砂0.074～1.2mm两级。

（2）混凝土预冷措施为水冷粗骨料＋搅拌楼料仓保冷＋片冰＋冷水拌和。粗骨料按粒径小石和中石、大石和特大石两两混合，使相邻的骨料冷却时间相近，达到相近的终温。

（3）4.8～38mm级骨料在带宽1400mm、机长229m、带速0.6m/s的带式输送机上喷淋水冷却，骨料冷却能力570t/h，喷淋时间约6min；38～152mm级骨料在带宽2000mm、机长281m、带速0.302m/s的带式输送机上喷淋水冷却，骨料冷却能力700t/h，喷淋时间约15min。喷淋冷水温度3℃，喷淋水量1200t/h，骨料冷却终温7℃。带式输送机水平设置，托辊槽角可调，全线喷淋冷却且溢流回水[13]。

（4）二次筛分设上、下两组筛，尺寸规格分别为2.5m×7m和2.5m×9m的特长大型水平振动筛。筛子前段补加冷水冲洗，后段脱水，二次筛分设在与搅拌楼进料层相近的地面，脱水筛分后的骨料用4条可逆带式输送机同时进搅拌楼，向两座楼供料。石渣及废水经沉砂斗分离，溢流水返回制冷车间循环冷却使用，沉淀物经振动筛脱水后回收利用。

（5）冷水厂配置4台Sabroe氨压缩机；制冰配置24t/d北极星和Subroe片冰机各8台，100t冰库两座，库温－3℃。混凝土预冷系统主要技术指标见表8.7－1。

表8.7－1　　　　　　二滩水电站混凝土预冷系统主要技术指标

序号	项　目	单　位	指　标	备　注
1	预冷混凝土生产能力	m^3/h	540	
2	预冷混凝土出机口温度	℃	8	
3	混凝土自然出机口温度	℃	22	
4	混凝土降温幅度	℃	14	
5	骨料初始温度	℃	19.2	

续表

序号	项 目		单 位	指 标	备 注
6	标准工况制冷容量	总容量	kW	11075（含备用）	
		制冰	kW	2363	
		制冷水	kW	5037	
		制冷风	kW	860	
7	制冷剂			R717	
8	制冷水能力		t/h	1200	
9	片冰产量		t/d	16×24	
10	贮冰库		t	2×100	
11	冷耗指标		kW·h/(m³·℃)	1.46	按540m³/h强度折算

8.8 龙羊峡水电站混凝土预冷和预热系统

龙羊峡水电站位于青海省共和县和贵南县交界的黄河干流上，是上游龙羊峡—青铜峡河段规划的第一个梯级电站。拦河大坝为混凝土重力拱坝，坝顶高程2610m，最大坝高为178m，总装机容量为1280MW，为坝后式厂房。工程于1982年6月28日开盘浇筑第一块混凝土，1986年10月开始下闸蓄水，首台机组于1987年9月正式并网发电，1989年6月四台机组全部投入运行，至今安全运行30多年。

混凝土拌和系统设在左坝头，承担混凝土量318.50万 m³。拌和系统配置1座4×J₃-3.0、2座4×2400搅拌楼，夏季预冷混凝土强度150m³/h，混凝土出机口温度原设计11℃。

气象资料：坝址处于高寒地区，气候条件恶劣，年平均气温低，日温差大，气温年变幅大，多年月平均气温、水温见表8.8-1。

表8.8-1　　　　　　　　　　龙羊峡坝址多年月平均气温、水温

月份	1	2	3	4	5	6	7	8	9	10	11	12	多年平均值
气温/℃	−9.3	−4.3	2.7	8.6	13.1	15.7	19.2	17.5	12.7	5.7	−2.3	−8.5	5.8
水温/℃	0.2	0.2	2.0	7.3	11.1	13.8	16.6	16.0	12.3	7.7	2.0	0.2	7.5

骨料情况：实验室资料，龙羊峡工程混凝土水泥用量在相同标号的条件下，人工骨料与天然料相比，增加水泥30kg/m³，水泥用量增加，预冷混凝土温度控制难度也随之增大。最终砂石骨料采用北查纳、巴卡台、八公里等三个主要天然砂砾石料场原料，岩性以变质石英砂岩、粗晶混合岩、花岗片麻岩、变质砂岩为主。

混凝土预冷和预热系统工艺设计特点如下：

（1）龙羊峡地处青藏高原东北部边缘，海拔高，多年平均气温5.8℃，7月最高，为19.2℃，1月最低，为−9.3℃，气温年变幅达14.19℃[14]。

（2）5—9 月生产预冷混凝土，预冷混凝土以常态四级配为主，预冷措施为粗骨料堆上空喷水雾降温，冷水拌和＋片冰，但实际出机口温度达 12～13℃。主要原因是水泥温度偏高，骨料堆高度不够，砂脱水时间不够，混凝土拌和实际加水量减小，造成加冰量降低；拌和用冷水温度也较设计值偏高 2℃。混凝土预冷系统主要技术指标见表 8.8 - 2。

（3）制冷设备集中布置于制冰楼内，主机配置 8A - 12.5、8A$_s$ - 12.5 活塞式制冷压缩机各 2 台，PBW - 75 片冰机 40 台。处于当时制造业落后的情形，单台片冰机产能仅有 4t/d，选用如此庞大的机群，给工艺布置带来了困难，从设备选型原则来看不够合理。

（4）拌和用的冷冻水由大坝冷却水厂提供，提供的水温 2℃。

（5）表 8.8 - 2 仅列出与 4×J$_3$ - 3.0 搅拌楼相匹配的制冷指标，1983 年工程局自建了与一座 4×2400 搅拌楼匹配的供冰系统。

表 8.8 - 2　　　　　　　　　龙羊峡水电站混凝土预冷系统主要技术指标

序号	项　　目		单　　位	指　　标	备　　注
1	预冷混凝土生产能力		m³/h	150	
2	预冷混凝土出机口温度		℃	11	实际 12～13℃
3	混凝土自然出机口温度		℃	22.2	推算
4	混凝土降温幅度		℃	11.2	
5	骨料初始温度		℃	19.2	
6	标准工况制冷容量	总容量	kW	1443	
		制冰	kW	1163	
		制冷水	kW	280	
7	制冷剂			R717	
8	最大加冰量		kg/m³	45	
9	片冰产量		t/d	160	冰温 -8～-10℃
10	贮冰仓		t	8	匹配 4×J$_3$ - 3.0 搅拌楼
11	送冰方式			埋刮板机（水平＋垂直）	
12	冷耗指标		kW·h/(m³·℃)	0.86	按 150m³/h 强度折算

（6）冬季气候干燥，施工期长。每年 10 月下旬至翌年 3 月下旬，日平均气温低于 5℃，混凝土即进入冬季施工，历时长达 160 天。冬季混凝土月浇筑强度 0.8 万～1.0 万 m³，预热混凝土生产强度为 160m³/h，为满足混凝土出机口温度，预热措施采用料堆埋设加热排管＋热水拌和，热媒采用蒸汽。在成品料堆中埋设直径 200mm 的蒸汽排管对骨料预热，同时便于解除集料口附近的骨料冻结以利于下料。骨料由地异取料，经保温廊道运至搅拌楼。由于骨料在搅拌楼贮料仓有一定的加热时间，拌和水温 60～80℃（先将水与骨料拌和最后加水泥），采取该措施均能满足设计混凝土出机口温度要求。原材料加热温度实际情况见表 8.8 - 3，拌和系统冬季运行供热容量见表 8.8 - 4。

（7）供热系统热源来自坝头锅炉房，该锅炉房安装 4 台蒸发量 6.5t/h 的蒸气锅炉，总蒸发量 26t/h。

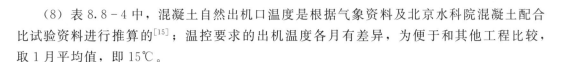

（8）表8.8-4中，混凝土自然出机口温度是根据气象资料及北京水科院混凝土配合比试验资料进行推算的[15]；温控要求的出机温度各月有差异，为便于和其他工程比较，取1月平均值，即15℃。

表8.8-3　　　　　　　　　　　　　　原材料加热温度实际情况

月份	月平均气温/℃	日平均最低气温/℃	出机口温度/℃	原材料加热温度/℃	
				水	>40mm骨料
3	2.7	−5	7～10	60	
2、11	−4.3～−2.3	−8～−10	11～13	80	5～10
12、1	−8.5～−9.3	<−15	14～16	80	11～15

表8.8-4　　　　　　　　　　　龙羊峡水电站混凝土预热系统主要技术指标

序号	项　　目		单　　位	指　　标	备　　注
1	预热混凝土生产能力		m³/h	160	
2	预热混凝土出机口温度		℃	～15	取最不利月平均值
3	混凝土自然出机口温度		℃	−4.2	四级配，依据试验配合比推算
4	混凝土升温幅度		℃	19.2	
5	骨料初始温度		℃	−7.3	地弄取料，比1月气温高2℃
6	热媒			蒸汽	
7	热水温度		℃	60～80	
8	骨料加热	粗骨料	kW	3605	设计热容量，热量损失按200%计
9		细骨料	kW	1745	设计热容量，热量损失按100%计
10	廊道及搅拌楼		kW	1163	
11	热负荷合计		kW	6513	
12	供热对象			（1）拌和热水； （2）成品料堆埋设蒸汽排管； （3）搅拌楼料仓排管加热； （4）胶带机栈桥、廊道用蒸汽排管保温； （5）辅助用房供热	
13	锅炉房热容量		kW	18423	配4台蒸发量6.5t/h燃煤蒸汽锅炉，含大坝养护供热
14	热耗指标		kW·h/(m³·℃)	2.12	按160m³/h强度折算

注　因资料不全，热耗指标未含热水热负荷。

8.9　公伯峡水电站混凝土预冷和预热系统

黄河公伯峡水电站位于青海省循化县与化隆县交界处的黄河干流公伯峡峡谷出口处，

距西宁市直线距离 95km，公路里程 153km。坝址上游 76km 处有已建的李家峡水电站，下游 148km 处有已建成并运行多年的刘家峡水电站。公伯峡水电站大坝为混凝土面板堆石坝，坝高 127m，装机容量 1500MW。2001 年 8 月 8 日主体工程正式开工，2006 年 7 月五台机组全部投产发电。

混凝土拌和系统布置在黄河右岸靠近黄河大桥右桥头、电站进厂公路及上坝公路之间的扇形地段，总占地面积 5 万 m²（含混凝土预制厂），承担工程混凝土量约为 128 万 m³，需成品骨料 310 万 t。混凝土高峰月浇筑强度 5.0 万 m³，夏季预冷混凝土月浇筑强度 2.5 万 m³，出机口温度不大于 12℃；冬季预热混凝土月浇筑强度 4.5 万 m³，出机口温度 8～18℃。考虑到系统承担的浇筑部位多，混凝土品种和标号多，配置 2 座 2HLF130 型二阶式双锥倾翻自落式搅拌站，每座站铭牌常态混凝土产量 120～130m³/h，预冷混凝土 90m³/h，预热混凝土 100m³/h。2 座搅拌站于 2001 年 10 月 12 日投产，使用期至 2005 年 12 月。

气象资料：工程采用公伯峡下游的循化县气象站统计资料，统计年限为 1981—1995 年。坝址多年月平均水温、气温见表 8.9-1。

表 8.9-1　　　　　　　　　　公伯峡坝址多年月平均水温、气温

月份	1	2	3	4	5	6	7	8	9	10	11	12	年平均值
气温/℃	−5.2	−1.6	4.7	10.7	14.6	17.4	19.7	19.6	14.9	9.4	2.0	−3.8	8.5
水温/℃	0.1	0.4	4.4	9.6	13.5	16.4	18.4	18.3	15.1	10.4	3.8	0.4	9.2

骨料情况：混凝土骨料采用水车村天然砂砾料，岩性以花岗岩、片麻岩为主。

混凝土预冷预热系统工艺设计特点如下：

（1）公伯峡地处青藏高原东部，多年平均气温 8.5℃，7 月气温最高，为 19.7℃，1 月气温最低，为−5.2℃，气温年变幅达 12.5℃；夏季室外多年平均相对湿度为 65%。

（2）6—8 月生产预冷混凝土，混凝土以三级配为主，有少量的四级配及二级配。预冷混凝土强度 75m³/h，本工程只对 1 座搅拌站进行了预冷配置。混凝土预冷采取大石、中石在搅拌站料仓风冷＋片冰＋冷水拌和的预冷措施，风冷骨料、制冰均采用氨泵供液。混凝土预冷系统主要技术指标见表 8.9-2。

（3）混凝土预冷系统配置 3 台 JZKA16-B、1 台 JZKA12.5（K）-B 螺杆制冷压缩机，单台标准工况制冷量分别为 291kW、140kW，生产冷风及制片冰；1 台 ABKA12.5-B 螺杆氨泵制冷压缩机（标准工况制冷量 140kW）匹配 LZL-90 螺旋管蒸发器，生产冷冻水，冷凝设备配置 3 台 ZL-160 高效蒸发式冷凝器；制冰配置 2 台 PB125-2A 片冰机及 1 座 20t 冰库。

（4）工程预热混凝土强度 135m³/h，对 2 座搅拌站进行了预热配置。预热措施采取大石、中石在搅拌站料仓热风加热＋热水拌和，热媒采用蒸汽。成品料堆砂仓及小、中石仓埋设蒸汽排管加热，胶带机栈桥、廊道用蒸汽排管保温；混凝土预热系统主要技术指标见表 8.9-3。

（5）在国内首次将大容量自落式搅拌站用于水电站工程，风冷/风热骨料需在搅拌站料仓进行，因此对搅拌站料仓在常规尺寸的基础上进行加高，保证冷却区/加热区高度，

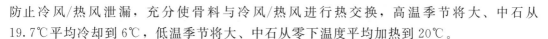

防止冷风/热风泄漏,充分使骨料与冷风/热风进行热交换,高温季节将大、中石从19.7℃平均冷却到6℃,低温季节将大、中石从零下温度平均加热到20℃。

(6)基于工程高温季节和低温季节对混凝土温控的要求,西北院研发了预冷预热冷暖风机模块,该模块由空气冷却器、空气换热器、离心风机组成。通过供给模块氨液/蒸汽实现冷风/热风,对骨料预冷/加热。

(7)工程采用了3台ZL-160高效风冷式冷凝器,既节水又减少了土建工程量。

表 8.9-2　　　　　　　公伯峡水电站混凝土预冷系统主要技术指标

序号	项　　目		单　位	指　　　标			备　　注
				G2	G3	G4	
1	预冷混凝土生产能力		万 m³	2.5			
			m³/h	75			
2	预冷混凝土出机口温度		℃	12			
3	混凝土自然出机口温度		℃	23.7			三级配
4	混凝土降温幅度		℃	11.7			
5	骨料初始温度		℃	19.7			
6	搅拌站料仓风冷骨料终温		℃	6	6		
7	标准工况制冷容量	总容量	kW	1152			
		风冷	kW	430			
		制冰	kW	582			
		制冷水	kW	140			
8	制冷剂			R717			
9	风冷式冷凝器排热量		kW	1338			冷凝温度35℃,湿球温度24℃
10	最大加冰量		kg/m³	50			
11	空气冷却器面积		m²	900	900		
12	冷风循环量		万 m³/h	8			1座搅拌站
13	片冰产量		t/d	60			冰温-15~-8℃
14	冰库		t	20			气力送冰
15	冷水产量		t/h	9.5			
16	冷却水循环量		t/h	85			风冷式冷凝器
17	设备电机总功率		kW	910			
18	单位冷量冷凝器排热量		kW/kW	1.16			
19	单位冷量冷却水循环量		t/(10³kW·h)	74			
20	冷耗指标		kW·h/(m³·℃)	1.31			按 75m³/h 强度折算
21	能耗指标		kW·h/(m³·℃)	1.04			按 75 m³/h 强度折算

表 8.9-3　　　　　　　公伯峡水电站混凝土预热系统主要技术指标

序号	项　目	单　位	指　标				备　注
			G1	G2	G3	G4	
1	预热混凝土生产能力	万 m³	4.5				
		m³/h	135				
2	预热混凝土出机口温度	℃	8～18				
3	混凝土自然出机口温度	℃	−0.9				三级配
4	混凝土升温幅度	℃	9～19				
5	骨料初始温度	℃	−5.2				
6	搅拌站料仓风热骨料终温	℃		20	20		
7	成品料仓蒸汽排管加热骨料温度	℃		5	5	5	
8	热媒		蒸汽				
9	热水温度	℃	60				
10	空气预热器面积	m²		2×400	2×400		2 座搅拌站
11	热风循环量	万 m³/h	16				
12	供热对象		(1) 拌和热水； (2) 热风加热骨料； (3) 成品料堆中石、小石、砂料仓埋设蒸汽排管； (4) 胶带机栈桥、廊道用蒸汽排管保温； (5) 辅助用房供热				
13	锅炉房热容量	kW	5582				2×4t/h 蒸汽锅炉
14	热水产量	t/h	43				其中：暖风机单台冲污 35 t/h
15	设备电机总功率	kW	230				
16	热耗指标	kW·h/(m³·℃)	4.59～2.18				按 135m³/h 强度折算
17	能耗指标	kW·h/(m³·℃)	0.19～0.10				按 135m³/h 强度折算

注　因资料不全，热耗指标包含辅助用房热负荷。

8.10　拉西瓦水电站混凝土预冷和预热系统

拉西瓦水电站位于青海省贵德县与贵南县交界的黄河干流上，是黄河上游龙羊峡—青铜峡河段规划的第二个大型梯级电站，属Ⅰ等大（1）型工程。枢纽距上游龙羊峡水电站 32.8km（河道距离），距下游李家峡水电站 73km，距青海省西宁市公路里程为 134km。大坝为混凝土双曲拱坝，坝高 250m，电站总装机容量 4200MW。主体工程混凝土浇筑量约 373.4 万 m³，其中大坝及泄水建筑物约 295.2 万 m³。工程 2002 年 7 月 1 日正式开工，2010 年 8 月五台机组投产发电。

左岸混凝土系统位于巧干沟下游 0.4km 的夜宿沟，场地为回填高程 2440.00m 平台，平台近似一个等腰三角形，面积约 1.8 万 m²，系统内布置诸多建（构）筑物存在很多困难。左岸混凝土拌和系统承担的混凝土总量约 258 万 m³。预冷高峰月混凝土浇筑强度 12 万 m³，高温季节出机口温度为 7℃；预热高峰月混凝土浇筑强度 8 万 m³，低温季节出机口温度为 8～15℃。考虑系统承担的混凝土强度大、品种和标号，配置 HL240－4F3000L 型和 HL360－4F4500L 型自落式搅拌楼各 1 座，铭牌产量分别为 240 m³/h、360m³/h。

气象资料：工程地域属典型的半干旱大陆性气候，冬季漫长，夏季凉爽，日温差较大，无霜期短。冬季受冷高压控制，天气干冷，常有寒潮侵入；春季到来较迟，气温回升慢，降雨量也少；夏秋季西南季风将大量水汽从印度洋带进本流域上空，降雨量较多；冰冻期为 10 月下旬至次年 3 月。工程区多年平均气温、水温及相对湿度见表 8.10－1。

表 8.10－1　　　　　拉西瓦水电站工程区多年平均气温、水温及相对湿度

月份	1	2	3	4	5	6	7	8	9	10	11	12	年平均值
气温/℃	－6.7	－2.9	4.0	9.9	13.5	16.2	18.3	18.2	13.7	7.3	0.1	－5.1	7.2
水温/℃	0.2	0.6	3.6	9.3	13.0	15.3	17.5	17.1	14.3	9.2	3.2	0.2	8.63
相对湿度/%	39	37	39	42	52	58	64	61	61	57	50	45	50

料源情况：混凝土骨料料源采用红柳滩料场天然砂砾石料，质地坚硬。

混凝土预冷预热系统工艺设计特点如下：

（1）拉西瓦坝址区多年平均气温 7.2℃，7 月气温最高，为 18.3℃，1 月气温最低，为－6.7℃，气温年变幅达 12.5℃。

（2）因混凝土骨料采用的是天然砂砾石料，骨料在倒运过程中产生的石粉含量相对人工料而言会减少，基于混凝土系统场地狭小的情况，工程未设二次筛分，对于粗骨料石粉，通过风冷骨料的风量参数及空气冷却器冲霜频次加以控制。

（3）夏季生产预冷混凝土，以四级配为主。预冷混凝土强度 360m³/h，本工程对两座搅拌楼进行了预冷配置。混凝土预冷措施采取在搅拌楼料仓风冷粗骨料＋片冰＋冷水拌和，风冷骨料、制冰均采用氨泵供液。混凝土预冷系统主要技术指标见表 8.10－2。

（4）混凝土预冷系统配置 6 台 JZLG25、1 台 JZLG20、1 台 JZLG12.5 螺杆制冷压缩机，各型号单台标准工况制冷量分别为 1163kW、582kW、140kW，生产冷风及制片冰；1 台 LSLG16F 螺杆冷水机组（标准工况制冷量 290kW）生产冷冻水；配置 8 台 DWN－360 型卧式冷凝器，7 台 PB125－2A 型片冰机及 2 座 50t 冰库，空气冷却器 2000m²、1750m²、1300m² 各 2 台，2800 m²、2500 m² 各 1 台；其他辅机设备：7 台 ZA－5 型高压贮液器，7 台 WDXZ－10.0 型卧式低压循环桶，12 台氨泵，4 台 700m³/h 冷却塔。工艺流程及制冷楼布置基本同前述云南某工程左岸混凝土系统二冷楼形式。

（5）冬季生产预热混凝土，以四级配为主。预热混凝土强度 240m³/h，本工程对两座搅拌楼进行了预热配置。混凝土预热措施采取搅拌楼料仓热风加热粗骨料＋热水拌和，热

媒采用蒸汽。成品粗骨料在搅拌楼料仓热风加热到 15℃，并采用 60℃热水拌和，使混凝土出机口温度达到 15℃。混凝土预热系统主要技术指标见表 8.10-3。

（6）混凝土系统配置 3 台 4t/h 燃煤蒸汽锅炉。搅拌楼配置空气换热器 800m²、750 m²、520 m² 各 2 台，1100 m²、1000 m² 各 1 台，与空气冷却器组成冷暖模块，离心风机共用。通过供给模块氨液/蒸汽实现冷风/热风，预冷/加热骨料。

表 8.10-2　　　　拉西瓦水电站工程混凝土预冷系统主要技术指标

序号	项　　目		单　　位	指　标				备　　注
				G1	G2	G3	G4	
1	预冷混凝土生产能力		万 m³	12				
			m³/h	360				
2	预冷混凝土出机口温度		℃	7				
3	混凝土自然出机口温度		℃	21.3				四级配
4	混凝土降温幅度		℃	14.3				
5	骨料初始温度		℃	18.3				
6	搅拌站料仓风冷骨料终温		℃	1	1	3	4	
7	标准工况制冷容量	总容量	kW	7990				
		风冷	kW	5234				
		制冰	kW	2466				
		制冷水	kW	290				
8	制冷剂			R717				
9	冷凝器面积		m²	2880				
10	最大加冰量		kg/m³	30				
11	空气冷却器面积		m²	2000	2000	1300	1300	4×3 搅拌楼
			m²	2800	2500	1750	1750	4×4.5 搅拌楼
12	冷风循环量		万 m³/h	20.3				4×3 搅拌楼
			万 m³/h	27.9				4×4.5 搅拌楼
13	片冰产量		t/d	210				冰温−15～−8℃
14	冰库		t	2×50				螺旋输送
15	冷水产量		t/h	17				
16	冷却水循环量		t/h	2800				
17	设备电机总功率		kW	4480				
18	单位冷量冷凝器面积		m²/(10³kW)	360				
19	单位冷量冷却水循环量		t/(10³kW·h)	350				
20	冷耗指标		kW·h/(m³·℃)	1.55				按 360m³/h 强度折算
21	能耗指标		kW·h/(m³·℃)	0.87				按 360m³/h 强度折算

表 8.10-3　　　　　　　拉瓦西水电站工程混凝土预热系统主要技术指标

序号	项　目	单　位	指标 G1	G2	G3	G4	备　注
1	预热混凝土生产能力	万 m³	8				
		m³/h	240				
2	预热混凝土出机口温度	℃	8～15				
3	混凝土自然出机口温度	℃	-3.5				四级配
4	混凝土升温幅度	℃	11.5～18.5				
5	骨料初始温度	℃	-6.7				
6	搅拌楼料仓风热骨料终温	℃	15	15	15	15	
7	热媒		蒸汽				
8	热水温度	℃	60				
9	空气预热器面积	m²	800	800	520	520	HL 240-4F3000L 型搅拌楼
		m²	1100	1000	750	750	HL 360-4F4500L 型搅拌楼
10	热风循环量	(万 m³)/h	20.3				HL 240-4F3000L 型搅拌楼
		(万 m³)/h	27.9				HL 360-4F4500L 型搅拌楼
11	供热对象		(1) 拌和热水； (2) 热风加热骨料； (3) 胶带机栈桥、廊道用蒸汽排管保温； (4) 辅助用房供热				
12	锅炉房热容量	kW	8374				3×4t/h 蒸汽锅炉
13	热水产量	t/h	12				
14	设备电机总功率	kW	622				
15	热耗指标	kW·h/(m³·℃)	3.03～1.89				按 240m³/h 强度折算
16	能耗指标	kW·h/(m³·℃)	0.23～0.14				按 240m³/h 强度折算

注　因资料不全，热耗指标包含辅助用房热负荷。

8.11　敦化抽水蓄能电站混凝土预热系统

　　敦化抽水蓄能电站位于吉林省敦化市北部，与黑龙江省海林市交界。上水库位于海浪河源头洼地上，靠近西北岔河和海浪河的分水岭，下水库位于牡丹江一级支流珠尔多河源头之一的东北岔河上。工程区距敦化市公路里程 111km，距吉林市公路里程 280km。工程为一等大（1）型工程，属纯抽水蓄能电站枢纽工程主要由上水库、下水库、水道系统、地下厂房系统和地面开关站等部分组成，有两套独立的水道系统，采用一洞两机的布置形式。上库最大坝高 54m，下库最大坝高 70m，上、下水库坝体均采用碾压式沥青混凝土心墙防渗。地下厂房内安装 4 台单机容量为 350MW 的混流可逆式水轮发电机组，总装机容量为 1400MW。工程于 2013 年 7 月正式开工建设，2021 年 6 月 4 日首台机组正式投产，计划 2022 年实现全部机组投产发电。

工程混凝土生产系统包括水泥混凝土生产系统和沥青混凝土生产系统。主体工程混凝土总量约 36.4 万 m^3，沥青混凝土 2.9 万 m^3，共分四个标段。本文仅针对具有代表性的地下厂房标段进行说明。地下厂房标段，常规混凝土为 75000 m^3，支护用喷射混凝土 18000 m^3，混凝土施工总量 93000 m^3，冬季温控混凝土设计生产能力 40m^3/h。混凝土拌和系统位于下库附近，搅拌站布置在高程 755m 平台，本标配置 HLS-90 型、HL50-2F1000 型混凝土搅拌站各 1 座，90 型搅拌站主要用于生产常规混凝土，50 型搅拌站主要用于生产喷混凝土。

气象资料：敦化抽水蓄能电站上、下水库坝址附近无气象观测站，选用附近敦化气象站和额穆气象站作为本电站气象要素统计分析的主要依据站。敦化抽水蓄能电站上、下水库气象要素统计详见表 8.11-1。骨料情况：砂石骨料采用地下厂房开挖料，骨料岩性为花岗岩，骨料分四级，即 5～10mm、5～20mm、20～40mm、人工砂，其中 5～10mm 用于喷浆，其余用于常规混凝土生产。

混凝土预热系统工艺设计特点如下：

（1）抽水蓄能电站一般控制整个工程进度的项目为地下工程，为尽量降低冬季施工措施费用，在不影响发电工期的情况下，一般停止地面工程施工。要做好地下工程的冬季施工，主要需解决环境温度、混凝土拌和与运输、施工供水、砂石料保温、施工工厂保温等措施，防止混凝土早期冻害，确保混凝土的安全性和耐久性。

（2）电站地处东北严寒地区，极端最低气温达－44.3℃，每年 11 月至次年 3 月，室外工程全部暂停施工进入冬休，仅地下厂房及洞室继续施工。

（3）地下工程混凝土生产系统冬季温控混凝土总量 4.26 万 m^3，高峰浇筑强度时段为 2017 年 11 月至 2018 年 4 月，混凝土供应强度为 0.68 万 m^3/月，要求混凝土浇筑温度不低于 10℃。地下厂房标段混凝土生产集中在全封闭暖房内进行，实际混凝土生产能力 60m^3/h（90 型搅拌站生产）。

（4）混凝土生产系统的成品骨料堆、胶带机运输系统、搅拌站、供风系统、外加剂及锅炉等配套设施，集中布置在 100mm 厚保温彩板全封闭的 1 个大厂房内，出入口设保温门。搅拌站自带水泥罐、粉煤灰罐布置在室外，通过螺旋机穿过保温墙体，送料到搅拌站。混凝土预热措施为骨料在暖房内自然升温＋热水拌和，热媒采用蒸汽。系统配置 1 台 2t/h 燃煤蒸汽锅炉。在整个厂房四周围护结构布置上下两层翅片式热排管（管束直径 57mm，翅片直径 80mm），通入蒸汽加热暖房内空气温度，凝结水直接排放。水源抽用约 100m 深井水到水箱，由锅炉提供蒸汽到水箱通过花管加热，使水温加热到 60℃，用于拌和混凝土。在外界气温－30～－25℃时，厂房内供暖温度约 15℃，此时堆存的骨料为 3～4℃。经量测，冬季混凝土出机口温度均在 15℃左右。

表 8.11－1   **敦化抽水蓄能电站上、下水库气象要素**

位置	项目	月 份												年均值
		1	2	3	4	5	6	7	8	9	10	11	12	
上水库	平均气温/℃	−24.2	−19.6	−9.9	−0.6	6.6	11.9	15.5	13.9	7.3	−1.5	−11.2	−20.0	−2.6
	极端最高气温/℃	−0.4	3.8	12.2	23.0	27.4	30.2	30.1	27.8	24.8	23.0	10.3	2.6	30.2
	极端最低气温/℃	−44.3	−41.9	−38.2	−24.1	−10.9	−2.7	1.1	−2.9	−11.9	−26.2	−33.5	−40.7	−44.3
下水库	平均气温/℃	−20.7	−16.1	−6.4	2.9	10.1	15.4	19.0	17.4	10.8	2.0	−7.7	−16.5	0.9
	极端最高气温/℃	3.2	7.3	15.7	26.5	30.9	33.7	33.6	31.3	28.3	26.5	13.8	6.1	33.7
	极端最低气温/℃	−40.8	−38.4	−34.7	−20.6	−7.4	0.9	4.6	0.7	−8.4	−22.7	−30.0	−37.2	−40.4
上、下水库	降水量/mm	12.5	14.5	27.4	41.5	70.3	126.7	194.7	158.4	68.6	42.0	28.5	17.9	802.9
	蒸发量/mm	18.6	29.3	71.8	146.0	213.7	171.5	156.8	135.5	117.7	93.6	42.4	20.9	1217.8
	风 平均风速/(m/s)	2.9	3.0	3.5	3.7	3.4	2.5	2.3	2.0	2.1	2.7	3.0	2.8	2.8
	最大风速/(m/s)	17.0	18.0	18.0	25.7	22.3	20.0	16.0	14.0	17.0	18.0	16.7	21.0	25.7
	相应风向	W	WSW	SW	W	WSW	WNW	NW，W	W，WSW	WSW	WSW	WSW	W	W
	平均地温/℃	−17.4	−12.7	−2.9	6.4	14.6	20.3	23.3	22.1	15.1	5.6	−4.5	−14.1	4.4
	平均相对湿度/%	68	65	60	57	60	75	82	83	77	67	67	68	69
	最大冻土深度/cm	164	180	184	184	178	171				15	54	144	184

（5）厂房内骨料堆存分 4 个仓，大、中、小石仓均为 1050m³，砂仓 1850m³，储量共 5000m³，可以满足高峰月混凝土生产 4 天的骨料用量。另外，除砂石加工系统附近建有 32000m³ 料堆外，工程还为过冬专建 30000m³ 料仓。混凝土生产过程中用自卸汽车为厂

房内料堆补给骨料。厂房及生产设施见图 8.11-1～图 8.11-3。

（6）混凝土采用罐车运输，罐外部用棉黏布缠裹保温，降低混凝土温度损失。

（7）煤耗指标：锅炉每年运行约半年时间，日耗煤 5t，年煤购置费 40 万～45 万元，单价 444～500 元/t。

图 8.11-1　全封闭厂房

图 8.11-2　厂房内生产区

图 8.11-3　厂房内堆料区

8.12　荒沟抽水蓄能电站混凝土预热系统

荒沟抽水蓄能电站位于黑龙江省牡丹江市海林市三道河子镇，下水库利用已建成的莲花水电站水库，上水库为牡丹江支流三道河子右岸的山间洼地。电站距牡丹江市 145km，距莲花坝址 43km。电站枢纽建筑物主要由主坝、副坝、输水系统和地下厂房等组成。上水库主坝为钢筋混凝土面板堆石坝，最大坝高 80.60m，电站装机容量 1200MW。工程于 2014 年 5 月正式开工建设。

工程混凝土总量为 35.21 万 m³。分标规划主体土建工程分为两个标段，即上水库工程和输水发电（C1 标）、地下厂房系统工程标（C2 标）。本文仅对具有代表性的地下厂房系统工程标进行解述。地下厂房标段由水电六局承担，混凝土施工总量为 19.6 万 m³，混凝土拌和系统布置在下水库进出水口附近的施工平台，场地高程 225.0m；本标配置 HZ50-2F1000 型搅拌站 1 座，铭牌产量为 50m³/h。

气象资料：荒沟抽水蓄能电站地处寒温大陆性季风湿润气候区，夏季炎热多雨，冬季漫长寒冷。荒沟抽水蓄能电站主要气象要素特征值见表 8.12-1。

表 8.12－1　　　　　　　荒沟抽水蓄能电站主要气象要素特征值

月份	1	2	3	4	5	6	7	8	9	10	11	12	年平均值	备注
平均气温/℃	−19	−14.9	−5	5.8	13.3	18.4	22	20.9	13.7	5.3	−5.8	−15.6	3.2	牡丹江气象站
极端最高气温/℃	4.6	11.8	20.5	29.7	34.5	36.3	36.6	37.5	31.9	29.1	19.1	9.4	37.5	牡丹江气象站
出现年份	1967	1960	1913	1982	1951	1978	1938	1950	1977	1978	1971	1958	1950	牡丹江气象站
极端最低气温/℃	−43.1	−45.2	−32.8	−18.2	−7.2	−0.2	6.8	2.3	−5.3	−14.5	−32.3	−36.3	−45.2	牡丹江气象站
出现年份	1915	1920	1915	1909	1910	1913	1909	1921	1916	1912	1914	1921	1920	牡丹江气象站
平均降水量/mm	5.0	4.9	11.1	25.7	52.5	93.1	135.7	129.1	59.3	34.6	13.7	7.9	572.7	荒沟水文站
平均蒸发量/mm	6.7	12.2	29.7	62.9	81.1	82.6	82.2	74.2	58.3	38.4	15.1	7.0	550.4	荒沟水文站
平均风速/(m/s)	2.2	2.5	3.1	3.6	3.2	2.4	2.1	2	2.1	2.5	2.7	2.3	2.6	牡丹江气象站
最大风速/(m/s)	20	20	24	21	21	18	20	15.3	20.7	20	16.5	18	24	牡丹江气象站
相应风向	W	WNW	WNW	WSW	WSW	W	WNW	NW	SW WSW	WSW	W	W	WNW	牡丹江气象站
发生年份	1967	1969	1964	1983	1982	1974	1976	1984	1957	1982	1957	1976	1964	牡丹江气象站
最大冻土深/cm	143	171	188	191	190	186			5	22	68	106	191	牡丹江气象站

骨料情况：砂石骨料采用地下厂房开挖料，骨料岩性为白岗花岗岩，骨料分四级，即 5～10mm、5～20mm、20～40mm、人工砂。

混凝土预热系统工艺设计特点如下：

（1）电站地处东北严寒地区，11 月至次年 3 月平均温度均在 0℃ 以下，最低温度发生在 1 月，平均温度 −19℃，极端最低气温达 −43.1℃，该季节室外工程全部暂停施工进入冬休，仅地下厂房继续施工。砂石加工系统在入冬之前储备 3.5 万 t 成品骨料，以备满足冬季预热混凝土生产。

（2）地下工程混凝土生产系统冬季温控混凝土总量 3.97 万 m³，最大浇筑量发生在第 4 年的 10 月至第 5 年的 3 月，总计 1.66 万 m³，混凝土冬季浇筑强度为 237m³/d，浇筑高峰强度 17.78m³/h。实际混凝土产量约 35m³/h。

（3）为保证冬季混凝土正常生产，采取对成品骨料仓、胶带机运输系统、搅拌站等采用 100mm 厚保温彩板进行全封闭分别保温供暖。保温房内设 4 个骨料预热仓，每个仓尺寸 10m×（7～8）m×（7～8）m，储量共 2000m³，搅拌站自带水泥罐、粉煤灰罐布置在室外，通过螺旋机穿过保温墙体，送料到搅拌站。保温房及骨料预热仓见图8.12-1和图8.12-2。

图8.12-1 混凝土预热系统保温房

图8.12-2 骨料预热仓

（4）设计混凝土预热措施为骨料仓内设加热排管+60℃热水拌和，热媒采用蒸汽。骨料在预热仓内加热至2℃，经保温廊道送入搅拌站，混凝土出机口温度为6.8℃。

（5）实际运行情况为骨料在预热仓内预热，在外界气温-17~-12℃时，水温30℃

图8.12-3 热空气幕

左右，砂温5~10℃，骨料4~11℃。经量测，冬季混凝土出机口温度均在10℃左右。

（6）系统配置1台2t蒸汽锅炉向骨料预热仓、料仓保温房、搅拌站等排管供热，凝结水直接排放未采取回收。搅拌站混凝土集料斗出口位置设电热空气幕（图8.12-3），隔离室外冷空气，减少混凝土进入混凝土罐车瞬间温度损失。

（7）混凝土采用罐车运输，罐外部用棉黏布缠裹保温，降低混凝土温度损失。

（8）煤耗指标：2016年冬季锅炉运行耗煤约200t，煤购置费8万元，单价约400元/t。

8.13 JC水电站混凝土预热系统

JC水电站位于西藏自治区JC县城上游约5.5km处。大坝为混凝土重力坝，最大坝高84.5m，电站装机容量360MW。2015年12月主体工程开工建设，2020年8月11日首台机组正式并网发电。

工程混凝土总量为236万m³，其中主体工程约191.3万m³，导流工程约44.7万m³。高温季节需预冷混凝土约96.21万m³，其中搅拌楼出机口温度小于10℃的混凝土约42.7万m³，小于14℃的混凝土约53.51万m³；低温季节需预热混凝土约69.96万m³，出机口温度10~15℃[16]。以下仅对混凝土预热系统进行解述。

预热混凝土高峰月浇筑强度8.5万m³，结合常态混凝土高峰月浇筑强度10.0万m³，预冷混凝土高峰月浇筑强度 9.6 万 m³ 强度要求，系统配置 2 座 HL240 - 4F3000L 混凝土搅拌楼。混凝土系统布置于坝址左岸下游约 120m 处，与砂石加工系统联合布置，紧邻缆机供料平台。

气象资料：JC 水电站位于高原温带季风半湿润气候地区，工程位置距 JC 气象站较近（相距 4.2km），可作为水电站的设计依据，该站有 1978 年以来的实测降水、气温、蒸发、湿度等资料。根据该站实测资料统计，多年平均气温 9.2℃，极端最高气温和极端最低气温分别为 32.0℃、-16.6℃；多年平均年降水量为 540.5mm，历年一日最大降水量 51.3mm；多年平均相对湿度 51%；多年平均风速为 1.6m/s，历年最大风速为 19 m/s，相应风向 SE；多年平均蒸发量为 2075.2mm。JC 水电站工程区气象要素特征值见表 8.13 - 1；大气压力、空气密度及湿度与海拔的关系见表 8.13 - 2，气温与海拔的关系见表 8.13 - 3。

混凝土原材料情况：采用坝址区天然砂砾石开挖回采料，骨料分六级，即 5~20mm、20~40mm、40~80mm、80~150mm、人工砂及少量的瓜米石，骨料露天堆存，高度约 25m；水泥采用散装，运距约 200km，冬季水泥温度为 50~60℃；粉煤灰采用袋装，拆包后输送到罐内贮存，温度同环境温度；外加剂采用高浓度水剂，引气剂用 40℃热水稀释，减水剂用常温水稀释。

表 8.13 - 1　　　　　JC 水电站工程区气象要素特征值

项目		1 月	2 月	3 月	4 月	5 月	6 月	7 月	8 月	9 月	10 月	11 月	12 月	年平均值
气温/℃	平均	0.0	2.7	6.4	9.6	13.2	16.3	16.4	15.9	14.3	10.4	4.7	0.6	9.2
	极端最高	23.4	24.0	32.0	28.4	30.8	30.7	31.9	30.1	28.7	27.1	23.8	19.8	32.0
	极端最低	-16.6	-13.5	-10.0	-5.4	-3.3	2.0	4.4	4.9	0.7	-5.4	-10.5	-14.7	-16.6
平均气压/(10² Pa)		683.7	682.6	683.1	684.7	685.1	684.6	685.4	686.9	687.9	688.1	687.8	686.8	685.6
平均日照时数/h		231.1	215.5	226.9	219.3	234.1	195.6	179.4	182.1	193.8	244.7	240.2	227.8	2590.5
平均蒸发量/mm		110.8	139.3	197.6	211.1	245.8	224.8	195.9	181.1	162.2	179.7	130.1	96.9	2075.2
风	平均风速/(m/s)	1.6	2.2	2.5	2.2	2.1	1.7	1.2	1.2	1.1	1.3	1.3	1.1	1.6
	最大风速/(m/s)	12.0	16.0	19.0	14.0	11.0	15.0	12.0	10.0	9.0	12.0	10.0	18.0	19.0
	相应风向	W,SSW	ESE	SE	WNW	E,ENE	WNW	S,ESE	SSE,NW,W	SE	E	SE,SW,WNW,ESE,W	NW	SE
	平均大风天数（≥8 级）/d	1.4	3.0	4.9	3.1	1.9	0.9	0.4	0.5	0.2	0.4	0.4	0.9	18.1
降水	平均降水量/mm	1.2	2.3	8.9	19.5	44.5	90.3	152.3	133.9	73.2	11.9	2.1	0.4	540.5
	一日最大降水量/mm	9.0	4.4	14.3	16.0	26.2	36.1	42.4	51.3	37.7	21.4	8.7	2.2	51.3
	平均降水天数/d	1.0	2.1	4.7	9.4	13.6	20.4	23.4	23.4	20.5	5.1	1.6	0.5	125.7
最大冻土深度/cm		19.0	12.0	7.0	4.0	0.0	0.0	0.0	0.0	0.0	5.0	9.0	16.0	19.0
平均相对湿度/%		34.0	35.0	40.0	48.0	53.0	63.0	71.0	71.0	69.0	54.0	43.0	37.0	51.0

表 8.13 - 2 　　　　大气压力、空气密度及湿度与海拔的关系

海拔/m	0	1000	2000	2500	3000	4000	5000
相对大气压力	1	0.881	0.774	0.724	0.677	0.591	0.514
相对空气密度	1	0.903	0.813	0.770	0.730	0.653	0.583
绝对湿度/(g/m³)	11	7.64	5.30	4.42	3.68	2.54	1.77

表 8.13 - 3 　　　　气温与海拔的关系

海拔/m	1000	1500	2000	2500	3000	3500	4000
最高气温/℃	40.0	37.5	35.0	32.5	30.0	27.5	25.0
年平均气温/℃	20.0	17.5	15.0	12.5	10.0	7.5	5.0

混凝土预热系统工艺设计特点如下：

（1）该电站地处高海拔地区（高程约 3300m），受海拔及气候条件的影响，热负荷计算参数的取值需考虑当地的海拔、气温、空气密度、湿度等因素；预热设备的配置在电机额定功率上予以修正，保证了设备的出力。一般电机额定功率是指海拔度 1000m 条件下的出力，理论上海拔每升高 500m，电机功率下降约 4%。

（2）工程所在地海拔高，太阳辐射强度大，昼夜温差大，冬季通常在下午阳光直射情况下气温可达 11~12℃，即使露天堆存的骨料，表面的霜雪在下午时段也能融化，大部分被蒸发，减少了骨料冻结频次，有利于骨料预热。

（3）冬季混凝土浇筑强度为 255m³/h，以四级配为主。为了防止骨料堆结冰，在成品砂料仓及小石料仓底板的地笼下料口一定范围内敷设了地暖，管材采用镀锌钢管，对骨料进行预热保温。

（4）温控措施设计实施为"一次骨料仓热风加热粗骨料＋搅拌楼料仓二次热风加热粗骨料＋热水拌和"。计算参数为骨料在一次骨料仓内热风加热，从初温 0℃ 平均加热到 6℃，配置热负荷蒸发量 6t/h；骨料由一次骨料仓转运至搅拌楼料仓，考虑转运过程温度降低 2℃，二次热风将粗骨料由 4℃ 平均加热至 7℃，且对搅拌楼料仓进行保温，配置热负荷蒸发量 6t/h；按混凝土配合比的水量，加 60℃ 热水拌和，配置热负荷蒸发量 4t/h，满足冬季混凝土温控要求。

（5）由于供给的水泥温度较高，为冬季温控混凝土生产带来了有利条件。现场实际运行情况是，一次骨料预热仓未供暖，偶尔作为调节料仓使用，骨料直接在搅拌楼料仓采用热风由初温 0℃ 平均加热到 7℃，按混凝土配合比水量要求加 60℃ 热水拌和，满足冬季混凝土温控生产要求。料仓暖风机与预冷的冷风机共用离心风机，使热风/冷风在料仓产生强制流动循环，从而达到预热/预冷骨料的目的。

（6）对成品料仓至搅拌楼的胶带机栈桥，搅拌楼均进行供暖保温，防止骨料转运过程中温度下降。

（7）锅炉配置 3 台 WDR4 - 1.25 型电热蒸汽锅炉，由于受大坝仓面混凝土浇筑强度影响，未达到进度安排的月浇筑强度 8.5 万 m³，实际月浇筑强度为 5.0 万~6.0 万 m³，所以锅炉仅运行 1 台，满足冬季温控混凝土生产及供暖要求，节省了热耗及能耗。

（8）工程预热混凝土强度按 6.0 万 m^3/月推算，生产能力为 180m^3/h，对 2 座搅拌楼进行了预热配置。混凝土预热系统主要技术指标见表 8.13-4。表 8.13-4 中，混凝土自然出机口温度是根据参考混凝土配合比及气象资料进行推算的，温控要求的出机温度为 10～15℃，为便于和其他工程比较，取 15℃ 计算热耗指标。

表 8.13-4　　　　　　　　　　JC 水电站混凝土预热系统主要技术指标

序号	项　　目	单　　位	指　　标	备　　注
1	预热混凝土生产能力	万 m^3	5.0～6.0	
		m^3/h	180	
2	预热混凝土出机口温度	℃	10～15	
3	混凝土自然出机口温度	℃	4	四级配
4	混凝土升温幅度	℃	6～11	
5	骨料初始温度	℃	0	
6	搅拌楼料仓风热骨料终温	℃	7	平均值
7	成品料仓地暖加热骨料温度	℃	0℃ 以上，不冻结	小石、砂仓敷设
8	热媒		蒸汽	
9	热水温度	℃	60	
10	供热对象		(1) 拌和热水； (2) 热风加热骨料； (3) 成品料仓小石、砂料仓下料口附近敷设地暖； (4) 胶带机栈桥、廊道用蒸汽排管保温； (5) 辅助用房供热	
11	锅炉房热容量	kW	2791	配置 3×4t/h 蒸汽锅炉，实际运行 1 台
12	热耗指标	kW·h/(m^3·℃)	2.58～1.4①	按 180m^3/h 强度折算

① 因水泥温度高，外界气温相对龙羊峡、公伯峡高，热耗指标相对下降。

8.14　工程实例汇总与分析

（1）组成大坝混凝土原材料中的胶凝材料约占混凝土总量的 8%～12%。混凝土混合物中的胶凝材料遇水发生水化反应，放出大量水化热。水化热大约有 50% 是在最初的 3 天内，约 90% 在 28 天内释放出来，如不加控制或者热量不能有效散发，可使混凝土温度上升至 20～40℃。水化反应和其他原因引起的混凝土温度升高，导致混凝土体积膨胀，而在随后的冷却降温过程中，混凝土体积收缩，受基岩约束而产生基础温差应力；或者由于气温急剧变化产生内外温差，表层混凝土受内部约束而产生拉应力。当混凝土拉应力大于混凝土自身的抗裂强度，就可能导致混凝土结构物开裂。为防止坝体混凝土产生裂缝，必须采取必要的混凝土温控措施。

（2）在高温季节，大坝混凝土一般都要采取预冷混凝土入仓，将混凝土出机口温度控制在 10℃ 左右，温度控制严的工程或部位，则需降到 7℃。长江流域及以南地区，混凝土降温幅度多在 20～25℃，需为每立方米混凝土提供 5 万～6 万 kJ 的有效冷量。理论上每降 1℃，单位混凝土实际净需冷量约为 2520kJ/(m^3·℃)（与混凝土原材料热学性能有关），折合冷功率为 0.7kW·h/(m^3·℃)。

（3）不同降温幅度的混凝土是有差别的，从 30℃ 降到 20℃ 比较容易，能耗也低；从 10℃ 降到 7℃ 就困难多了，制冷成本也高得多。能耗指标是粗略评估预冷方案的合理性。制冷的费用在很大程度上取决于电能的消耗，有了能耗指标就能概略地估算混凝土预冷费用。

（4）云南某工程制冷用电装机容量 10600kW（含备用电机容量），混凝土系统总用电装机容量 16400kW，占比为 64.6%；拉西瓦制冷用电装机容量 4470kW，混凝土系统总用电装机容量 7300kW，占比为 61.2%。以上两工程预冷设备用电装机容量占混凝土系统总电容量的比例均已超过 60%，制冷系统运行费用相当高，在条件具备情况下，可适当调整预冷混凝土生产强度，减少制冷设备配置，降低能耗。

（5）通过工程实例梳理，从 20 世纪 80 年代使用的产量 4t/d 的片冰机到目前 60t/d 的片冰机，从活塞式制冷压缩机改用螺杆式压缩机等，制冷设备的配置得到了很大的改善。无论是在产量还是噪声方面的改善，都是科技进步的体现。布置上减少了占地，环保方面降噪低排，控制实现了自动化管理。

（6）HD 水电站混凝土预冷系统，氨液的冷却采用蒸发式冷凝器取代了传统的"卧式冷凝器＋冷却塔＋循环泵"组合冷却方式，此项节省电机装机容量 52.6%。

（7）通过三峡高程 120m 系统与 HD 混凝土系统二次筛分方案对比，骨料冲洗二次筛分的筛分楼采用"品"字形布置，脱水采用直线筛较好，使骨料含水有所控制，提高混凝土拌和加冰量，可以灵活控制混凝土出机口温度。

（8）通过工程实例的设计特点、对部分实例进行技术指标汇总，混凝土预冷指标见表 8.14-1，混凝土预热指标见表 8.14-2。从表中数据可知，风冷骨料冷量利用率碾压混凝土为 37%～39%，常态混凝土基本在 45% 以上。三峡高程 120m 系统冷量利用率为 36%，其原因是制冷压缩机按 HL240-4F3000LB 型搅拌楼铭牌预冷混凝土生产能力 2×180m^3/h 配置，若按此生产能力计算冷耗指标为 1.62kW·h/(m^3·℃)，制冷能力利用率为 43%。二滩工程水冷骨料制冷能力利用率为 48%。

（9）预冷措施与工程所在地气温有关，当预冷混凝土出机口温度为 7℃ 时，在气温低于 20℃ 时，可采取一次风冷粗骨料，加片冰及加冷水拌和的预冷措施；在气温高于 20℃ 时，可采取两次风冷粗骨料，加片冰及加冷水拌和的预冷措施，冷耗指标约为 1.6kW·h/(m^3·℃)；当预冷碾压混凝土出机口温度为 12℃ 及以上时，因混凝土配合比及骨料含水量等的不同，采用两级风冷或一级风冷，加片冰及冷水拌和的预冷措施，冷耗指标约为 1.8kW·h/(m^3·℃)。HD、官地指标略高，是因为制冷压缩机采用翻新设备，裕度系数计算时取值略大。

224

案例工程混凝土预冷指标汇总

表8.14-1

项目	工 程 名 称										
	三峡120m高程	龙羊峡	拉西瓦	公伯峡	云南某工程	溪洛渡	HD	管地	下凯富峡	二滩	西津船闸（水利项目）
坝型	混凝土重力坝	混凝土重力拱坝	混凝土双曲拱坝	混凝土面板堆石坝	双曲拱坝	双曲拱坝	碾压混凝土重力坝	碾压混凝土重力坝	碾压混凝土重力坝	双曲拱坝	
预冷方式	两级风+冰+冷水	冰+冷水	风+冰+冷水	风+冰+冷水	两级风+冰+冷水	两级风+冰+冷水	两级风+冰+冷水	两级风+冰+冷水	风+冰+冷水	水冷+风+冰+冷水	风+冷水
多年最高月平均气温/℃	28.4	19.2	18.3	19.7	23.5	27.1	23.5	23.0	28.9	19.2	32.4
预置混凝土生产能力/(m³/h)	300	150	360	75	690	500	400/520③	460	80/330④	540	90
配置制冷能力/kW	14538	1443	7990	1152	19655	16280	13889	12212	7592	11075	2151
温控出机口温度/℃	7	11	7	12	7	7	10/12	12	18/21.5	8	22
降温幅度/℃	24.8	11.2	14.3	11.7	17.8	23	16.5/14	13.9	14.3/10.4	14	13.5
冷耗指标/[kW·h/(m³·℃)]	1.95	0.86	1.55	1.31	1.60①	1.42②	2.07/1.88	1.91	1.29/1.78	1.46	1.77
能耗指标/[kW·h/(m³·℃)]	1.12		0.87	1.04	0.80	0.79	0.66/0.60	0.87	0.64/0.88		1.04
制冷能力利用率/%	36	74	45	53	44	49	34/37	37	54/39	48	40

① 表中数值，包含备用冰库冷风582kW，扣除后冷耗指标为1.55。
② 表中计算温度参数假定与一般工程相比偏高，因此单位指标偏低。
③ 400/520为生产常态/碾压的预冷混凝土强度。
④ 按常态与碾压混凝土所占的比例，对冷耗指标、能耗指标进行推算，会产生一定误差；制冰采用的是蒸发式冷凝器，电功率比传统的"水冷式冷凝器+冷却塔+水泵循环"能耗低。

表 8.14 - 2　　　　　　　　　　　　案例工程混凝土预热指标汇总

项　目	工　程　名　称					
	龙羊峡	拉西瓦	公伯峡	JC	敦化抽水蓄能	荒沟抽水蓄能
坝型	混凝土重力拱坝	混凝土双曲拱坝	混凝土面板堆石坝	混凝土重力坝	碾压式沥青混凝土心墙坝	钢筋混凝土面板堆石坝
预热方式	料堆加热排管＋料仓加热排管＋热水	搅拌楼料仓热风＋热水	搅拌站料仓热风＋热水	料堆小石、砂地敷设盘管＋搅拌楼料仓热风＋热水	暖房＋热水	料仓暖房＋料仓加热排管＋热水
多年最低月平均气温/℃	−9.3	−6.7	−5.2	0	−20.7	−19
预热混凝土生产能力/(m³/h)	160	240	135	180	60	35
配置热容量/kW	18423①	8374	5582	2791	1396	1396
温控出机口温度/℃	～15	～15	8～18	10～15	～10	～10
升温幅度/℃	19.2	18.5	9～19	6～11	21.5④	20④
热耗指标/[kW·h/(m³·℃)]	2.12	1.89	4.59～2.18②	2.58～1.4③	1.08	1.99

①　因资料不全，未含热水热负荷。

②　因资料不全，热耗指标包含辅助用房热负荷。

③　因水泥温度高，外界气温相对龙羊峡、公伯峡高，热耗指标相对下降。

④　根据气温及混凝土参考配合比推算值。

（10）西北地区、西藏自治区工程项目，无论是排管加热骨料，还是热风加热粗骨料，混凝土升温幅度均在 10℃ 以上时，热耗指标约为 2.0kW·h/(m³·℃)。对东北地区敦化、荒沟两个抽水蓄能工程进行比对，气候条件相近，混凝土升温幅度均在 20℃ 以上，由于混凝土预热方式不同，其热耗指标数值偏差较大（近 2 倍），主要是受预热混凝土生产能力的影响。

（11）混凝土配合比中，砂子和水泥的含量通常占 30%～35%，目前通用的温控技术是对混凝土粗骨料的温度进行控制，而对砂和水泥的温控很少考虑。水泥温度通常在 60℃ 左右，砂子温度按当地多年平均气温计算，两者热容量很大，会消耗大量的冷量。未来需要加强对砂子和水泥温控技术的研究，以使混凝土预冷/预热可以适应更大范围的出机口温控要求。

参　考　文　献

［1］ 国家统计局．工业产品产量［DB/OL］．［2021－02－13］．https：//data. stats. gov. cn/easyquery. htm？cn＝C01&zb＝A0E0H&sj＝2019.

［2］ 田育功．大坝与水工混凝土新技术［M］．北京：中国水利水电出版社，2018.

［3］ 卢飞，郭超红．混凝土骨料预冷（预热）设计关键技术及能耗优化研究［R］．西安：中国水电顾问集团西北勘测设计研究院有限公司，2014.

［4］ 于得水，潘淑燕，王安成，等．双级配骨料空隙率与粒径的关系［J］．建材技术与应用，2009（10）：1－2。

［5］ 刘振华，朱群志．定壁温水平传热管外降膜对流显热换热特性理论研究［J］．热能动力工程，2000，15（5）：464－466，475.

［6］ ZENG S Q, HUNT A, GREIF R. Geometric Structure and Thermal Conductivity of Porous Medium Silica Aerogel［J］. ASME Journal of Heat Transfer, 1995, 117: 1055－1058.

［7］ WEI G S, LIU Y S, ZHANG X X, et al. Thermal conductivities study on silica aerogel and its composite insulation materials［J］. International Journal of Heat and Mass Transfer, 2011, 54: 2355－2366.

［8］ 任金明，金珍宏，吴关叶，等．水电工程节能降耗分析应用研究［M］．北京：中国水利水电出版社，2015.

［9］ 翁定伯．大体积混凝土预冷技术［M］．北京：中国电力出版社，2012.

［10］ 尉迟斌，卢士勋，周祖毅．实用制冷与空调工程手册［M］．北京：机械工业出版社，2015.

［11］ 陆耀庆．实用供热空调设计手册（上册）［M］．2版．北京：中国建筑工业出版社，2008.

［12］ 关薇，康智明，杨志尧．云南某工程水电站左岸混凝土拌和系统设计［J］．西北水电，2007（4）：45－48.

［13］ 全国水利水电施工技术信息网．水利水电工程施工手册：第3卷　混凝土工程［M］．北京：中国电力出版社，2002.

［14］ 雷丽萍，黄天润，郭红彦．高寒地区高拱坝混凝土温度控制技术研究与应用［M］．北京：中国水利水电出版社，2020.

［15］ 国家电力公司西北勘测设计研究院．黄河龙羊峡水电站勘测设计重点技术问题总结：第二卷［G］．北京：中国电力出版社，2003.

［16］ 杨建安．JC水电站混凝土制冷制热系统工艺设计［J］．水利科技与经济，2014，20（11）：122－123.